全国农业高职院校“十二五”规划教材

牛羊生产与疾病防治

NIUYANG SHENGCHAN YU JIBING FANGZHI

陈晓华　主编

中国轻工业出版社

图书在版编目（CIP）数据

牛羊生产与疾病防治/陈晓华主编. —北京：中国轻工业出版社，2018. 11
全国农业高职院校“十二五”规划教材
ISBN 978 - 7 - 5019 - 9098 - 6

Ⅰ. ①牛…　Ⅱ. ①陈…　Ⅲ. ①养牛学—高等职业教育—教材②羊—饲养管理—高等职业教育—教材　Ⅳ. ①S823②S826

中国版本图书馆 CIP 数据核字（2013）第 211699 号

责任编辑：马　妍　秦　功
策划编辑：马　妍　　责任终审：张乃柬　　封面设计：锋尚设计
版式设计：锋尚设计　　责任校对：吴大鹏　　责任监印：张　可

出版发行：中国轻工业出版社（北京东长安街 6 号，邮编：100740）
印　　刷：北京君升印刷有限公司
经　　销：各地新华书店
版　　次：2018 年11月第 1 版第 3 次印刷
开　　本：720 × 1000　1/16　印张：18. 5
字　　数：370 千字
书　　号：ISBN 978 - 7 - 5019 - 9098 - 6　定价：38. 00 元
邮购电话：010 - 65241695
发行电话：010 - 85119835　传真：85113293
网　　址：http://www. chlip. com. cn
Email：club@ chlip. com. cn
如发现图书残缺请与我社邮购联系调换
181294J2C103ZBW

本书编委会

主　编

陈晓华　黑龙江职业学院

副主编

罗守冬　黑龙江生物科技职业学院

刘　云　黑龙江农业职业技术学院

参编

赵宇飞　内蒙古农业大学职业技术学院

刘广亮　黑龙江职业学院

前言 / PREFACE

根据国务院《关于大力发展职业教育的决定》、教育部《关于全面提高高等职业教育教学质量的若干意见》和《关于加强高职高专教育人才培养工作的意见》的精神，2011 年中国轻工业出版社组织全国 40 余所院校及畜牧兽医行业内优秀企业共同编写了“全国农业高职院校‘十二五’规划教材”（简称“规划教材”）。本套教材依据高职高专“项目引导、任务驱动”的教学改革思路，对现行畜牧兽医高职教材进行改革，将学科体系下多年沿用的教材进行了重组、充实和改造，形成了适应岗位需要、突出职业能力，便于教、学、做一体化的畜牧兽医类专业系列教材。

《牛羊生产与疾病防治》是国家精品课程“牛生产”的配套教材，是本系列规划教材之一，以牛羊生产过程和岗位工作内容为导向，以项目教学为形式，体现工学结合的教改思路。牛羊生产是发展节粮型畜牧业的主体。本教材在编写过程中，大量参阅了国内外牛羊生产领域中的最新成果和先进技术资料，博采众长，注重实用，充分考虑职业教育的特点和畜牧兽医专业的培养目标，突出高职高专的特色，体现畜牧兽医行业特点，本着理论与实践教学一体化的原则，以应用为目的，突出适用性、实用性和应用性，注重学生专业实践技能培养，力求使学生形成岗位职业能力，缩小与岗位工作需要的距离。

本教材共分为 11 个情境，内容密切联系我国牛羊生产实际，在吸收近年来牛羊生产的新成果、新技术、新经验的基础上，主要介绍了牛羊场建设、牛羊品种及利用、牛羊外貌及其鉴定、奶牛饲养管理、肉牛饲养管理、毛用羊饲养管理、乳用羊饲养管理、肉羊育肥、牛羊场经营管理和牛羊疾病防治方面的知识和技能。

本教材内容实用，重点突出，特色鲜明，贴近生产，教授学生牛羊生产所必需的基本理论知识和专业技能，以及解决生产技术问题的能力，适用于高职高专畜牧兽医类专业使用。

本教材由陈晓华编写绪论、情境三和情境五；罗守冬编写情境一、情境二和情境四；刘云编写情境十一；赵宇飞编写情境六、情境七、情境八和情境九；刘广亮编写情境二中的技能训练部分、情境七中的技能训练部分、情境九中的技能训练部分和情境十。

我国幅员辽阔，各地自然生态环境存在差异，牛羊品种分布不同，饲料资源及饲养技术的应用不同，直接或间接影响牛羊的生长、发育和生产力水平。因此，本书只作为基本教材，各院校在使用时可结合区域牛羊生产实际情况对内容作适当的增补或删减。

由于编者水平和经验所限，书中难免有不足之处，敬请读者批评指正。

编　者

2013 年 8 月

目录 / CONTENTS

绪论

情境一 牛场建设

情境二 牛的品种及利用

情境三 奶牛饲养管理

情境五 牛羊场经营管理

情境六 羊场建设

情境七 羊的品种及利用

情境八 毛用羊饲养管理

情境九　肉用羊饲养管理

情境十　乳用羊饲养管理

情境十一　牛羊疾病防治

绪论

一、发展牛羊生产的意义

(一)发展牛羊生产有利于保障国家"粮食安全"

随着我国工业化、城镇化的快速推进、人口数量增加和城乡居民生活水平的提高,粮食需求呈刚性增长,而受耕地减少、资源短缺等因素的制约,我国粮食的供求将长期处于紧平衡状态,保障粮食安全任务艰巨。发展节粮型畜牧业是保障畜产品有效供给、缓解粮食供求矛盾、丰富居民膳食结构的重要途径。发展牛羊生产,走节粮养殖的道路,"不与人争粮、不与粮争地",促进节粮型畜牧业持续健康发展,是《国家粮食安全中长期规划纲要(2008—2020 年)》和《全国畜牧业发展第十二个五年规划(2011—2015 年)》以及《全国节粮型畜牧业发展规划(2011—2020 年)》的重要内容。

1. 牛羊能为人类提供营养丰富的乳肉食品,减少粮食消费

牛羊乳和肉含有丰富的营养成分,且易被人体消化吸收,是理想的营养食品。我国传统的以粮食为主体的膳食结构,是在长期的动物性食品供应不足的历史条件下形成的,对国民身体素质的提高影响极大。

随着我国人民生活水平的不断提升,膳食结构也发生了巨大变化,对优质安全畜产品的需求不断增加,节粮型畜禽产品需求增长较快,膳食结构向营养、科学型发展。2009 年,城镇居民人均粮食消费为 77.6kg,农村居民为 189.26kg。1980—2010 年,牛羊肉产量分别从 26.9 万吨、44.5 万吨增长到 653.1 万吨、398.9 万吨,分别增加了 23 倍和 8 倍;牛奶产量从 114.1 万吨增长到 3575.6 万吨,增加了 30 倍。牛羊肉在肉类中的比重不断提高,分别由 2.2%、3.7% 提高到 8.2%、5.0%。乳制品已经成为城乡居民的重要消费品,《中国食物与营养发展纲要》指出,2009

年我国人均消费奶类15.8kg,较2001年的7.9kg增加了1倍,预计到2020年我国人均奶类消费需求将增至40kg。

可见,随着人民生活水平和膳食结构的变化,口粮消费占粮食消费总量的比重还会大幅度减少,对畜产品尤其是牛羊乳和肉的消费必然会大幅度增加。因此,节粮型畜牧业的发展对满足国内畜产品市场需求、缓解"粮食安全"压力具有举足轻重的作用。

2. 牛羊能利用各种粗饲料和非蛋白质含氮化合物,减少饲料用粮

牛羊具有特殊结构的消化系统和生理功能,其胃由瘤胃、网胃、瓣胃和皱胃四部分组成。瘤胃中生存着大量的纤毛虫和细菌,能起发酵作用,分解粗饲料中的纤维素和半纤维素。因此,牛羊能够有效地利用粗饲料,将农作物的秸秆、藤蔓和各种杂草、牧草以及其他农副产品转化为人类所需要的乳、肉、毛、皮等畜产品。我国秸秆资源总量达7亿吨,目前反刍动物饲用的秸秆总量约2.1亿吨,占秸秆总量的30%。养殖户通过简单切碎、压块等处理后直接饲喂的秸秆约为1.2亿吨,相对于猪、禽等养殖节省了大量饲料消耗用粮。

牛羊的瘤胃微生物还可利用非蛋白质含氮化合物合成菌体蛋白,并在皱胃和小肠中对其消化吸收利用。在牛羊的饲料中加入适量的非蛋白质含氮化合物,能较好地满足其生长发育及生产中对饲料粗蛋白的需要,节省动、植物蛋白饲料,降低饲养成本,并保证牛羊高效生产。非常规饲料的开发利用,节约了大量粮食,推动了节粮型畜牧业的发展。

(二)发展牛羊生产有利于农业产业结构调整,畜牧业结构优化

无论是从我国居民食品消费结构变化的趋势,还是从经济发展过程的经验考察,我国农业生产结构从种植业主导向畜牧业和渔业主导的转变将是今后调整的主要方向。从1994年到2005年,种植业增加值比重下降了3.24个百分点,而畜牧业和渔业的增加值比重则上升了5.82个百分点。

畜牧业结构正逐步优化,在肉类总产量中,猪肉所占比重逐年下降,1978年猪肉的比重高达90%以上,1996年下降为68.9%,2001年下降为66.1%。2011年,全国肉类总产量达到7958万吨,其中猪肉、牛肉、羊肉产量分别为5053万吨、648万吨、393万吨,猪肉比重已下降到了63.4%,牛、羊肉比重分别达到8.1%和4.9%。奶类继续保持快速增长,产量达到3811万吨,增长12.2%。畜牧业主导、奶业优先成为农业生产结构调整的方向。

在畜牧业结构中,节粮型畜牧业是发展的重点。大力发展牛羊生产,开发利用农作物秸秆和草山草坡,结合退耕还林,种草养牛养羊,使我国的畜牧业结构更优化、更合理,有利于建立适合我国国情的农业产业结构。

(三)发展牛羊生产有利于加工业的发展

牛羊生产为加工业提供了丰富的原料,促进了加工业规模不断扩大,科技水平不断进步,新产品不断研发。乳品加工业产品包括奶粉、奶类饮料、鲜奶、干酪、奶

油、酸奶、冰淇淋等;纺织工业产品包括毛呢、毛线、毛衣、毛毯、地毯等;皮革工业产品包括皮衣、皮鞋、皮沙发、皮箱等;肉类加工业产品包括红肠、火腿、罐头等;副产品可以加工生产骨胶、骨粉、血清、血红蛋白、胆红素、肠衣等。牛羊生产的迅速发展带动了加工业的发展,而加工业的发展又促进了牛羊业的发展,形成了生产、加工、销售一条龙的产业化格局。

(四)发展牛羊生产有利于解决“三农”问题

农村发展、农业增效、农民增收一直是备受关注的重要问题。特别是我国的老、少、边、远等地区,交通不便,山高坡陡,土地贫瘠,粮食产量低,还比较贫困。但是,这类地区荒山、荒坡多,饲草资源丰富,劳动力充足,环境污染少,可以结合荒山治理、退耕还林,种草养牛羊,走产业化道路,解决农村剩余劳动力安置问题,促进农民增收和农村经济发展。

(五)发展牛羊生产有利于生态农业的可持续发展

解决我国的环境污染、水土流失问题,实现山川秀美,关键在于退耕还林(草)。传统的牛羊生产,放牧饲养对退耕还林(草)造成很大威胁。实行设施养牛、养羊,与退耕还林(草)、荒山荒坡治理有机地结合起来,可以为牛羊业的发展提供饲料来源,为农户带来一定的收入,并能提供大量优质肥料,为在较少的土地上发展高效种植业奠定基础,从而实现“林草—牛羊—高效种植”的良性循环,进而实现生态农业的可持续发展。

(六)发展牛羊生产有利于对外贸易

我国加入世界贸易组织以后,畜牧业的发展不仅要重视国内城乡市场的需求,还要注意国际市场的需求,利用好国内和国际两方面资源。发达国家牛羊肉市场对我国的开放,为牛羊肉出口提供了机遇:一是俄罗斯与我国相毗邻,是我国出口牛羊肉的最大市场,贸易上有着非常优越的条件;二是欧盟多年来一直是全球最大的牛肉出口基地,但由于欧盟成员国发生“疯牛病”,牛肉出口受阻,为我国牛肉出口提供了机会。尽管西方国家高筑的“技术壁垒”和“绿色壁垒”会成为出口的重大障碍,但也会促使我国畜牧业依靠科学技术提高产品质量和竞争力,达到国际标准,使畜产品贸易具有更广阔的发展前景。

二、世界牛羊生产特点

(一)乳用品种单一化,单产水平提高

世界著名的奶牛品种有荷斯坦牛、娟姗牛、爱尔夏牛、更赛牛、短角牛等。由于荷斯坦牛产奶量高,生长发育快,饲料费用相对较低,瘦肉率高,在奶牛中的比例不断增加,而其他奶牛品种日趋减少,从而使奶牛品种结构呈现单一化、大型化。品种的单一化和不断的选育使奶牛单产不断提高。以色列、美国的荷斯坦牛平均单产在8000kg以上,加拿大、丹麦、日本、荷兰等平均在6000kg以上。

奶山羊品种比较多,有萨能奶山羊、吐根堡奶山羊及乳用绵羊等,以萨能奶山

羊及其杂交改良后代为主，产奶量高，适应性强，分布广，在羊奶生产中占有较大比重。

（二）肉用品种良种化，产肉性能增强

随着人们消费习惯的变化，体小、早熟、易肥的海福特牛、安格斯牛和短角牛等中、小型品种逐渐减少，代之以欧洲大陆的大型品种，如夏洛莱牛、利木赞牛、契安尼娜牛、皮埃蒙特牛等，这些品种体形大、初生重大、增重快、瘦肉多、脂肪少、优质肉块的比重大、饲料报酬高。西方国家多采用开放型育种使大型良种很快推广，而东方各国如中国、韩国、日本多采用导入杂交，比较重视保持本国牛品种特色。

由于大型良种的推广，牛的产肉性能不断提高，平均产肉量20世纪90年代比20世纪80年代每头增加53kg，平均日增重已达1.5~2.0kg，每千克增重所需饲料从7.8kg降至3.5kg。

高档优质牛肉的生产正成为肉牛生产的重要部分，以满足人们日益增长的对牛肉的营养、品质、风味、口感和色泽的消费需求。日本和牛正成为生产高档牛肉的主要品种之一。目前，国内大中城市高档牛肉的消费需求很大，市场供不应求。

肉用羊良种普遍受到重视，如无角道赛特羊、萨福克羊、波尔山羊等已在各国推广，在杂交改良当地的绵、山羊品种上发挥了重要作用，使得产肉性能不断提高。我国引进波尔山羊与崂山奶山羊、关中奶山羊等杂交试验表明，杂交一代的羔羊日增重提高26%，高代杂交个体在优良的饲养条件下，生产性能接近纯种波尔山羊。

肥育方式发生变化，设施肥育成为肉牛、肉羊生产的主要方式。充分利用草原和农副产品，结合饲料的加工生产，对秸秆等粗饲料进行加工处理，搭配一定的矿物质和维生素，保证肉牛、肉羊生长的需要，建造良好的设施条件，提高肉牛羊肥育的经济效益。

（三）兼用品种发展迅速

荷斯坦公犊牛经过肥育，增长快、体内贮积脂肪少、牛肉质量高。在目前国际牛肉市场看好的形势下，利用奶牛生产牛肉无疑是一个提高肉牛生产效益的有效办法。英国市场上10%的牛肉来自奶牛公犊肥育，将荷斯坦公犊牛早期断奶后，用大麦催肥至1周岁屠宰获得的优质牛肉称为“大麦牛肉”。丹麦、荷兰特别重视乳肉兼用牛，将犊牛的大部分用于牛肉生产，提供国内35%的牛肉，主要生产“小白牛肉”。

由于化纤工业的发展，世界羊毛过剩，价格下降，产量降低；加之羊肉市场看好，使得世界绵羊生产由毛肉兼用品种向肉毛兼用方向转变。欧洲各国的绵羊以肉用为主，羊肉生产占养羊收入的90%。大洋洲素以羊毛生产著称，但目前调整速度较快，主要利用细毛羊与肉用品种的公羊如萨福克羊等进行杂交生产羔羊肉，成为世界主要羊肉生产和出口国家。

（四）生产规模扩大，向集约化、专业化、自动化方向发展

为了降低生产成本，增加经济效益，各国牛场、羊场的规模日益扩大。美国工厂化企业生产的牛奶，约占商品奶的95%，牛场数量从二十多年前的330多万家减少到200多万家，饲养规模却不断扩大。

集约化牛羊生产的特征主要表现在品种良种化、草地改良化、生产机械化、饲养标准化，并广泛采用先进的管理技术。世界各国规模化牛羊生产的企业都具有上述特征，能够在一定的草场、土地、建筑面积基础上，集中投入较多的生产资料，采用先进的科学技术进行牛羊生产，取得较高的经济效益。

专业化是产业发展到一定程度所形成的，奶牛场专门生产牛奶，所产的公犊由专门的牛场集中肥育；肉牛生产有专门繁育场和肥育场；羊肉生产以牧区繁育为主，多采用1年2胎或2年3胎制的繁育体系，成批生产断奶羔羊，农区集中舍饲肥育，生产标准胴体的羔羊肉以供应市场。

在牛羊生产规模化、集约化、专业化的同时，还离不开先进的技术和设备，计算机、电子控制仪器在牛羊生产管理、检测、监控等方面的应用，使得自动化程度提高。如荷兰的自动化奶牛场，利用机器人及电子控制仪器监控饲喂和挤奶，实行程序化作业，效益得到提高，平均产奶量提高14%。美国科罗拉多州的芒弗尔特肉牛公司是世界最大规模的肉牛公司之一，该公司利用计算机管理，进行饲料配制，极大地提高了生产效率。

三、提高我国牛羊生产水平的措施

(一)加大科技推广和科普宣传

加大科技推广和科普宣传，逐步提高认识，转变观念，使现代科学理论及新技术、新成果在牛羊生产中得以推广与应用。

(二)提高草场的载畜量

增加投入，种植高产优质牧草，提高单位面积产草量，调整畜群结构，改变饲养方式，加强基础设施建设，使用一定的精料，加快畜群周转，减少畜群对草场的压力，使草原逐步得到恢复。

(三)加快牛羊繁育体系、肥育体系的建立，提高牛羊生产的良种比例

(1)引进美国、加拿大等国家良种牛胚胎、冻精及良种牛，加快我国牛的良种化步伐，提高本地牛群的生产性能。

(2)引进世界著名大型肉牛品种与当地黄牛进行杂交，精心选育形成我国特有的大型肉牛良种，建立与世界接轨的肉牛生产体系。

(3)引进优良的肉用绵羊、山羊品种，对我国的绵羊、山羊进行改良。如利用德国肉用美利奴羊对我国的细毛羊改良，使之由毛肉兼用向肉毛兼用方向发展；用萨福克羊、道赛特羊、夏洛莱羊等对我国的粗毛羊改良，使其产肉性能提高；用波尔山羊对我国的普通山羊、奶山羊进行改良，使其生长速度明显加快，产肉性能明显提高。

（四）加快饲料工业的发展，为牛羊提供营养平衡的日粮

实施秸秆养畜项目以来，我国秸秆利用规模和利用效率大为提高。目前，在全国配合饲料生产中，牛羊饲料比重仍然较低，尤其是羊用精料补充料的比例极小。要加强科技研发，开发出更多牛羊尤其是羊用配合饲料产品，满足牛羊生产的需要。加强饲料投入品管理，严格执行饲料标准，确保畜产品质量安全。需要继续加大经济和科技投入，研究粗饲料加工处理新方法、新途径，加强饲料资源的开发和利用，为牛羊提供更多更好的粗饲料，提高牛羊生产效益。

（五）建立并完善生产服务体系，保证牛羊健康，发挥其生产潜力

提高牛羊的生产水平与良种化程度、科技水平、经济发达程度和生态条件有密切关系。必须立足资源优势，以市场为导向，以科技为依托，突出提高质量，加快杂交改良，实施龙头带动，推进规模化经营，发展区域经济，逐步建立良种繁育体系，饲料生产供应体系，疫病防控体系，牛羊生产、加工、销售一条龙服务体系，市场流通信息管理体系，科技服务体系等，从而达到生产专业化、布局区域化、管理企业化和经营规模化的目标和要求，走适合我国国情的牛羊生产产业化道路。

情境一 牛场建设

单元一 | 牛场规划

一、场址选择

(一)选址依据

要依据城镇建设发展规划、农牧业发展规划、农田基本建设规划和农业产业化发展的政策导向来规划选址。

(二)卫生防疫

要与交通要道、工厂及住宅区保持500~1000m以上的距离,并在居民区的下风向,防止牛场有害气体和污水等对居民生活造成侵害,以利防疫及保持环境卫生。要符合兽医卫生和环境卫生的要求,并得到卫生防疫、环境保护等部门审查同意。必须遵循社会公共卫生准则,使牛场不致成为周围社会的污染源,同时也不受周围环境污染。

(三)市场需求

要适应现代养牛业的发展趋势,因地制宜发展肉牛、奶牛或奶水牛业,以满足市场的需求;并根据资金、技术、场地和饲料等资源情况确定养殖规模。

(四)地形地势

牛场地势高燥,避风向阳,地下水位2m以下,平坦稍有缓坡,坡度以1%~3%较宜,最大坡度不得超过20%。地形要求开阔整齐,以方形最为理想,地形狭长或多角边都不便于场地规划和建筑物布局。场区面积可根据饲养规模、管理方式、饲料贮存和加工等确定,同时考虑留有发展余地。如存栏400头奶牛场需要6hm²以上的场区面积。切不可建在低洼或风口处,以免汛期积水造成排水困难及冬季防寒困难。在山坡地建场,应选择在坡度平缓、向南或向东南倾斜处,以避北方寒风,有利阳光照射,通风透光。土质以砂壤土为佳,其透水性、保水性好,可防止病原菌、寄生虫卵等生存和繁殖。

(五)饲草来源

牛场应选择牧草种类多、品质好的场所,牛场附近有能种植牧草的优质土地以供种植高产牧草,补充天然饲草不足。南方农区以舍饲为主,更要有足够的饲料饲草用地或饲料饲草来源。

(六)水电条件

牛场用水量很大,要有清洁而充足的水源,以保证生活、生产用水。井水、泉水等地下水水量充足,水质良好,且取用方便,设备投资少。切忌在严重缺水或水源严重污染地区建场。现代化牛场机械挤奶、牛奶冷却、饲料加工、饲喂以及清粪等都需要电力,因此,牛场要建在供电方便的地方。

(七)交通通信

牛场每天都有大量的牛奶、饲料、粪便和人员进出,因此,牛场的位置应选择在距离饲料生产基地和放牧地较近、交通通信便利的地方。较大的牛场要有专用道路与主干公路相接,供电及通信电缆也需同时考虑。

二、场区布局与规划

奶牛场的规划与布局应以经营方针、饲养规模、饲养水平、机械化程度、当地气候条件、地形、交通、水、电等为依据,在满足生产要求和经营管理的前提下,因地制宜、合理布局、统一规划,符合生产实际的需要;各类建筑整齐、紧凑,布局得当,提高土地利用率;饲养管理方便、高效,符合卫生防疫及防火要求;近期建设与长远规划协调一致,为以后的发展留有余地。

对奶牛场的规划与布局一般采用按功能分区规划布局的原则。奶牛场的规模、经营方向不同,按功能划分的区域有所不同。在《无公害食品奶牛饲养管理兽医防疫准则》(NY 5047—2001)中将奶牛场分为“生活和管理区、生产和饲养区、生产辅助区、粪便堆贮区及病牛隔离区”,各区相互隔离。运送饲料和生鲜乳的道路与装运牛粪的道路应分设,并尽可能减少交叉点。根据地势和主风方向,各区的配置如图 1 -1 所示。分区规划与布局重点是从卫生防疫角度出发,保证人、畜的健康,同时各区之间要有最佳的生产联系,提高工作效率。

(一)生活和管理区

生活和管理区应建在牛场的上风向和地势较高的地段,以便生活、工作和防疫。该区一般建职工宿舍、办公室及接待室等。该区人员来往频繁,很容易造成疫病传播,所以场外运输与场内运输应严格分开,负责场外运输的车辆严禁进入生产和饲养区,车棚、车库等要设在该区内。外来办事人员不得进入生产和饲养区。

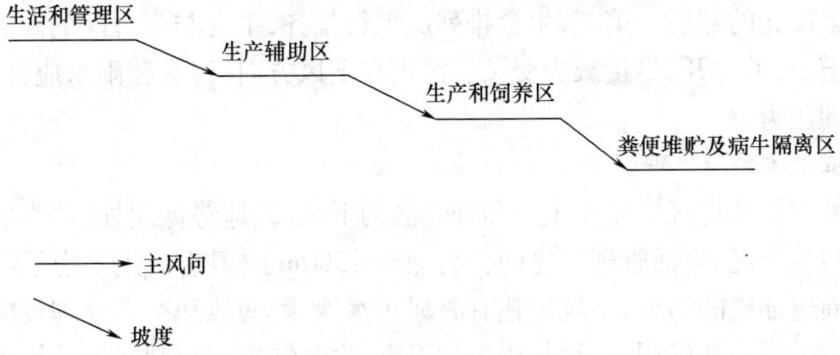

图 1-1　奶牛场各区依地势、风向配置示意图

(二)饲料加工与储备区(生产辅助区)

饲料加工与储备区应建在生活和管理区的下风向。精料加工因为生产过程有较大的噪声,要求离牛舍 100m 以上,也便于饲料的运输和保证饲料的清洁卫生。饲料储备区要根据饲养规模、饲料供应制度确定大小,一般包括精料、原料及成品库房,青贮窖(塔),干草棚。干草棚离牛舍及其他建筑物 60m 以上,以利防火。为了便于取用,青贮窖(塔)不宜离牛舍太远。

(三)牛舍及生产区(生产和饲养区)

生产和饲养区是乳牛场的核心区,为相对独立的单元,主要包括牛舍、运动场、挤奶厅和人工授精室,应建在生产辅助区的下风向,各单元之间应有防疫隔离措施。

牛舍应根据牛群的规模、饲养管理方式等进行合理分群,按群修建牛舍。大型乳牛场的牛舍一般采用分舍建筑,即分为成奶牛舍、产房、犊牛舍、育成牛舍、干奶牛舍等,也有采用部分分舍建筑,即将以上部分牛舍集中建舍;小型奶牛场可只建混合牛舍,奶牛饲养农户可根据实际情况灵活建舍。

挤奶厅应包括候挤室、准备室、挤奶台、滞留间、牛奶处理室和贮存室;人工授精室常设有精液处理(贮藏)室、输精器械的消毒设备、保定架等。

生产区的布局主要根据挤奶方式和牛群周转的方向确定。采用挤奶厅集中挤奶,首先应以挤奶厅为中心布局泌乳牛舍,然后依次安排产房(犊牛岛)、干奶牛舍、初孕牛舍、育成牛舍、犊牛舍。为了便于防疫和管理,原则上每幢牛舍不超过 100 头牛。其次,生产区的布局应充分利用地势地形,解决好排水问题,保持牛舍的干燥。为了减少施工的土方量,牛舍的长轴应与等高线平行,在兼顾牛舍的采光和通风的情况下,牛舍的长轴可与等高线呈一定的角度。第三,在寒冷地区,生产区的布局除充分利用有利地形挡风和避开风雪外,还应使牛舍的迎风面尽量减少,以防止寒风的侵袭和下雪吹入牛舍;在炎热地区,就要充分利用夏季的主风方向,以促进牛舍的通风降温。第四,生产区的布局应合理利用太阳光照,以利牛舍的采光和温度调节。由于我国处在北纬 20°~50°之间,太阳高度角冬季小、夏季大,牛舍采取南向(牛舍长轴与纬度平行),冬季有利于太阳光照入牛舍提高舍温,而夏季可减少太阳光的照射。第五,牛舍排列应平行整齐,牛舍与牛舍间的距离在20m以上。净道、污道分开,尽量减少交叉。污道在下风方向,污水和雨水应分开,减小污水处理的压力。

(四)粪便堆贮及处理区

粪便堆贮及处理区应建在生产和饲养区的下风向、地势低洼处,贮粪场的粪污处理设施与生产区、生活管理区之间保持200~300m的卫生间距。为了防止对牛场环境和周边环境的污染,牛场应建有粪尿污水池、贮粪池和牛粪处理设施。粪尿的收集、贮存、运输和施用,必须与奶牛的卫生、牛舍结构和控制污染的管理条例相结合,符合国家环境保护总局颁布的《畜禽养殖污染防治管理办法》,尽量减少臭味、杜绝蚊蝇,保证人畜健康和环境安全。奶牛每天的粪尿排泄量大,含水量高(奶牛的粪尿混合物含水量约87%),因此,应采用干粪收集处理的办法,不采用水冲粪便的办法,以节约水资源和减小污水处理的压力。

对于固体厩肥(粪便和垫草)的贮存要考虑存取方便,并且要远离河流,实行防漏处理,防止对水体污染。

(五)兽医室及病牛隔离区

规模化牛场应建有兽医室及病牛隔离区。此区建在生产和饲养区的下风向,一般应建有诊疗室、药房、病牛隔离室。该区与其他区相对独立,与牛舍相距300m以上,并有隔离屏障,设有单独的通道和入口,便于消毒和隔离。病牛区的污水和废弃物应进行消毒处理,防止疫病传播和污染环境。病牛隔离室中各室之间相对独立,便于管理和隔离。

单元二 | 牛舍建设

一、牛舍设计

(一)奶牛舍

(1)按牛舍屋顶样式不同,可分为钟楼式、半钟楼式、双坡式和弧形式四种。牛舍屋顶形式如图1-2所示。

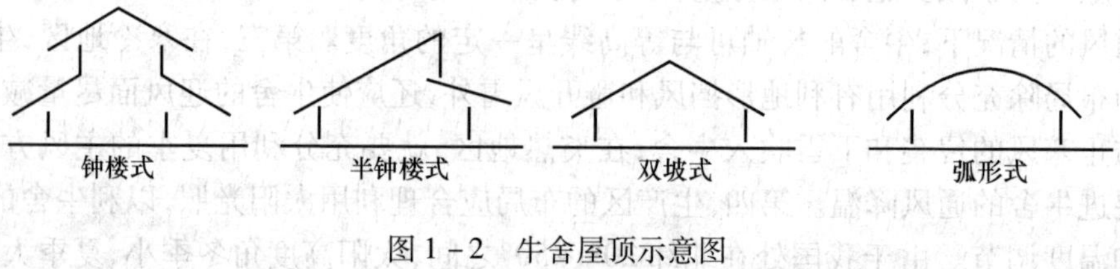

图1-2 牛舍屋顶示意图

①钟楼式:适合于南方地区,通风良好;但构造比较复杂,耗料多,造价高。

②半钟楼式:通风较好;但夏天牛舍北侧较热,构造也比较复杂。

③双坡式:适用于较大跨度的牛舍,加大门窗面积可增强通风换气,冬季关闭门窗有利于保温,造价较低,实用性强,南北方采用较为普遍。

④弧形式:采用钢材和彩钢板做材料,结构简单,坚固耐用,造价低,适用于新建牛舍。

(2)按饲养方式不同,可分为拴系式牛舍和散栏式牛舍两种类型。

①拴系式牛舍:是一种传统而普遍使用的牛舍。每头牛都有固定的床位,用颈枷拴住牛只,奶牛饲喂、休息、挤奶都在牛舍内的固定床位上进行,并由专人负责。其优点是饲养管理可以做到精细化。缺点是费时、费工,难于实现高度的机械化,劳动生产率较低,牛体关节损伤等也较其他方式多。一般每头牛的牛床面积为 1.5 ~ 2.0m^2。对头式、对尾式拴系式牛舍如图 1 – 3 所示。

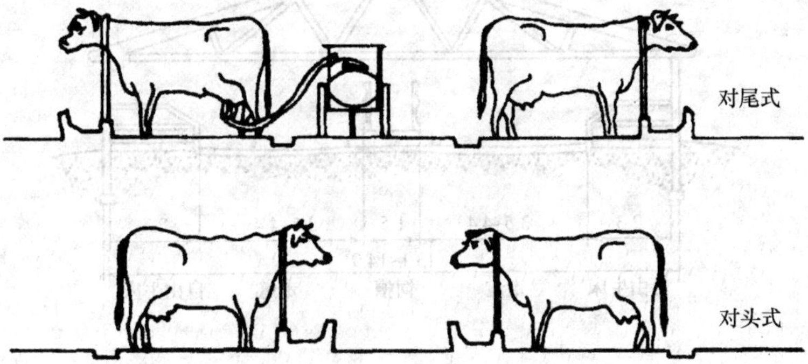

图 1 – 3　对头式、对尾式牛舍示意图

②散栏式牛舍:奶牛的饲喂、休息、挤奶分别在专门的不同区域内进行,全部时间不拴系,任其自由活动。其优点是省工、省时,便于实行高度的机械化,劳动生产率高,牛体受损伤的机会减少。缺点是饲养管理群体化,难于做到个别照顾;又由于共同使用饲槽和饮水设备,故传染疾病的机会增加。目前,国内新建的机械化奶牛场大多采用散栏式饲养,已经成为现代奶牛业的发展趋势。散栏式奶牛舍如图 1 – 4 和图 1 – 5 所示。

散栏式牛舍结构形式有房舍式、棚舍式和荫棚式三种。

房舍式牛舍一般适用于气温在 –18 ~ 26℃的北方地区。棚舍式牛舍适用于气候较温和的地区。其特点是四边无墙,只有屋顶,形如凉棚,通风采光好。在多雨地区饲槽可设在棚舍内,冬季北风大的地区可以在北面或北、东、西三面安装活动板墙或其他挡风装置,在夏季还可以增设排风扇、喷淋等降温设施。荫棚式牛舍适用于气候干热、雨量不多、土质和排水好、有较大运动场的地区。牛舍只有屋顶荫

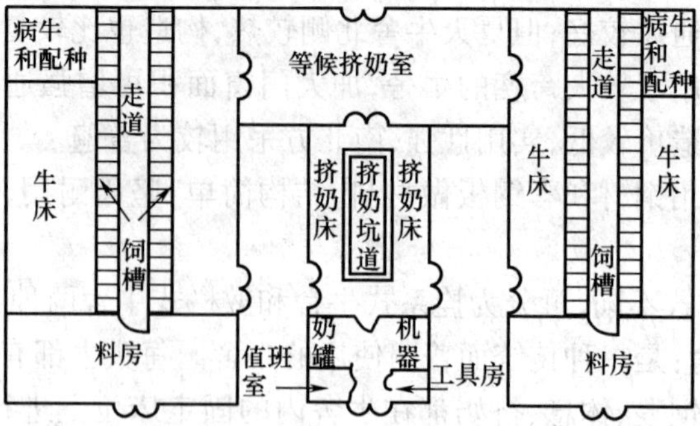

图1－4　散栏式奶牛舍平面图

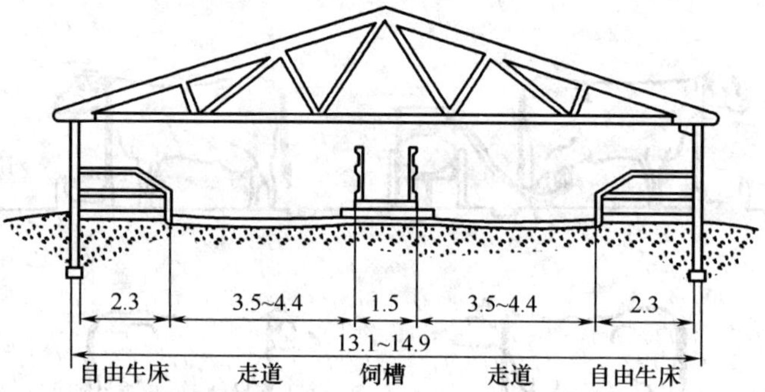

图1－5　散栏式牛舍形式示意图（单位：m）

蔽牛床部位，其余露天。运动场要有2%的坡度，以利于排水，其面积为平均每头牛30m²以上，饲槽设于运动场内较高的地段。

散栏式牛床可设计成单列式、双列对头式或双列对尾式。由于散栏式牛床与饲槽不直接相连，为了方便牛卧息，一般牛床总长为2.5m，其中牛床净长1.7m，前端长0.8m。为了防止牛的粪便污染牛床，在牛床上要加设调驯栏杆，以便牛站立时，身体向后运动，牛的粪便不致排在牛床上。调驯栏杆的位置可根据需要进行调整，一般设在牛床上方1.2m处。散栏式牛床一般较通道高15～25 cm，边缘呈弧形，常用垫草的牛床面可比床边缘稍低些，以便用垫草或其他垫料将之垫平。不用垫料的床面可与边缘平，并有4%的坡度，以保持牛床的干燥。牛床的隔栏由2～4根横杆组成，顶端横杆高一般为1.2m，底端横杆与牛床地面的间隔以35～45cm为宜。隔栏的式样主要有大间隔隔栏、稳定短式隔栏等。

牛舍内走道的结构视清粪的方式而定。一般为水泥地面，并有2%～3%的斜度，以利清洗。走道的宽为2.0～4.8m，与饲槽毗邻的走道要比一般的走道宽些，以便当有牛在采食时,其尾后还有足够的空间让其他牛自由往来。如采用机械刮粪,则走道宽应与机械宽相适应。如采用水力冲洗牛粪,则走道应采用漏缝地板,漏缝间隔为 3 ~4cm。

饲架将休息区与采食区分开。散栏式饲养大多采用自锁式饲架,其长度可按每头牛 65cm 计算。奶牛散栏式牛舍卧栏如图 1 -6、图 1 -7 所示。

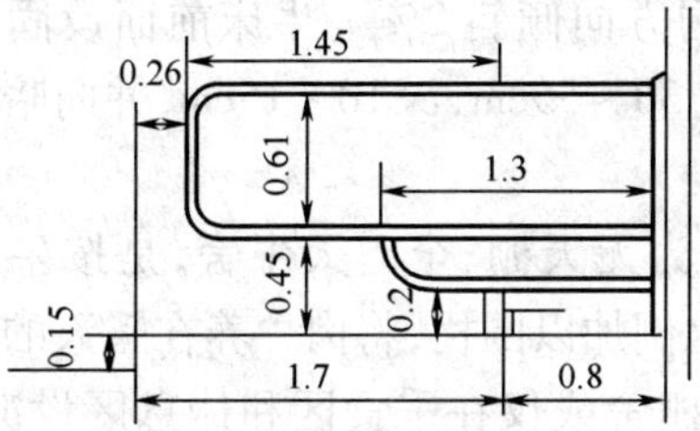

图 1 -6 大间隔隔栏及牛床(单位:m)

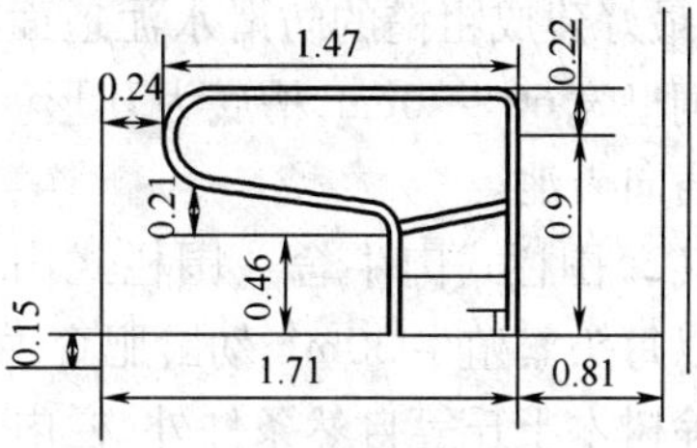

图 1 -7 稳定短式隔栏及牛床(单位:m)

(3)按牛群类别不同,可分为成年奶牛舍、育成牛和青年牛舍、产房和犊牛舍等。

①成年奶牛舍:在奶牛场中占的比例最大,是牛场的主要建筑,主要饲养产奶牛。我国已有标准奶牛舍的建筑设计规范,以双列式牛舍使用最为普遍,有对头式和对尾式两种。

②育成牛舍和青年牛舍:育成牛为 6 ~16 月龄的奶牛,青年牛为 16 月龄后配种受孕到初次分娩前的奶牛。这类牛舍的基本建筑形式同成年牛舍,但牛床尺寸小、中间走道稍窄。

③产房和犊牛舍:较大规模的牛场应建有专门产房。产房的床位占成年奶牛头数的 10% ,牛床应较大,一般宽 1.5 ~2.0m,长 2.0 ~2.1m,粪沟不宜深,约 8cm。

产房一般多与初生犊的保育间合建在同一舍内,这样既有利于初生犊哺饲初乳,又可节省犊牛的防护设施。有条件时,可将产后半月内的犊牛养于特制的活动犊牛栏(保育笼)中,犊牛栏用轻型材料制成,长 110 ~ 140cm,宽 80 ~ 120cm,高 90 ~100cm,栏底离地面 10 ~15cm,以防犊牛直接与地面接触导致患病。保育间要求阳光充足、干燥、无贼风。

犊牛舍按成年母牛舍的 40% 设置。采用分群饲养,一般分成 0.5 ~3 月龄、3 ~6 月龄两群。3 月龄内犊牛分小栏饲养,栏长 130 ~150cm,宽 110 ~120cm,高 110 ~120cm。3 月龄以上的犊牛可以通栏饲喂,牛床长 130 ~150cm,宽 70 ~ 80cm,饲料道宽 90 ~120cm,粪道宽 140cm。

(二)肉牛舍

(1)拴系式肉牛舍 拴系式肉牛舍又称常规牛舍,每头牛都用链绳或牛颈枷固定栓系于食槽或栏杆上,限制活动。目前国内采用舍饲的肉牛舍多为拴系式,尤其高强度肥育肉牛。拴系式饲养占地面积少,节约土地,适合精细管理,牛只活动少,饲料报酬高。拴系式牛舍内部排列与奶牛舍相似,分为单列式和双列式两种。双列式跨度 10～12m,高 2.8～3.0m;单列式跨度 6.0m,高 2.8～3.0m。每 25 头牛设为一列。母牛床(1.8～2.0)m×(1.2～1.3)m,育成牛床(1.7～1.8)m×1.2m;送料通道宽 1.2～2.0m,除粪通道宽 1.4～2.0m,两端通道宽 1.2m。

最好建成粗糙的防滑水泥地面,向排粪沟方向倾斜 2%。牛床前面设固定饲槽,饲槽宽 60～70cm,槽底为 U 形。排粪沟宽 30～35cm,深 10～15cm,并向暗沟倾斜,通向粪池。

(2)围栏式肉牛舍　围栏式肉牛舍又称为无天棚、全露天牛舍,是按牛的头数,以每头繁殖牛 $30m^2$、幼龄肥育牛 $13m^2$ 的比例加以围栏,将肉牛养在露天的围栏内,除树木土丘等自然条件外,栏内一般不设棚舍或仅在采食区和休息区设凉棚。这种饲养方式投资少、便于机械化操作,适用于大规模饲养。

二、牛舍设施

(一)牛床

牛床是牛采食和休息的场所,应具有保温、防潮、坚固耐用、易于清洁消毒等特点。

1. 牛床长度

根据牛体型大小和拴系方式的不同,牛床可分为长牛床和短牛床。长牛床使牛有较大的活动范围。短牛床使牛的前身靠近饲槽后壁,后肢接近牛床的边缘,使粪便能直接排到粪沟里。一般的牛床长度:成奶牛 1.7～1.9m,青年牛 1.6～1.8m,育成牛 1.5～1.6m,犊牛 1.5m(包括粪尿沟)。

2. 牛床宽度

牛床宽度取决于奶牛的体型和是否在舍内挤奶。如在牛舍内挤奶,牛床宜较宽,以便于挤奶操作。干奶牛、产奶牛的牛床要宽。一般的牛床宽度:成奶牛 1.1～1.3m,干奶牛 1.3m,待产牛 1.3～1.5m,青年牛 1.0～1.1m,育成牛 0.8m,犊牛 0.6m。

3. 牛床坡度

牛床应具有适当的坡度,并高于舍内地面 5cm 左右,以利冲洗和保持干燥。坡度通常为 1°～1.5°,但不宜过大,否则奶牛易发生子宫脱出和脱胯。

4. 具有宽粪沟的短牛床

这种牛床在国外采用较多,宽粪沟盖有栅格板,作为牛床的延长部分,而牛床较短,德国为 1.45～1.57m,美国只有 1.4～1.5m。粪沟的栅格板与牛床位于同一平面,奶牛的后肢蹄可踏在栅格板上,并有 60% 的粪便可排泄在上面,其中 80%～90% 能自行通过栅格落入粪沟,其余经过牛蹄踏入粪沟。因此,清粪工作可显著减少,而且牛体也较清洁。

(二)颈枷

颈枷的作用是在不妨碍牛活动和休息的前提下,将牛固定在牛床上,不能随意活动,控制牛不能退至排尿沟或前肢踏入饲槽,以免污损饲料或抢食其他牛的饲料。要求颈枷轻便、坚固、光滑,操作方便。颈枷的高度一般为:犊牛 1.2 ~ 1.4m;育成牛、青年牛和成奶牛 1.6 ~ 1.7m。颈枷的样式很多,常见的有直链、横链、双开等。

1. 直链式颈枷

直链式颈枷主要由两条铁链构成,一条为长 120 ~ 150cm 的直铁链,下端固定在饲槽的前壁上,上端挂在一条横木或铁管上;另一条链或皮带长 50cm,两端用两个铁环穿在直链上,能沿直链上下滑动,使牛头部可以上下左右自由的活动。牛直链式颈枷如图 1-8 所示。

2. 横链式颈枷

横链式颈枷主要由两条铁链构成,一条是横挂着的铁链,两端有滑轮挂在两侧牛栏的立柱上,可上下自由滑动;另一条铁链通过圆环固定在横链上,用于套住牛颈,使牛头部只能上下左右活动,不能拉长铁链,控制使牛不能抢食。牛横链式颈枷如图 1-9 所示。

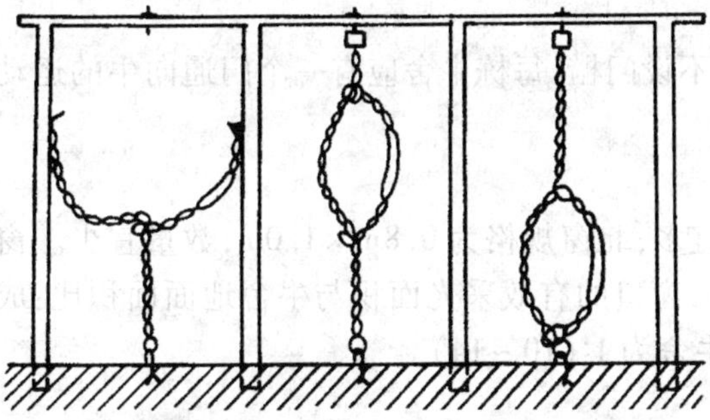

图 1-8 直链式颈枷

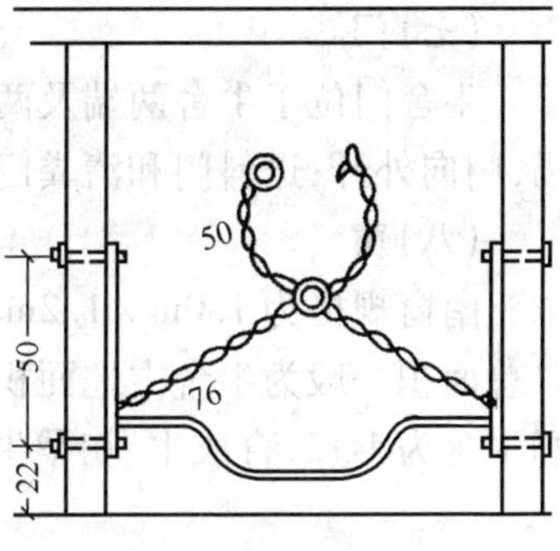

图 1-9 横链式颈枷(单位:cm)

3. 双开颈枷

饲养员把控制开关搬到自锁位置,利用采食动作而达到自锁。下槽时把控制开关搬到开锁位置,利用牛抬头枷杆自动打开,也可利用人工单个开启。优点是操作简便快捷,颈枷开张度大,安全可靠;但结构上比一般颈枷复杂,用料较多。

(三)饲槽

饲槽一般位于牛床前,通常为统槽,长度与牛床总宽相等,底平面高于牛床。饲槽必须坚固、光滑、耐磨、耐酸、便于洗刷。饲槽尺寸如表 1-1 所示。

表1-1　　奶牛饲槽尺寸　　单位:cm

牛类别	槽上部内宽	槽底部内宽	前沿高	后沿高
泌乳牛	60~70	40~50	30~35	50~60
青年牛和育成牛	50~60	30~40	25~30	45~55
犊牛	30~35	25~30	15~20	30~35

(四)隔栏

为了防止乳牛横卧在牛床上,相邻两个牛床间需设置隔栏。隔栏常由弯曲的钢管制成,一端与颈枷的栏杆连在一起,另一端固定在牛床的2/3处,隔栏高80cm,由前向后倾斜。

(五)饲料通道

饲料通道位于饲槽前,其宽度应便于人工和机械操作,一般为1.2~1.5m,坡度为1°。

(六)粪尿沟

牛床与清粪通道之间应设粪尿沟,沟沿做成圆钝角,以免损伤牛蹄。粪尿沟通常为明沟(犊牛为半漏缝地板),沟宽20~30cm,沟深5~18cm,沟底约有6°的坡度以便于排水。现代化乳牛舍粪尿沟多采用漏缝地板,或多安装链刮板式自动清粪装置,链刮板在牛舍往返运动,起到清理粪尿的作用。

(七)门

牛舍门位于牛舍两端及两侧面,不设门槛,每栋牛舍应有一个门通向牛的运动场,门向外开;送料门和清粪门分开。

(八)窗

南窗规格为1.0m×1.2m,数量宜多;北窗规格为0.8m×1.0m,数量宜少。窗口总面积一般为牛舍占地面积的8%,窗口的有效采光面积与牛舍地面面积比:成奶牛舍为1:12,育成牛、初孕牛和犊牛舍为1:(10~14)。

单元三 | 牛场的配套设施

一、挤奶厅

挤奶厅是采用散栏式牛舍奶牛场的主要设施,挤奶台分为固定式和转动式,前者又有直线形和菱形两种类型,后者根据母牛站立的方式有串联式、鱼骨式、放射式等几种类型。

(一)固定式挤奶台

1. 直线形挤奶台

奶牛进入挤奶厅内的挤奶台上,两侧排列,挤奶员站在厅内两列挤奶台中间的地槽内,先完成一边的挤奶工作,再进行另一边的挤奶工作。随后,放出已挤完奶的牛,放进一批待挤奶的牛。此类挤奶设备经济实用,平均每个工时可挤 30 ~ 50 头奶牛。直线形挤奶台如图 1 – 10 所示。

2. 菱形挤奶台

除挤奶台为菱形(平行四边形)外,其他结构均与直线形挤奶台相同。挤奶员在一边挤奶台挤奶时能同时观察其他三边母牛的挤奶情况,工作效率较直线形挤奶台高,一般在中等规模或较大的奶牛场使用。菱形挤奶台如图 1 – 11所示。

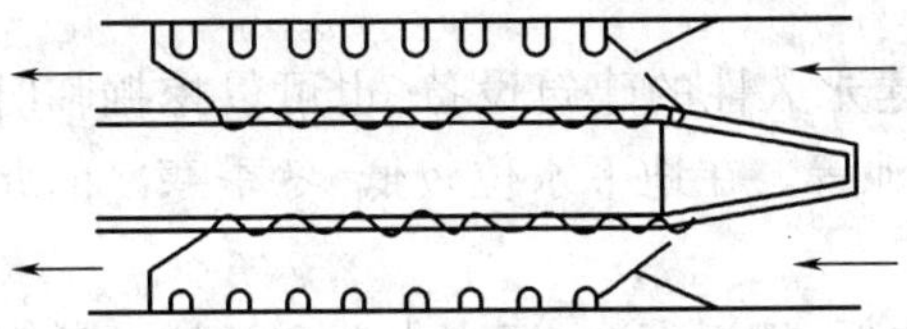

图 1 – 10　直线形挤奶台

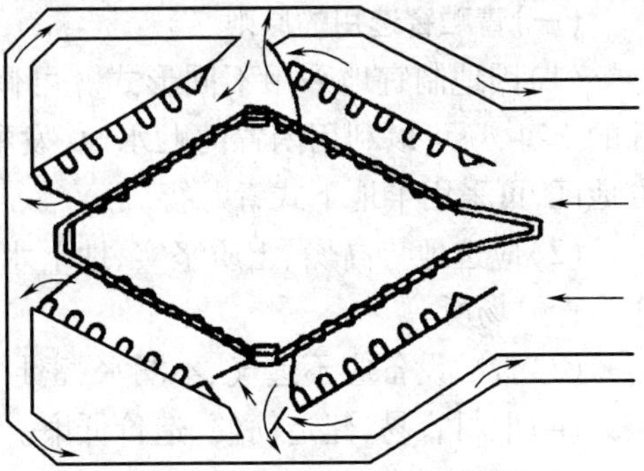

图 1 – 11　菱形挤奶台

(二)转动式挤奶台

1. 串联式转盘挤奶台

串联式转盘挤奶台是专为一人操作而设计的小型挤奶台。转盘上有 8 个床位,牛的头尾相继串联,牛通过分离栏板进入挤奶台。根据运转的需要,转盘可通过脚踏开关开动或停止,每个工时可挤 70 ~ 80 头奶牛。串联式转盘挤奶台如图 1 – 12所示。

2. 鱼骨式转盘挤奶台

这一类型与串联式转盘挤奶台基本相似,所不同的是牛呈斜形排列,似鱼骨形,牛头向外,挤奶员在转盘中央操作,这样可以充分利用挤奶台的面积。一人操作的转盘有 13 ~ 15 个床位,两人操作的可挤 20 ~ 24 头牛,配有自动饲喂装置和自动保定装置。优点是机械化程度高,劳动效率高,操作方便,缺点是设备造价较高。鱼骨式转盘挤奶台如图 1 – 13 所示。

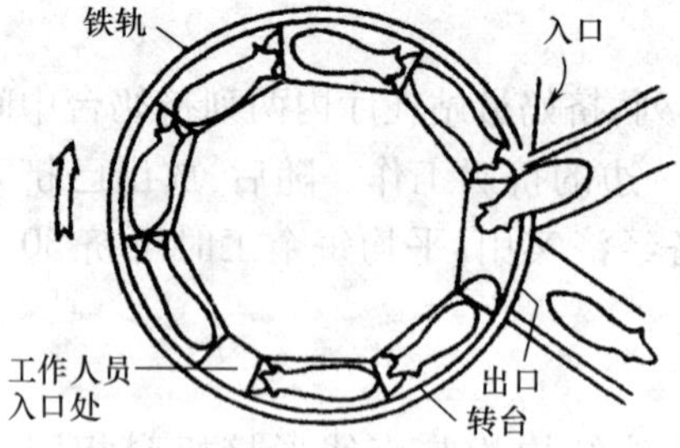

图1-12 串联式转盘挤奶台

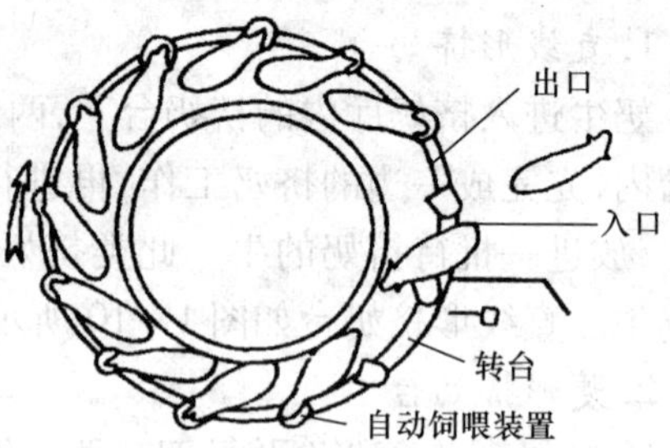

图1-13 鱼骨式转盘挤奶台

二、青贮窖

(一)青贮窖选用的原则

(1)因地制宜地采用不同形式。可修建永久性的建筑设备,也可以挖掘临时性的土窖,还可以利用闲置的贮水池、发酵池等。在地下水位较低、冬季寒冷的北方地区,可采用半地下式青贮窖。

(2)应选地势高燥、土质坚实、地下水位低、靠近畜舍、远离水源和粪坑的地点作为青贮场所。

(3)青贮设备应不透气、不漏水、密封性好、内壁表面光滑平坦。

(4)取材容易,建造简便,造价低廉。

(二)青贮窖形式

青贮窖有地下式和半地下式两种。贮量少的,多用圆形青贮窖;而贮量多时,以长方形沟状的青贮壕为好。在地下水位高的地区,采用半地下式青贮窖,窖底须高出地下水位0.5m以上。

建筑临时青贮窖时,应将窖壁和窖底夯实。长方形土窖的四角要挖成半圆形,窖壁要有一定斜度,上大下小,底部呈弧形。土窖应在制作青贮前1~2d挖好,经过晾晒,以便减少土壤水分含量,增加窖壁坚硬度;但不宜暴晒过久,以防止干裂。临时性青贮土窖常易渗水,且窖壁四周原料易霉烂,损失较大,加上每年都要修建,并不经济。所以,条件允许时应建筑砖石、水泥结构的坚固耐用的永久窖。

一般青贮窖多为圆柱状,似一口井,窖的直径与窖深之比为1:2。每立方米青贮饲料的重量如表1-2所示。

表1-2 每立方米青贮饲料的重量 单位:kg

原料种类	重量	原料种类	重量
玉米秸秆	400~500	甜菜叶	600~650
全株玉米	500~550	红薯蔓秧	500~600
禾本科牧草	550~600		

三、运动场

运动场和凉棚是牛休息、运动的场所。运动场必须宽敞，一般为牛舍面积的3～4倍，设在每幢牛舍的一侧，牛可从牛舍直接进入运动场。运动场地面最好用三合土夯实或采用水泥混凝土地面，要求平坦且有2%的坡度，以利排水。周围应设排水沟，便于排除场内积水，运动场地要保持干燥、整洁。

运动场内应设补饲槽和饮水槽。补饲槽的大小、长度根据牛群大小而定，以免因相互争食、争饮而引起打斗。水槽长3～4m，槽口宽70cm，槽底宽40cm，槽高60～80cm。槽底向运动场外侧开设排水孔，以便经常清洗，保持饮水清洁。也可设置自动饮水装置。

运动场应设凉棚，以防夏季烈日暴晒及雨淋，凉棚应建在运动场中央，一般棚顶净高3.5m或略高，棚顶覆盖石棉瓦隔热，凉棚地面为三合土硬地面，大小按成年奶牛每头平均$4m^2$为宜。运动场两面或三面用钢管做栏杆，围栏上管高80cm，下管高40cm。运动场可设1～2个2.5m宽的推拉门，以便牛群放牧和运输牛粪。

思考与练习

1. 牛场选址有什么要求？
2. 谈谈你对散栏式饲养方式的看法？

知识链接

牛场废弃物及其处理

牛场的废弃物主要包括牛粪尿、污水、尸体及相关组织、垫料、过期兽药、残余疫苗、一次性使用的兽医器械及其包装物等。这些废弃物中，以未经处理或处理不当的粪尿及污水最多，其中含有大量有机物、氮、磷、钾、悬浮物及致病菌等，易产生恶臭，造成对地表水、土壤和大气的严重污染，危害极为严重。我国60%的畜禽养殖场未采取固液分离的清洁工艺，每天要排放大量的畜禽粪便及冲洗混合污水，造成严重的环境污染。据报道，1000头规模的奶牛场日产粪尿50t，1000头规模的肉牛场日产粪便20t，如此数量的牛粪尿处理得当可以变废为宝，处理不当则产生臭气，孳生蚊蝇，不但影响附近居民生活，而且是许多传染病的传染媒介。

(一)牛粪尿的处理

牛场粪尿及污水量大，处理难度非常大。根据我国目前的现状，采用减量和固液分离处理粪尿及污水是养牛场合理利用资源和保护环境的基础。粪尿的清除工艺又直接影响着减量和固液分离。

1. 机械清除

当粪便与垫草混合或粪尿分离、呈半干状态时，常采用此法。清粪机械包括人力小推车、地上轨道车、单轨吊罐、牵引刮板、电动或机动铲车等。

采用机械清粪时，为使粪便与尿液及生产污水分离，通常在牛舍中设置污水排出系统，液态物经排水系统流入粪水池贮存，而固形物则借助人或机械直接用运载工具运至堆放场。这种排水系统一般由排尿沟、降口、地下排出管及粪水池组成。为便于尿水顺利流走，牛舍的地面应稍向排尿沟倾斜。

2. 水冲清除

此方法多在不使用垫草或采用漏缝地面时使用。其优点是省工省时、效率高。缺点是漏缝地面下不便消毒，不利于防止疾病在舍内传播；土建工程复杂；投资大、耗水多，粪水贮存、管理、处理工艺复杂；粪水的处理、利用困难；易于造成环境污染。此外，采用漏缝地面和水冲清粪易导致舍内空气湿度升高、地面卫生状况恶化，有时会出现恶臭、冷风倒灌现象，甚至造成各舍之间空气串通。

3. 固液分离

固液分离是处理牛粪尿及污水的关键环节，既可以对固态的有机物再生利用，制成肥料，又可减少污水中的有机悬浮物等，便于污水的进一步处理和排放。固液分离是采用机械法将牛粪尿或污水中的固体与液体分开，然后分别对分离物质加以利用的方法。例如，采用水冲式清粪工艺的奶牛场废水中含有大量的固体悬浮物，通过固液分离机（包括搅拌机、污物泵、分离主机、压榨机和清水泵等）分离，以减少污水处理的压力。目前，出于环境与经济的双重考虑，国外尤其是欧洲国家倾向于采用固液分离技术对养牛场废弃物进行处理，然后将液体部分注入沼气发酵池内经发酵后施于农田土壤中作为肥料，固体部分堆肥后施于农田。

（二）牛粪尿的利用

1. 用做肥料

牛粪尿含有机成分较多，是优质的有机肥料，但必须经过无害化处理，符合 GB 7959—2012《粪便无害化卫生要求》后，才能施于土地利用，禁止未经处理的粪尿直接施入农田。用做肥料的牛粪尿无害化处理的常用方法有以下几种。

（1）堆肥法　将牛粪尿、垃圾、垫草经过一段时间的贮存和用土密封发酵后，再做肥料施用，称为“堆肥”或“熟肥”。在堆肥过程中，由于发酵产生高温和微生物拮抗作用，可杀灭病原体和寄生虫卵，肥效没有遗散，是优质厩肥。此法是牛场对粪便无害化处理的一种有效方法。

（2）液体发酵法　将粪尿及牛场污水放入同一个大贮粪池内，让其自然发酵一段时间后，以水肥施用。施用时可用水泵直接抽取水肥给农作物灌溉或喷淋，余渣按前述方法使用。

除此之外,还可采用机械强化发酵法或干燥法等生产有机肥,以杀死其中的病原菌和蛔虫卵,缩短堆制时间,实现无害化。经过处理的粪尿作为肥料施用时,其用量不能超过作物当年生长所需养分的需求量,并应符合当地环境容量的要求,对没有充足土地消纳利用粪肥的,应建立处理粪便的有机肥厂。

2. 制取沼气

利用牛粪尿生产沼气,是我国农村推广的能源建设和环境建设于一体,并且有经济、社会、环境等综合效益的系统工程。此法是牛场综合利用的一种最好形式。

(1)沼气的产生　牛粪尿是生产沼气的最好原料,可单独使用,也可与杂草、秸秆按一定的比例配合使用。将牛粪尿放入一个密封的沼气发酵池(罐)内,使有机质在厌氧条件下发酵产生甲烷(沼气),通过一定的方法收集沼气用于发电、照明、燃料等。

(2)沼气肥的利用　沼气肥是投入沼气池内的原料(粪便、各种农作物秸秆等)经密封发酵后的残留物,包括沼气水肥(又称沼液)和渣肥(又称沼渣)。沼渣宜做基肥,是一种具有改良土壤功效的优质肥料;沼液宜做追肥,是一种速效性肥料,也可二者混合使用。沼气肥除可应用于种植业外,还可应用于养殖业,如沼液养猪、沼肥养鱼、沼渣养蛆等,均可取得良好的经济效益和社会效益。

3. 栽培蘑菇后做肥料

蘑菇具有较高的食用价值和药用价值。用牛粪栽培蘑菇(双孢蘑菇)以我国福建省栽培面积最广,产量最多,其次是广东。我国生产的蘑菇,80%用于加工罐头出口,在国际市场上享有很高的声誉,是出口创汇产品之一,1t 蘑菇罐头可换回 16t 小麦或 27t 化肥,可见用牛粪发展蘑菇生产前景广阔。

生产蘑菇后留下的栽培下脚料,仍含有比较丰富的有机质,尽管由于使用原料配方的不同,肥效有一定差异,但肥效很好,是优质有机肥料,可施用于果树、甘蔗、水稻等,增产效果明显。

情境二 牛的品种及利用

单元一 | 牛的品种资源

一、奶牛品种

世界上专门化的奶牛品种不多。荷斯坦牛是目前最好的奶牛品种，数量最多、分布最广。娟姗牛则以高乳脂率著称于世。

（一）荷斯坦牛

1. 原产地及分布

该品种的培育经历了 2000 多年的历史，以产奶量高而闻名于世，现已分布于世界大多数国家。

荷斯坦牛原名称为荷斯坦 - 弗里森牛，原产于荷兰北部。于 19 世纪 70 ~ 80 年代被各国引入，经过长期的培育或与本国牛杂交而育成适应当地环境条件、各具特点的荷斯坦牛，有的被冠以本国名称，如美国荷斯坦牛、加拿大荷斯坦牛、中国荷斯坦牛等，有的仍以原产地命名。目前，荷斯坦牛最具代表性的是乳用型美国荷斯坦牛和乳肉兼用的荷兰、欧洲地区国家的荷斯坦牛。乳用型荷斯坦牛的群体平均产奶量和最高个体产奶量均为各奶牛品种之冠，美国、加拿大、日本和澳大利亚等国的荷斯坦牛属于此类。

2. 外貌特征

具有典型的乳用型牛的外貌特征，头清秀略长，鬐甲呈楔形平直，肋骨开张，腰角弯曲，腰腹部发育良好，四肢长而强壮，两腿间距宽，乳房大，乳静脉发达，被毛细短，毛色为界线分明的黑白花片。

乳用荷斯坦牛成年公牛体重 900 ~ 1200kg，母牛 500 ~ 700kg，犊牛出生体重平均38~50kg。公牛平均体高145cm，平均体长190cm，胸围206cm，管围23cm；母牛平均体高135cm，平均体长170cm，胸围195cm，管围19cm。

3. 生产性能

乳用型荷斯坦牛的泌乳性能为各乳牛品种之冠。母牛平均年产奶量5000~5500kg，优秀的个体可产6000~10000kg，甚至更多。荷斯坦牛乳脂肪球小，乳色发白，平均乳脂率3.5%~3.8%，乳蛋白率3.30%。

4. 品种特征

荷斯坦牛成熟较晚，一般在16~18月龄开始配种，6~8.5岁产奶量达到高峰，性情温顺，易于管理，外界的刺激对其产奶量影响较小，体重和毛色的遗传性稳定，乳房形状好，产奶量高，但乳脂率较低。

（二）中国荷斯坦牛

1. 来源及分布

中国荷斯坦牛是纯荷兰牛与本地母牛的高代杂交，经100多年选育而成，也是我国唯一的乳牛品种，现已遍布全国各地，而且有了国家标准，分北方型和南方型两种，质量不断提高。

2. 外貌特征

牛毛色同乳用型荷斯坦牛。由于各地开始杂交时的本地母牛体格大小不一，所引入的荷斯坦牛种公牛来源不一致，培育条件各地有别，因此该品种内出现较大差异。外形上可以分为两类：一类体型小，粗短结实，后躯平宽；另一类体型大，体躯高大，体形开张，棱角分明，体长而脂肪少。随着选育条件的不断改善，在同一地区，牛群正渐渐趋于整齐，各类群间的差异在渐渐缩小并趋于一致。

3. 生产性能

据中国奶业协会1981年统计，各泌乳期（305d）平均产奶量为5333.9kg，乳脂率为3.4%。近年来，随着饲养管理条件的不断改善，良种场牛群年平均产奶量达6000~7000kg，年产奶量10000kg的个体也不罕见。年受胎率为88.75%，情期受胎率为48.99%。

4. 品种特征

中国荷斯坦牛性情温顺，易于风土驯化，饲料利用率高，产奶量高。但耐粗放性差，抗病力弱。

（三）娟姗牛

1. 原产地及分布

娟姗牛原产于英吉利海峡南端的娟姗岛，是由法国大型红色的布里顿尼牛和小型黑色的诺曼底牛杂交后，经过选种选配和近亲交配而育成。在美国、英国、加拿大、日本等国均有饲养。

2. 外貌特征

体质紧凑，骨细致，额部略凹陷，两眼突出，角中等大，呈琥珀色，角尖呈黑色，颈细长多皱纹,颈垂发达,中躯结合良好,结构匀称,后躯发育好,乳房形态好,质地柔软,乳头略小,乳静脉发达,毛色多为浅褐色,以红褐色次之,还有褐色等,鼻镜和舌一般为黑色,口的周围有白圈,体重母牛约为450kg,公牛约为700kg,公犊初生重为28kg,母犊初生重为24kg。

3. 生产性能

平均产奶量3000~4000kg,乳脂率5%~7%,乳中干物质含量为各乳用品种之冠,这是该牛的一个特色,乳脂肪球大而呈黄色,风味佳。

4. 品种特征

性成熟早,初配15~18月龄,通常在24月龄产犊。性情活泼,耐热性强,适于南方的热带气候,乳脂率高,在育种上既可以提高牛群的乳脂率,也可以改良我国南方热带的奶牛品种。

二、肉牛品种

世界上主要的肉牛品种,按体型大小和产肉性能,大致可分为两大类:一是中小型早熟品种,主产于英国。一般成年公牛体重550~700kg,母牛400~500kg。成年母牛体高在127cm以下为小型,128~136cm为中型。主要品种有海福特牛、短角牛、安格斯牛等。二是大型品种,主产于欧洲大陆。成年公牛体重1000kg以上,母牛700kg以上,成年母牛体高137cm以上。代表品种有夏洛莱、利木赞牛、皮埃蒙特牛等。

(一)海福特牛

1. 原产地及分布

海福特牛原产于英格兰西部威尔士地区的海福特郡,是世界上最古老的中小型早熟肉牛品种,并以生长速度快、早熟易肥、肉质好、饲料报酬高等优良的特性驰名全球,在世界肉牛业发展中发挥了重要作用。现分布于世界上许多国家,已有200多年的培育历史,我国从1964年开始引进。

2. 外貌特征

具有典型的肉用牛体型,分为有角和无角两种。全身被毛除头、颈垂、腹下、四肢下部以及尾尖为白色外,其余均为红色,皮肤为橙黄色,角为蜡黄色或白色并向两侧伸展,微向下弯曲,鼻镜粉红色。颈粗短多肉,颈垂发达。体躯肌肉丰满,呈圆筒状,背腰宽平,臀部宽厚,肌肉发达,四肢短粗,侧望体躯呈矩形。

3. 生产性能

该牛育肥年龄早,增重速度快,饲料利用率高。体重成年母牛520~620kg,公牛900~1100kg;犊牛初生重28~34kg。7~18月龄的平均日增重为0.8~1.3kg,屠宰率一般为60%~65%,在良好的饲养条件下可达70%。肉质柔嫩多汁,味美可口,呈大理石状花纹。在干旱高原牧场冬季严寒(-50~-48℃)的条件下,或夏季酷暑(38~40℃)的条件下,都可以放牧饲养和正常生活繁殖,表现出良好的适应性和生产性能。

4. 与我国黄牛杂交效果

我国在1913年、1965年曾陆续从美国引进该牛，现已分布于东北、西北广大地区。各地用其与本地黄牛杂交，杂交后代增重性能和产肉性能明显优于本地黄牛，表现出犊牛生长快、抗病耐寒、耐粗放管理能力强、适应性好及肉质佳等优点。但在坡地放牧时，较其他杂种牛行动缓慢，部分个体出现蹄角质增生、蹄裂、跛行等现象。

(二)安格斯牛

1. 原产地及分布

原产于英国的阿伯丁、安格斯等郡，是英国古老的小型肉牛品种。目前世界多数国家都有该品种牛。

2. 外貌特征

以被毛黑色和无角为其重要特征，故也称为无角黑牛。体躯低矮、结实、宽深，呈圆筒形，头小而方，额宽，四肢短而直，前后裆较宽，全身肌肉丰满，具有现代肉牛的典型体型。皮肤松软，被毛光泽而均匀，部分牛腹下、脐部和乳房部有白斑。体重较大，成年母牛500~600kg，公牛700~900kg；犊牛初生重25~32kg。成年体高公母牛平均为130.8cm和118.9cm。

3. 生产性能

该牛具有良好的增重性能，被认为是世界上专门化肉牛品种中的典型品种之一。早熟，胴体品质高，出肉多，肌肉大理石花纹良好。屠宰率一般为60%~65%，哺乳期日增重0.9~1kg。育肥期日增重(1.5岁以内)0.7~0.9kg。

4. 品种特性

该牛适应性强，耐粗饲，耐寒抗病。缺点是母牛稍具神经质，冬季被毛较长而易感染体外寄生虫。

(三)夏洛莱牛

1. 原产地及分布

原产于法国中西部到东南部的夏洛莱省和涅夫勒地区，是举世闻名的大型肉牛品种。原为役用牛，当地经过长期选育体格硕大、肌肉丰满的牛只做种用，同时极为重视骨骼结构和役力的选择，特别是后躯肌肉的发育。腰部、肩和前肢肌肉丰满，有力，生长速度快，在放牧条件下可以达到较大体型。自育成以来，以其生长快、肉量多、体型大、耐粗放而受到国际市场的广泛欢迎，已输往世界许多国家，参与新型肉牛育成、杂交繁育，或在引入国进行纯种繁殖。

2. 外貌特征

该牛为大型的肉牛品种，体大而强壮。最显著的特点是被毛为白色或乳白色，皮肤常有色斑。头小而宽，角圆而较长，并向前方伸展，角质蜡黄。颈粗短，胸宽深，肋骨方圆，背宽肉厚，体躯呈圆筒状，肌肉丰满，后臀肌肉很发达，并向后和侧面突出。全身肌肉特别发达，骨骼结实，四肢强壮。成年活重，公牛为1100～1200kg，母牛700～800kg；犊牛初生重42～45kg；公牛体高142cm，体长180cm，胸围244cm，管围26.5cm；母牛体高132cm，体长165cm，胸围203cm，管围21cm。

3. 生产性能

该牛以生长速度快、瘦肉产量高而著称。在良好的饲养条件下，6月龄公犊可达250kg，母犊210kg。平均日增重可达1.1～1.2kg。作为专门化大型肉用牛，产肉性能好，屠宰率一般为65%～70%，胴体瘦肉率为80%～85%。16月龄的育肥母牛胴体重达418kg，屠宰率为66.3%。母牛泌乳量较高，一个泌乳期可产奶2000kg，乳脂率为4.0%～4.7%，但该牛在纯种繁殖时难产率较高，约为13.7%。

4. 与我国黄牛杂交效果

我国在1964年和1974年先后两次直接由法国引进夏洛莱牛，分布在东北、西北和南方部分地区，用该品种与我国本地牛杂交来改良黄牛，取得了明显效果。夏杂后代表现为体格明显加大，增长速度加快，杂种优势明显。

(四)利木赞牛

1. 原产地及分布

原产于法国中部的利木赞高原，并因此得名。在法国主要分布在中部和南部的广大地区，数量仅次于夏洛莱牛。20世纪70年代初输入欧美各国，现在世界上许多国家都有该牛分布，属于专门化的大型肉牛品种。

2. 外貌特征

毛色为红色或黄色，口、鼻、眼周围、四肢内侧及尾帚毛色较浅，角为白色，蹄为红褐色。头较短小，额宽，胸部宽深，体躯较长，后躯肌肉丰满，四肢粗短。成年公牛体重约1100kg，母牛约600kg。在法国较好的饲养条件下，公牛活重可达1200～1500kg，母牛600～800kg。

3. 生产性能

该牛产肉性能高，胴体质量好，眼肌面积大，前后肢肌肉丰满，出肉率高，在肉牛市场上很有竞争力。集约饲养条件下，犊牛断奶后生长很快，10月龄体重即达408kg，周岁时体重可达480kg左右，哺乳期平均日增重为0.86～1.0kg，8月龄小牛就可生产出具有大理石花纹的牛肉，是法国等一些欧洲国家生产牛肉的主要品种。

4. 与我国黄牛杂交效果

1974年和1993年，我国数次从法国引入利木赞牛，在河南、山东、内蒙古等地改良当地黄牛。利杂牛体型改善，肉用特征明显，生长强度增大，杂种优势明显。目前，黑龙江、山东、安徽等省为主要供种区。全国供种不足，现有改良牛45万头。

单元二 | 牛的利用

一、牛的外貌特征

(一)乳用牛的外貌特征

从整体看,奶牛外貌基本特点是体格高大、清秀、皮薄骨细、血管外露、棱角明显、被毛细短而有光泽、乳房发达、胸腹宽深、后躯发达,呈明显的细致紧凑型。侧望、前望、上望其轮廓均呈“楔形”。

侧望:将背线向前延伸,再将乳房腹线连成一条长线,延长到牛头前方,而与背线的延长线相交,构成一个楔形。从这个体型可以看出,乳牛的躯体是前躯浅后躯深,这表示其消化系统、生殖系统和泌乳系统发育良好,产乳量高。

前望:将鬐甲顶点作为起点,分别向左右两肩下方做直线并延长,与胸下水平线相交,构成一个楔形。这表示鬐甲和肩部肌肉不多,胸廓宽阔,肺活量大。

上望:由鬐甲分别向左右两腰角引直线,与两腰角的连线相交,构成一个楔形。这表示后躯宽大,发育良好。

中国荷斯坦母牛外貌鉴定评分表和中国荷斯坦母牛外貌鉴定等级表如表2-1和表2-2所示。

表2-1 中国荷斯坦母牛外貌鉴定评分表

项目	评分要求	标准分
一般外貌与乳用特征	头、颈、鬐甲、后大腿等部位棱角和轮廓明显	15
	皮肤薄而有弹性、毛细而有光泽	5
	体高大而结实,各部结构匀称,结合良好	5
	毛色黑白花,界限分明	5
	小计	30
体躯	长、宽、深	5
	肋骨间距宽,长而开张	5
	背腰平直	5
	腹大而不下垂	5
	尻部长、平、宽	5
	小计	25
泌乳系统	乳房形状好,向前后延伸,附着紧凑	12
	乳房质地、乳腺发达,柔软而有弹性	6
	四乳区:前乳区中等长,四个乳区均匀,后乳区高宽而圆,乳镜宽	6
	乳头大小适中,垂直呈柱形,间距均匀	3
	乳静脉弯曲而明显,乳井大,乳静脉明显	3
	小计	30

续表

项目	评分要求	标准分
肢蹄	前肢:结实,肢势良好,关节明显,蹄形正,质坚实,蹄底呈圆形	5
	后肢:结实,肢势良好,左右两肢间距宽,系部有力,蹄形正,蹄质坚实,蹄底呈圆形	10
	小计	15
总计		100

表2－2　　中国荷斯坦母牛外貌鉴定等级表

等级	特级	一级	二级	三级
公	85	80	75	70
母	80	75	70	65

(二)肉用牛的外貌特征

肉用牛皮薄、柔软有弹性,背毛细短、柔软而有光泽,骨骼细致而结实,肌肉高度丰满,结缔组织发达。属于细致疏松体质类型。

肉用牛前后躯都很发达,整体呈“长方形”或圆筒状。胸宽而深,鬐甲平广,肋骨开张,肌肉丰满,构成前望矩形;鬐甲宽厚,背腰和尻部广阔,构成俯望矩形;颈宽短,胸、尻深厚,背腹线平行,股后平直,构成侧望矩形;尻部平广,两腿深厚,构成后望矩形。整个体躯短、宽、深,由于前后躯的高度发达,中躯显得相对较短,以致前、中、后躯的长度趋于中等。

头宽短、多肉。角细,耳轻。颈短、粗、圆。鬐甲广平、宽厚。肩长、宽而倾斜。胸宽、深,胸骨突于两前肢前方。垂肉高度发育,肋长,向两侧扩张而弯曲大。肋骨的延伸趋于与地面垂直的方向,肋间肌肉充实。背腰宽、平、直。腹部充实呈圆筒形。尻宽、长、平,腰角不显,肌肉丰满。后躯侧方由腰角经坐骨结节至胫骨上部,形成大块的肉三角区。尾细,帚毛长。四肢上部深厚多肉,下部短而结实,肢间距大。

肉用及乳肉兼用牛外形鉴定评分表和肉用及乳肉兼用牛外形鉴定等级表如表2－3和表2－4所示。

表2－3　　肉用及乳肉兼用牛外形鉴定评分表

部位	鉴定要求	肉用		乳肉兼用	
		公	母	公	母
整体结构	品种特征明显,体尺达到要求。体质结实。乳肉兼用母牛的乳用性状及肉用体型明显。公牛有雄相。各类牛的肌肉丰满,毛色合于品种要求。皮肤柔软有弹力。公牛睾丸发育正常,精液品质良好	30	25	30	25

续表

部位	鉴定要求	肉用		乳肉兼用	
		公	母	公	母
前 躯	胸深宽。前胸突出,肩胛宽平,肌肉丰满	15	10	15	10
中 躯	肋骨开张,背腰宽而平直,中躯呈圆筒形。兼用牛腹较大,公牛腹部不下垂	10	15	10	15
后 躯	尻部长平宽,大腿肌肉突出伸延	25	20	25	20
乳 房	肉用母牛的乳房不要过小。兼用母牛乳房大,向前后伸延,乳头分布合适,长短粗细适中,乳静脉粗,弯曲,分支多,乳井大	—	10	—	15
肢 蹄	肢体端正,两肢间距宽,蹄形正,蹄质坚实,运步正常	20	20	20	15
合 计		100	100	100	100

表2-4 肉用及乳肉兼用牛外形鉴定等级表

等级	特等	一等	二等	三等
公	85	80	75	70
母	80	75	70	65

(三)役用牛的外貌特征

役用牛皮厚骨粗,肌肉强大而坚实,皮下脂肪不发达。属于粗糙紧凑体质类型。

役用牛的前躯比后躯发达,呈"倒梯形"。头大、粗重,额宽,颈粗壮。体躯长、宽、深,鬐甲丰圆,胸围大,腹部充实。尻长、平,宽度适中。四肢骨骼强壮,肌肉和筋腱分明。蹄大而圆,蹄质致密、坚实。

二、体尺测量与体重测定

(一)体尺测量

为了掌握牛体各部位生长发育状况及各部位之间相对发育的程度,需要进行体尺测量。测量用具主要有测杖、卷尺、圆形触测器等。测量之前须对量具进行校正。

测量方法:被测牛端正站立在平坦的场地,四肢垂直,左右两侧的前后肢均在同一直线上;头自然前伸,不左右偏,不高仰或下俯,后头骨与鬐甲近于水平。

测量部位:一般根据需要而定。如为估测体重,只需测量体长与胸围;如为辅助外貌鉴定，则应测体高、尻长、坐骨端宽和胸围等。

(1)体高　鬐甲最高点到地面的垂直距离。

(2)荐高　荐骨最高点到地面的垂直距离。

(3)十字部高　两腰角连线中点到地面的垂直距离。

(4)体直长　肩端前缘向下引垂线与坐骨结节后缘向下所引垂线之间的水平距离。

(5)体斜长　肩端前缘至坐骨结节后缘的距离。

(6)胸深　肩胛软骨后缘处从鬐甲上端到胸骨下缘的垂直距离。

(7)腰角宽　两腰角外缘之间的距离。

(8)髋宽　两侧髋关节之间的直线距离。

(9)胸围　肩胛骨后缘处体躯的垂直周径。

(10)腹围　腹部最粗部位的垂直周径。于饱食后测量。

(11)管围　前肢掌骨上 1/3 处的水平周径(最细处)。

(12)坐骨宽　两侧坐骨结节之间的最大宽度。

(13)尻长　腰角前缘至坐骨结节后缘的直线距离。

(二)体重测定

体重是衡量牛生长发育程度的重要指标，是测定生产性能、确定采食量、营养供给、初配年龄、用药剂量、选种等的依据。在正常饲养管理条件下，乳牛以泌乳量最高时测得的体重为依据。但要除去胎儿的重量(妊娠 7 个月扣除 15kg，8 个月扣除 20kg，9 个月扣除 45kg)，测定牛的体重最准确的方法是直接在地衡上称重。如缺少地衡，可用测杖和卷尺测量牛的胸围、体斜长和体直长，用下面公式估算体重：

$$乳用牛体重(kg) = [胸围(m)]^2 \times 体斜长(m) \times 87.5$$

$$肉用牛体重(kg) = [胸围(m)]^2 \times 体直长(m) \times 100$$

三、年龄鉴定

奶牛的年龄与胎次对产奶量影响很大，随年龄和胎次的增加，产奶量呈规律性变化。头胎牛产奶量较低，仅相当于成年母牛的 70% ~80%；而 7 ~8 胎后的老龄牛，随着机体衰老，产奶量也逐渐下降。所以，奶牛年龄鉴定是评定其经济价值和种用价值的重要指标，也是改进饲养管理和繁殖的重要依据。年龄鉴定一般根据牙齿、外貌和角轮进行估测，其中以牙齿的鉴定较为可靠。

(一)按牙齿鉴定年龄

1. 牛牙齿排布

牛无上门齿和犬齿，上门齿的位置被角质化的切齿板(齿垫)代替。下门齿共 4 对计 8 枚，最中间的一对称为钳齿，也称为第一对门齿。由钳齿向两侧依次为内中间齿、外中间齿和隅齿，又分别称为第二对门齿、第三对门齿和第四对门齿。

臼齿分前臼齿和后臼齿，每侧各有 3 对，共 24 枚，所以永久齿的数目为 32 枚；

乳齿没有后臼齿，其他牙齿的数目和永久齿一样，故乳齿的数目是20枚。

2. 乳齿和永久齿的区别

乳齿小而洁白，有明显的齿颈，齿间有空隙，表面平坦，齿薄而细致；永久齿的外形比较大而粗壮，齿冠长，几乎没有齿颈，排列整齐，齿间无空隙，齿根呈棕黄色，齿冠微黄。乳齿和永久齿的区别如表2-5所示。

表2-5 乳齿和永久齿的区别

项目	乳齿	永久齿
色泽	乳白色	稍带白色
齿颈	明显	不明显
形态	较小而齿冠短	较大而齿冠长
生长部位	齿根插入齿槽较浅	齿根插入齿槽较深

3. 鉴定要领

鉴定时，鉴定人员从牛右侧前方慢慢接近牛只。左手托住牛的下颌（一则可以控制牛头高度，便于操作；二则可及时洞察牛的反应，保证鉴定者的安全），右手迅速捏住牛鼻中隔最薄处，并顺势抬起牛头，使其呈水平状态，然后左手四指并拢略向里倾斜，通过无齿区插入牛的右侧口角，压住牛舌，待牛舌伸到适当位置时，将牛舌抓住，顺手一扭，用拇指尖顶住牛的上颚（或轻轻将牛舌拉向口角外边），然后观察牛门齿更换及磨损情况，按标准判定牛的年龄。

不同品种的牛成熟早晚不同，因此相同年龄的牛，牙齿的换生及磨损形状也不一致。一般情况，早熟肉牛品种比奶牛成熟早半年左右，黄牛又比奶牛晚半年至一年，水牛比黄牛晚一年。当然，影响鉴别准确性的因素还有很多，如环境条件、饲料性质、营养状况、生活习性、牙齿的形状、排列方式等，鉴别时要充分考虑，尽可能减小鉴定的误差。

4. 门齿的换生与磨损规律

初生犊牛有乳门齿1~2对，一般3周龄时全部长出，3~4月龄长齐，4~5月龄开始磨损，1岁时4对乳门齿显著磨损。

1.5~2岁换生第一对门齿（乳钳齿），出现第一对永久齿（钳齿）；

2.5~3岁换生第二对门齿（乳内中间齿），出现第二对永久齿（内中间齿）；

3~3.5岁换生第三对门齿（乳外中间齿），出现第三对永久齿（外中间齿）；

4~4.5岁换生第四对门齿（乳隅齿），出现第四对永久齿（隅齿），也称齐口。

5岁以后年龄鉴别主要根据奶牛门齿磨损情况进行。

5岁第一对门齿（钳齿）磨损；6岁第二对门齿（内中间齿）磨损；7岁第三对门齿（外中间齿）磨损；8岁第四对门齿（隅齿）磨损。

门齿磨损面最初为长方形或横椭圆形，以后逐渐变宽，而后近于椭圆形，最后有圆形齿星出现。

9 岁第一对门齿凹陷,齿星近圆形;10 岁第二对门齿凹陷,齿星近圆形;11 岁第三对门齿凹陷,齿星近圆形;12 岁第四对门齿凹陷,齿星近圆形;13～14 岁门齿变短,磨损面变大,齿间隙变宽,有的已脱落,年龄则不易鉴别。牛齿变化如表 2－6 所示。

表 2－6　　牛齿变化简表

年龄	门齿	内中间齿	外中间齿	隅齿
出生	乳齿已生	乳齿已生	乳齿已生	
2 周				乳齿已生
6 月龄	磨	磨	磨	微磨
1 岁	重磨	重磨	重磨	重磨
1.5～2 岁	更换			
2～3 岁		更换		
3.5 岁	轻磨		更换	
4～4.5 岁	磨	轻磨		更换
5 岁	重磨	磨	轻磨	
6 岁	横椭	重磨	磨	轻磨
6.5 岁	横椭(大)	横椭	重磨	磨
7 岁	近方	横椭(大)	横椭	重磨
7.5 岁	近方	横椭(大)	横椭(大)	横椭
8 岁	方	近方	横椭(大)	横椭(大)
9 岁	方	方	近方	横椭(大)
10 岁	圆	近圆	方	近方
11 岁	三角	圆	方	方
12 岁	近椭圆	三角	圆	圆

(二)按外貌鉴定年龄

老龄奶牛一般四肢站立姿势不正,营养欠佳,被毛乱而无光泽,颜面混生白毛,眼睑下陷,有较多的皱纹,且塌腰、凹背、肢前踏、举动迟缓;青年牛一般被毛有光泽,粗硬适度,皮肤柔润而富弹性,眼盂饱满,目光明亮,举动活泼而富有生气。

根据外貌鉴别年龄,只能鉴定奶牛的老幼,而不能判断准确年龄。

(三)按角轮鉴定年龄

角轮是在饲料缺乏季节或在妊娠期间,由于营养不足而形成。母牛每分娩一次,角上即生一凹轮。所以,角轮数加 2,即为该牛的年龄。角轮的深浅和有无受营养条件的影响。营养条件好,则角轮浅,界限不清;营养条件差,则角轮深,易判断。

四、奶牛体型线性评定

饲养奶牛是为了获取更高的经济效益，要达到此目的，一是提高奶牛生产性能，二是提高奶牛健康水平和延长利用年限。奶牛的体型不仅与其健康水平和使用年限紧密相关，而且决定着本身的生产能力和生产潜力。所以，做好奶牛的体型线性鉴定，可为正确评价奶牛经济价值提供科学依据。

我国奶牛体型线性鉴定目前实行9分制和50分制两种评分方法。鉴于9分制评分方法方便易行，建议从2002年1月1日起，全国统一执行9分制评分法。

（一）奶牛体型线性鉴定性状及评分标准

鉴定部位为：体型结构/容量；尻部；肢蹄；乳房；乳用特征。

1. 体型结构/容量

本部位包括6个描述性状，占牛只体型总评分的18%。

（1）体高　测定部位为十字部到地面的垂直高度。本性状为可度量性状，评分标准与功能分、加权分如表2-7所示。体高评分如图2-1所示。

表2-7　体高评分标准

评分	1	2	3	4	5	6	7	8	9
30月龄以下	≤130cm	132cm	135cm	137cm	140cm	142cm	145cm	147cm	≥150cm
30月龄以上	≤132cm	135cm	137cm	140cm	142cm	145cm	147cm	150cm	≥152cm
功能分	57	64	70	75	85	90	95	100	95
加权分	8.55	9.6	10.5	11.3	12.75	13.5	14.25	15	14.25

（2）前段　观察部位为奶牛的鬐甲部相对十字部的高度差。注意不要被奶牛的背腰不平所误。评分标准如表2-8所示。前段评分如图2-2所示。

表2-8　前段评分标准

评分	1	2	3	4	5	6	7	8	9
标准	极低 前低5cm		低 前低3cm		平		高 后低3cm		极高 后低5cm
功能分	56	64	68	76	80	90	100	90	85
加权分	4.48	5.12	5.44	5.68	6.4	7.2	8	7.2	6.8

（3）体躯大小　指被鉴定牛只的体重，可依据被鉴定牛的胸围估计体重。评分标准如表2-9所示。体躯大小评分如图2-3所示。

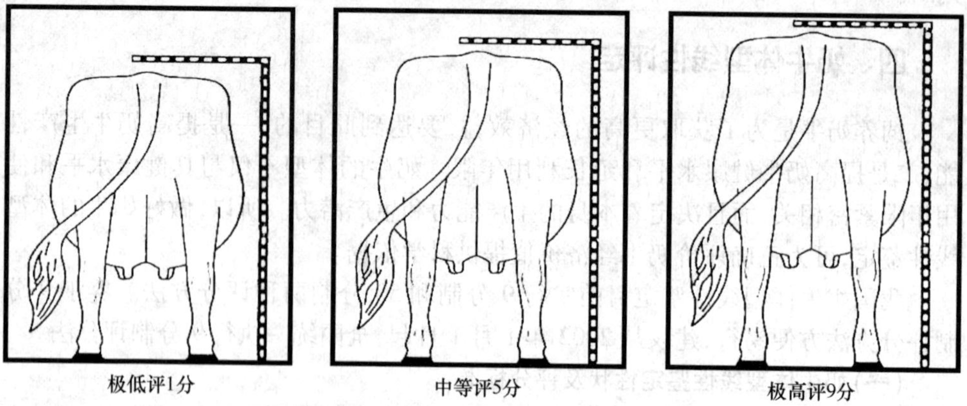

图 2－1　体高评分示意图

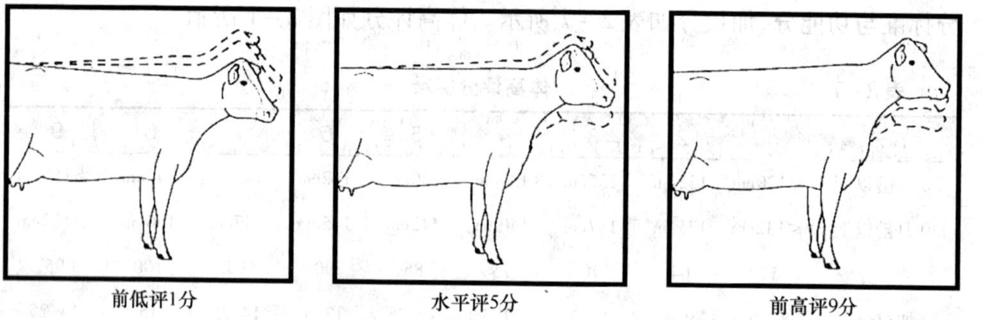

图 2－2　前段评分示意图

表 2－9　　体躯大小评分标准

评分标准		1	2	3	4	5	6	7	8	9
一胎	体重	410kg	434kg	456kg	478kg	500kg	522kg	544kg	566kg	590kg
	胸围	173cm	178cm	181cm	184cm	188cm	191cm	194cm	197cm	200cm
三胎	体重	454kg	476kg	500kg	522kg	544kg	576kg	590kg	612kg	635kg
	胸围	181cm	184cm	188cm	191cm	194cm	197cm	200cm	203cm	206cm
功能分		55	60	65	75	80	85	90	95	100
加权分		11	12	13	15	16	17	18	19	20

（4）胸宽　以奶牛两前肢内侧的胸底宽度为指标，一般不进行度量，由鉴定员判断其宽度为主。评分标准如表 2－10 所示。胸宽评分如图 2－4 所示。

极小评1分　　中等评5分　　极大评9分

图 2－3　体躯大小评分示意图

表 2－10　　胸宽评分标准

评分	1	2	3	4	5	6	7	8	9
标准	极窄(13cm)		窄(19cm)		中等(25cm)		宽(31cm)		极宽(37cm)
功能分	55	60	65	70	75	80	85	90	95
加权分	15.95	17.4	18.85	20.3	21.75	23.2	24.65	26.14	27.55

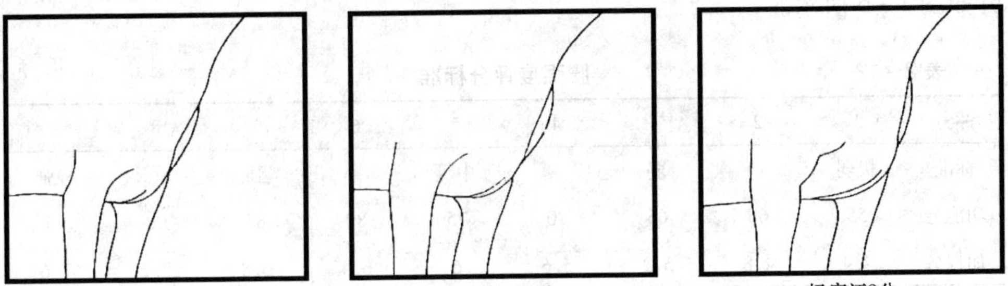

极窄评1分　　中等评5分　　极宽评9分

图 2－4　胸宽评分示意图

(5)体深　为奶牛体躯最后一根肋骨处腹下沿的深度，主要依据鉴定员观察判断。评分标准如表 2－11 所示。体深评分如图 2－5 所示。

表 2－11　　体深评分标准

评分	1	2	3	4	5	6	7	8	9
标准	极浅		浅		中等		深		极深（腹下垂）
功能分	56	64	68	75	80	90	95	90	85
加权分	11.2	12.8	13.6	15	16	18	19	18	17

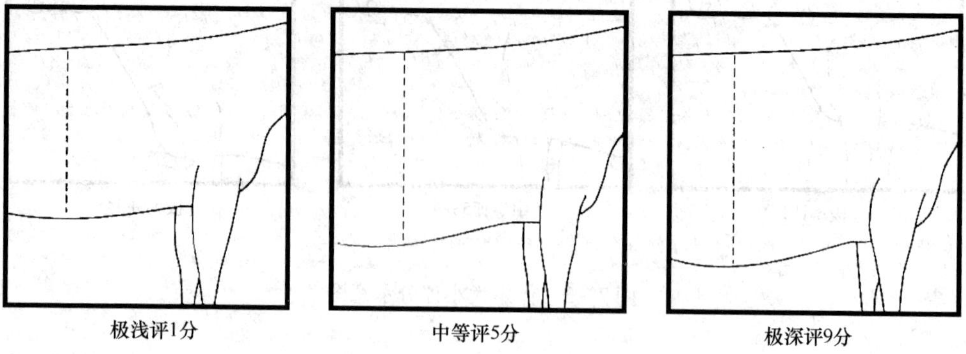

图 2－5　体深评分示意图

(6)腰强度　主要观察被鉴定牛只的臀(十字部)与背之间腰椎骨的连接强度及腰椎两侧短骨发育状态。极强个体背部之间腰椎骨微有隆起,其短骨发育长而平;极弱个体腰部下凹,其短骨发育短而细。评分标准如表 2－12 所示。腰强度评分如图 2－6 所示。

表 2－12　腰强度评分标准

评分	1	2	3	4	5	6	7	8	9
标准	极弱		弱		中等		强		极强
功能分	55	60	65	70	75	80	85	90	95
加权分	4.4	4.8	5.2	5.6	6	6.4	6.8	7.2	7.6

2. 尻部

本部位包括 3 个描述性状,占牛只体型总评分的 10%。

(1)尻角度　指腰角至坐骨结节连线与水平线的夹角。评定时以腰角对坐骨结节的相对高度为指标。评分标准如表 2－13 所示。尻角度评分如图 2－7 所示。

表 2－13　尻角度评分标准

评分	1	2	3	4	5	6	7	8	9
标准	－5cm 腰角低	－3cm	－1cm	0cm 前后等高	+4cm	+5cm	+6cm	+7cm	+8cm 腰角高
功能分	55	62	70	80	90	80	75	70	65
加权分	19.8	22.3	25.2	28.8	32.4	28.88	27	25.2	23.4

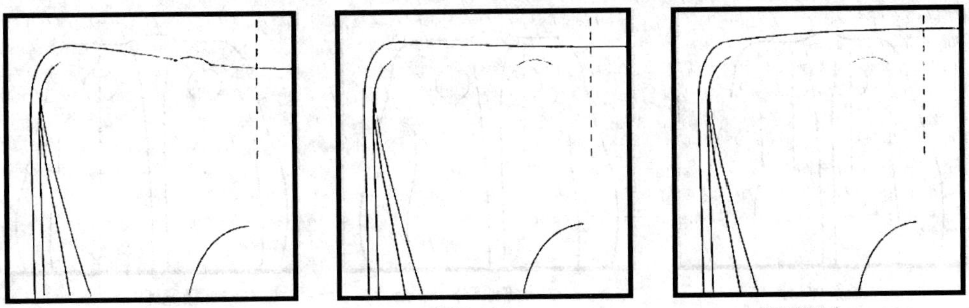

图 2-6　腰强度评分示意图

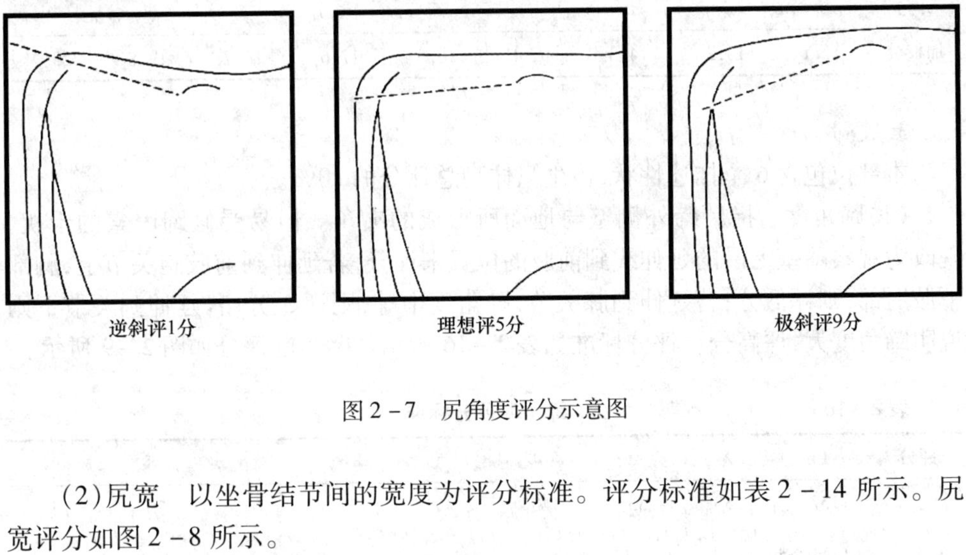

图 2-7　尻角度评分示意图

(2)尻宽　以坐骨结节间的宽度为评分标准。评分标准如表 2-14 所示。尻宽评分如图 2-8 所示。

表 2-14　尻宽评分标准

评分	1	2	3	4	5	6	7	8	9
标准	10cm	12cm	14cm	16cm	18cm	20cm	22cm	24cm	26cm
功能分	55	60	65	70	75	79	82	90	95
加权分	23.1	25.2	27.3	29.4	31.5	33.18	34.44	37.8	39.9

(3)腰强度　与体躯结构/容量中腰强度评分标准和功能分相同。评分标准如表 2-15 所示。

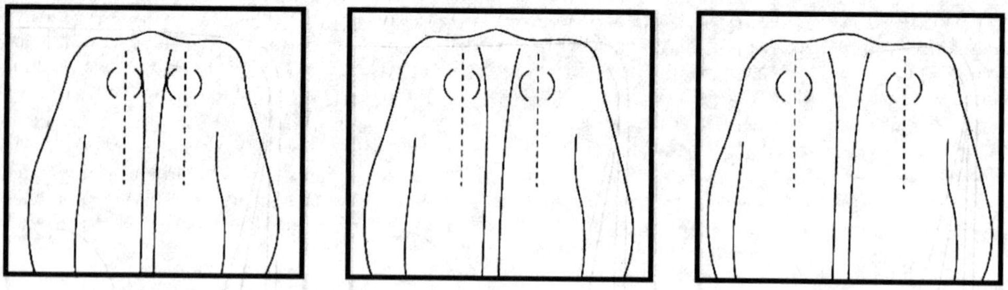

极窄评1分　　中等评5分　　极宽评9分

图 2-8　尻宽评分示意图

表 2-15　　腰强度评分标准

评分	1	2	3	4	5	6	7	8	9
加权分	12.1	13.2	14.3	15.4	16.5	17.6	18.7	19.8	20.9

3. 肢蹄

本部位包含 6 个描述性状，占牛只体型总评分的 20%。

（1）蹄角度　指后蹄外侧壁与地面所形成的夹角。但易受修蹄因素的干扰，现改为观察蹄壁上沿的延伸线到前肢的位置来评分，若延伸到前肢腕关节上，胸部下肢肘部，则评低分；若延伸到膝关节，蹄角度中等，则评 5 分；若延伸到关节下则说明蹄角度大，评高分。评分标准如表 2-16 所示。蹄角度评分如图 2-9 所示。

表 2-16　　蹄角度评分标准

评分	1	2	3	4	5	6	7	8	9
	15°	25°	35°	40°	45°	55°	65°	70°	75°
标准	蹄上沿延伸线到前肢肘部				到前肢膝关节				到前肢膝关节以下
功能分	56	64	70	76	81	90	100	95	85
加权分	11.2	12.8	14	15.2	16.2	18	20	19	17

（2）蹄踵深度　主要观察鉴定牛只后蹄的蹄踵上沿与地面之间的深度。蹄踵上沿与地面约 4.5cm 以上为极深个体，评 9 分；2.5cm 左右为中等，评 5 分；0.5cm 以下极浅个体，评 1 分。评分标准如表 2-17 所示。蹄踵深度评分如图 2-10 所示。

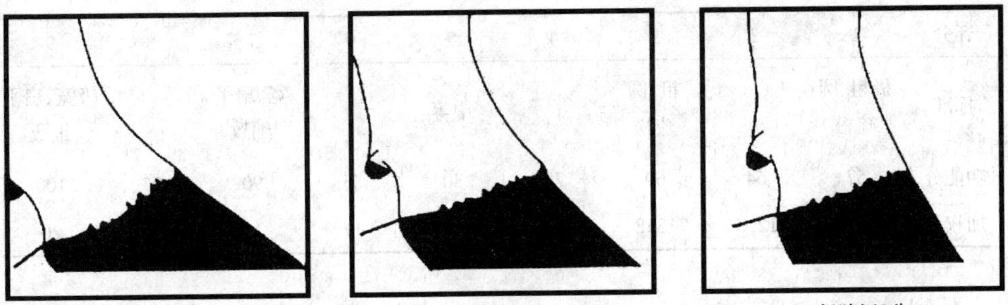

极低评1分　　中等评5分　　极陡评9分

图 2－9　蹄角度评分示意图

表 2－17　　蹄踵深度评分标准

评分	1	2	3	4	5	6	7	8	9
标准	0.5cm		1.5cm		2.5cm		3.5cm		4.5cm
功能分	57	64	69	75	80	85	90	95	100
加权分	11.4	12.8	13.8	15	16	17	18	19	20

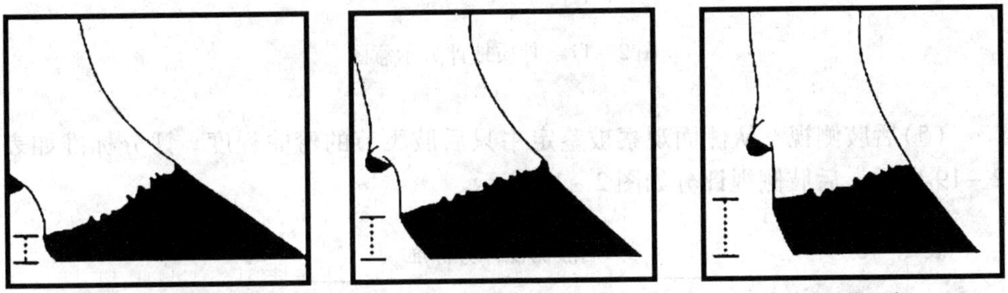

极浅评1分　　中等评5分　　极深评9分

图 2－10　蹄踵深度评分示意图

(3)蹄瓣均衡　主要观察牛只四蹄蹄瓣的完好程度和磨损程度。属于部位评分参考研究性状,不计分,也可不进行评定。

(4)骨质地　主要观察牛只后肢骨骼的细致程度与结实程度。后肢骨骼粗圆、疏松者评低分;宽、扁平、结实细致者评高分。评分标准如表 2－18 所示。骨质地评分如图 2－11 所示。

表 2-18　　骨质地评分标准

评分	1	2	3	4	5	6	7	8	9
标准	极粗、圆 疏松		粗、圆 疏松		中等		宽、扁平 细致		极宽、扁平 细致
功能分	57	64	69	75	80	85	90	95	100
加权分	11.4	12.8	13.8	15	16	17	18	19	20

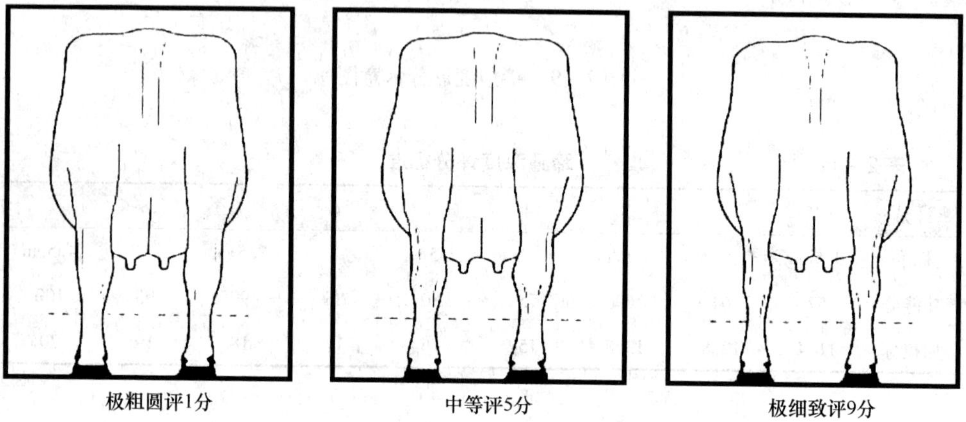

图 2-11　骨质地评分示意图

（5）后肢侧视　从侧面观察被鉴定牛只后肢飞节的弯曲程度。评分标准如表 2-19 所示。后肢侧视评分如图 2-12 所示。

表 2-19　　后肢侧视评分标准

评分	1	2	3	4	5	6	7	8	9
标准	165° 直飞节		155° 较直飞		145°		135° 较曲飞		125° 极曲飞节
功能分	55	65	75	80	95	80	75	65	55
加权分	11	13	15	16	19	16	15	13	11

（6）后肢后视　从后面观察飞节的内向程度，两飞节内向，后肢呈 X 状者，评 1 分；两飞节间宽，两后肢呈平行状态，评 9 分。评分标准如表 2-20 所示。后肢后视评分如图 2-13 所示。

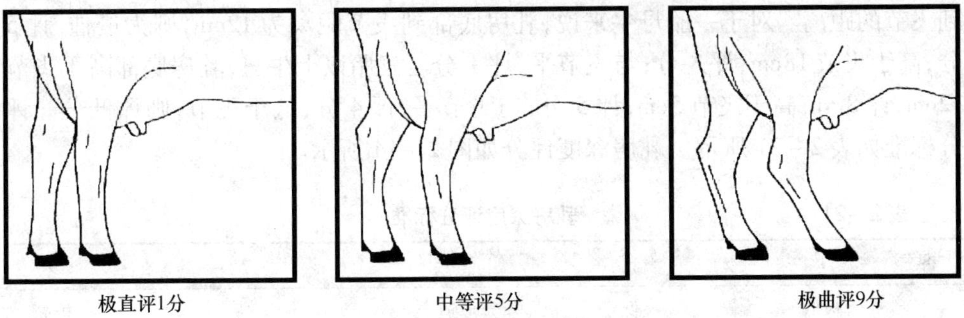

图 2－12　后肢侧视评分示意图

表 2－20　**后肢后视评分标准**

评分	1	2	3	4	5	6	7	8	9
标准	飞节内向 后肢 X 状				中等				飞节间宽 后肢平行
功能分	57	64	69	74	78	81	85	90	100
加权分	11.4	12.8	13.8	14.8	15.6	16.2	17	18	20

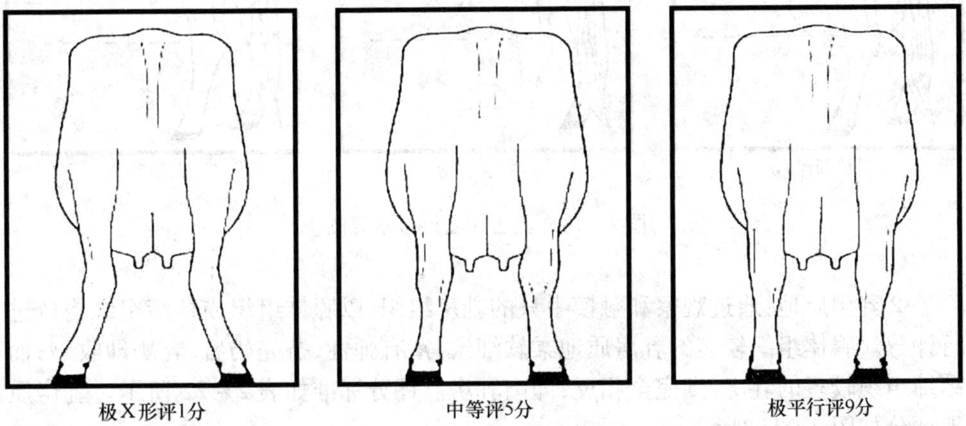

图 2－13　后肢后视评分示意图

4. 乳房

本部位评分分为三个系统，即泌乳系统、前乳房系统、后乳房系统。占牛只体型总评分的 40%。

(1) 泌乳系统　包括三个描述性状，评分占乳房分数的 20%。

①乳房深度：指牛只乳房底部到飞节的距离。若乳房呈倾斜状态，则以最低点

到飞节的距离。对于一胎母牛来说,乳房底部到飞节距离为12cm,则为最佳,评5分;高于飞节18cm,评8分;与飞节平,评1分。三胎以上牛只,乳房底部高于飞节12cm,评8分;高于飞节5cm,评5分;与飞节平,评4分;低于飞节,则评低分。评分标准如表2-21所示。乳房深度评分如图2-14所示。

表2-21　乳房深度评分标准

评分		1	2	3	4	5	6	7	8	9
标准		极低		低		适中		高		极高
	一胎	飞节平	飞节上3cm	飞节上6cm	飞节上8cm	飞节上12cm	飞节上14cm	飞节上16cm	飞节上18cm	飞节上20cm
	三胎	飞节下6cm	飞节下4cm	飞节下2cm	飞节平	飞节上5cm	飞节上7cm	飞节上9cm	飞节上12cm	飞节上15cm
功能分		55	65	75	85	95	85	75	65	55
加权分		16.5	19.5	22.5	25.5	28.5	25.5	22.5	19.5	16.5

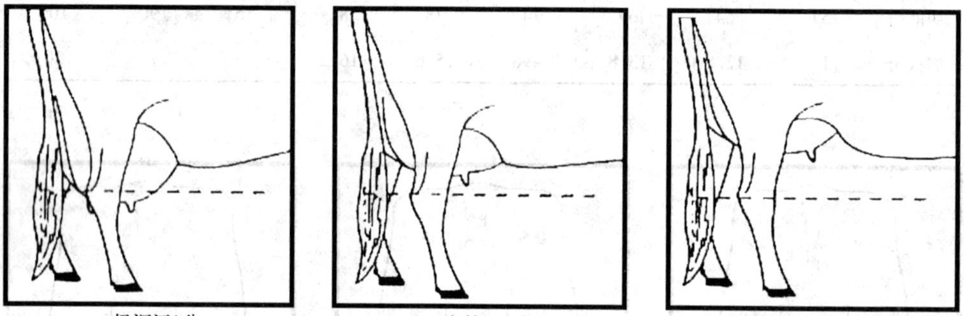

极深评1分　中等评5分　极浅评9分

图2-14　乳房深度评分示意图

②乳房质地:通过观察和触摸牛只的乳房组织,以腺体组织或结缔组织构成进行评分。腺体组织较多的乳房质地柔软细致,富有弹性,挤完奶后,乳房即收缩;而结缔组织较多的乳房,则完全相反,即肉乳房。评分标准如表2-22所示。乳房质地评分如图2-15所示。

表2-22　乳房质地评分标准

评分	1	2	3	4	5	6	7	8	9
标准	结缔组织				半腺体组织				全腺体组织
功能分	55	60	65	70	75	80	85	90	95
加权分	19.25	21	22.75	24.5	26.25	28	29.75	31.5	33.25

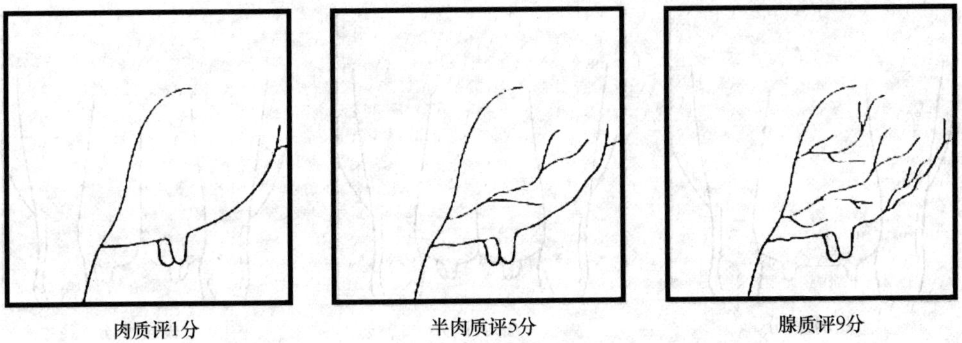

图 2－15　乳房质地评分示意图

③中央悬韧带：主要以乳房底部中隔纵沟的深度为衡量标准，一胎牛乳房中沟深5cm，从后面看，明显把乳房分为左右两部分者，为极强个体，评 8 分；中隔纵沟深0.6cm 者，评 2 分。评分标准如表 2－23 所示。中央悬韧带评分如图 2－16 所示。

表 2－23　　中央悬韧带评分标准

评分	1	2	3	4	5	6	7	8	9
标准	乳中沟极浅 0cm	0.6cm	浅 1.5cm	2.1cm	中等 3cm	3.7cm	深 4.5cm	5.2cm	乳中沟极深 6cm
功能分	55	60	65	70	75	80	85	90	95
加权分	19.25	21	22.75	24.5	26.25	28	29.75	31.5	33.25

将以上三个性状评分填入泌乳系统评分表，得出泌乳系统评分（如表 2－24 所示）。

表 2－24　　泌乳系统评分表

性状	乳房深度	乳房质地	中央悬韧带	合计
权重/%	30	35	35	100
评分				
功能分				
加权分				

（2）前乳房系统　本系统鉴定性状三个，泌乳系统的三个性状也参与计分。占乳房评分的 35%。

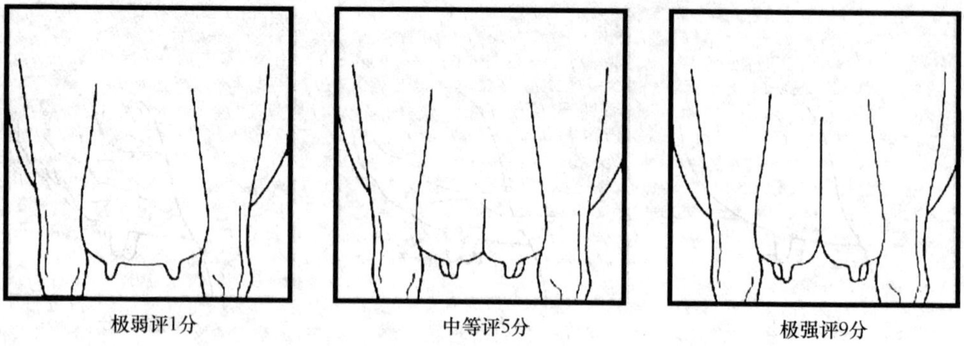

图 2－16　中央悬韧带评分示意图

①前乳房附着：从牛体侧面观察，借助触摸，以前乳房与体躯腹壁连接附着程度进行评分。评分标准如表 2－25 所示。前乳房附着评分如图 2－17 所示。

表 2－25　前乳房附着评分标准

评分	1	2	3	4	5	6	7	8	9
标准	极弱		弱		中等		强		极强
功能分	55	60	65	70	75	80	85	90	95
加权分	24.75	27	29.25	31.5	33.75	36	38.25	40.25	42.75

图 2－17　前乳房附着评分示意图

②前乳头位置：以前乳头在乳房的位置进行评分。评分标准如表 2－26 所示。前乳头位置评分如图 2－18 所示。

表2－26　　前乳头位置评分标准

评分	1	2	3	4	5	6	7	8	9
标准	极外		偏外		中间		偏内		极内
功能分	57	65	75	80	85	90	85	80	75
加权分	11.4	13	15	16	17	18	17	16	15

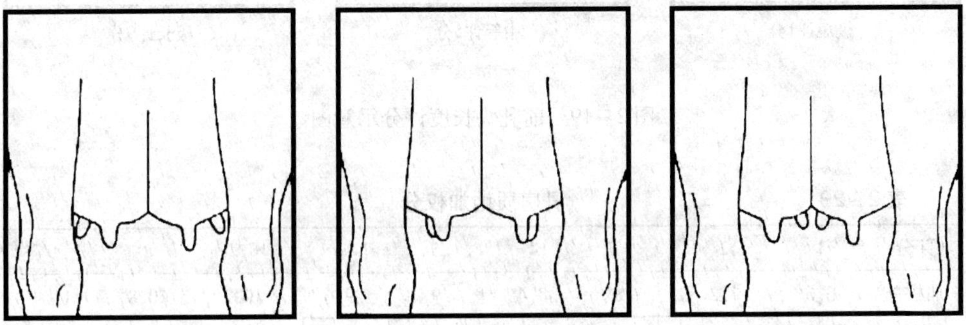

图2－18　前乳头位置评分示意图

③前乳头长度：以前乳头的长度进行评分，本性状的权重为5%。评分标准如表2－27所示。前乳头长度评分如图2－19所示。

表2－27　　前乳头长度评分标准

评分	1	2	3	4	5	6	7	8	9
标准	极短 2.5cm		短 4cm		适中 5cm		长 7.5cm		极长 10cm
功能分	55	60	65	75	90	75	70	65	55
加权分	2.75	3	3.25	3.75	4.5	3.75	3.5	3.25	2.75

④乳房深度：其评分标准与功能分同前，权重为8%，加权分如表2－28所示。

表2－28　　乳房深度加权分

评分	1	2	3	4	5	6	7	8	9
加权分	4.4	5.2	6	6.8	7.6	6.8	6	5.2	4.4

⑤乳房质地：其评分标准与功能分同前，权重为12%，加权分如表2－29所示。

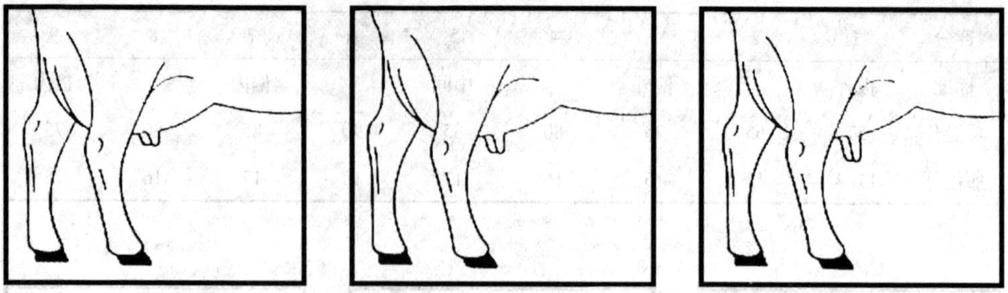

图 2－19　前乳头长度评分示意图

表 2－29　乳房质地加权分

评分	1	2	3	4	5	6	7	8	9
加权分	6.6	7.2	7.8	8.4	9	9.6	10.2	10.8	11.4

⑥中央悬韧带：其评分标准与功能分同前，权重为 10%，加权分如表 2－30 所示。

表 2－30　中央悬韧带加权分

评分	1	2	3	4	5	6	7	8	9
加权分	5.5	6	6.5	7	7.5	8	8.5	9	9.5

将以上六个性状评分填入前乳房评分表，得出前乳房评分（如表 2－31 所示）。

表 2－31　前乳房评分表

性状	前乳房附着	前乳头位置	前乳头长度	乳房深度	乳房质地	中央悬韧带	合计
权重/%	15	8	20	29	20	8	100
评分							
功能分							
加权分							

（3）后乳房系统　本系统鉴定性状三个，泌乳系统三个性状也参与计分。在乳房评分中权重 45%。

①后乳房附着高度：即后乳房乳腺最上缘与阴门基底部之间的距离。评分标准如表 2－32 所示。后乳房附着高度评分如图 2－20 所示。

表 2-32 后乳房附着高度评分标准

评分	1	2	3	4	5	6	7	8	9
标准	极低 32cm		低 28cm		中等 24cm		高 20cm		极高 16cm
功能分	55	65	70	75	80	85	90	95	100
加权分	12.65	14.95	16.1	17.25	18.4	19.55	20.7	21.85	23

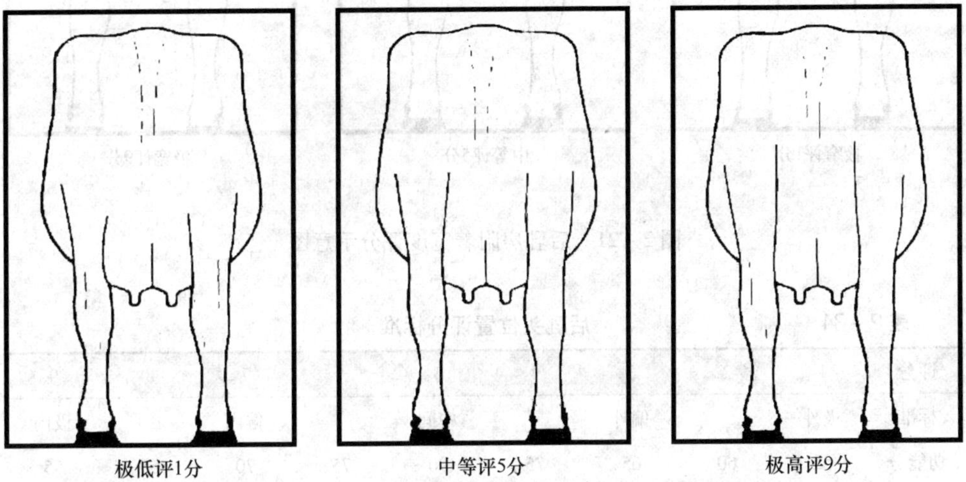

图 2-20 后乳房附着高度评分示意图

②后乳房附着宽度：指后乳房乳腺组织的最上缘在后裆间的附着宽度。评分标准如表 2-33 所示。后乳房附着宽度评分如图 2-21 所示。

表 2-33 后乳房附着宽度评分标准

评分	1	2	3	4	5	6	7	8	9
标准	极窄 7cm		窄 11cm		中等 15cm		宽 19cm		极宽 23cm
功能分	55	65	70	75	80	85	90	95	100
加权分	12.65	14.95	16.1	17.25	18.4	19.55	20.7	21.85	23

注：三胎牛的标准提高 3cm。

③后乳头位置：以后乳头在乳房的位置进行评分。评分标准如表 2-34 所示。后乳头位置评分如图 2-22 所示。

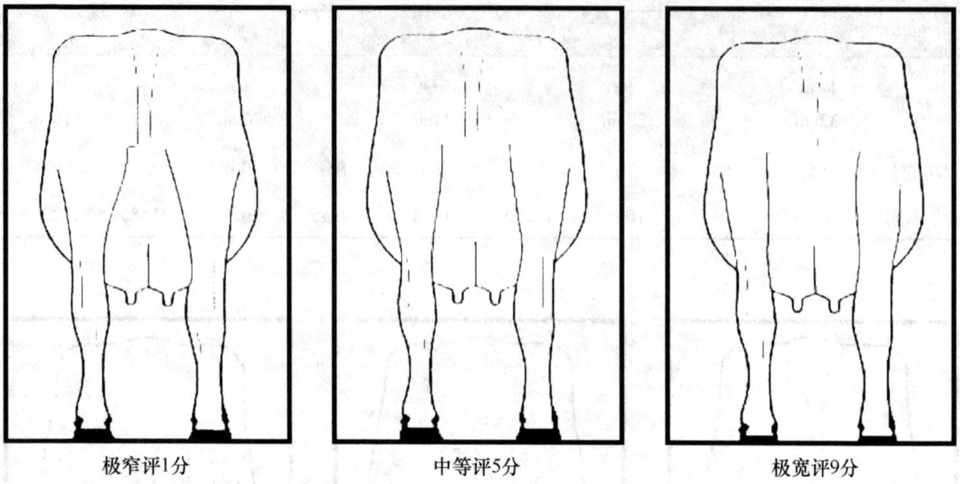

图 2－21　后乳房附着宽度评分示意图

表 2－34　后乳头位置评分标准

评分	1	2	3	4	5	6	7	8	9
标准	极外		偏外		中间		偏内		极内
功能分	55	60	65	75	90	75	70	65	55
加权分	7.7	8.4	9.1	10.5	12.6	10.5	9.8	9.1	7.7

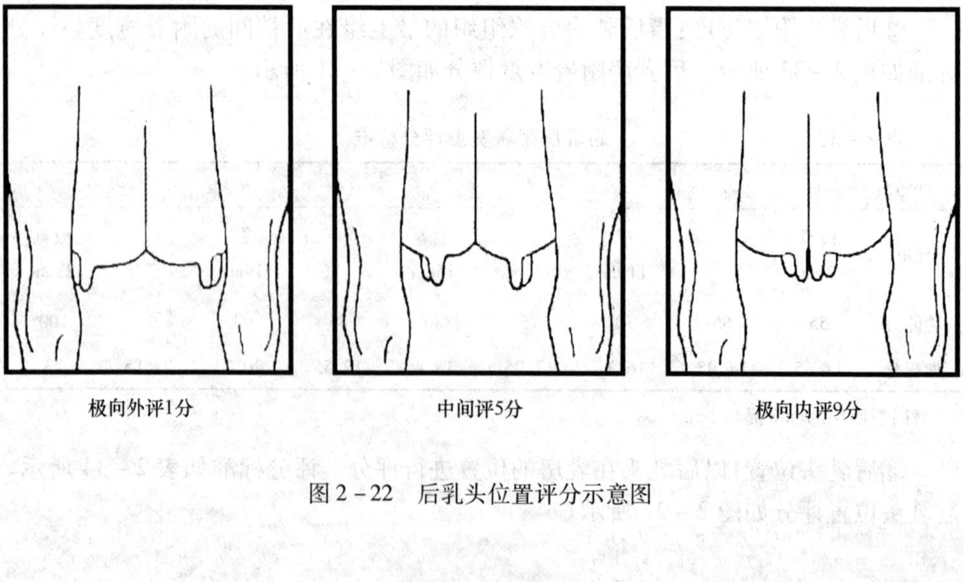

图 2－22　后乳头位置评分示意图

④乳房深度：其评分标准和功能分同前，权重为12%，加权分如表2－35所示。

表2－35 乳房深度加权分

评分	1	2	3	4	5	6	7	8	9
加权分	6.6	7.8	9	10.2	11.4	10.2	9	7.8	6.6

⑤乳房质地：其评分标准和功能分同前，权重为14%，加权分如表2－36所示。

表2－36 乳房质地加权分

评分	1	2	3	4	5	6	7	8	9
加权分	7.7	8.4	9.1	9.8	10.5	11.2	11.9	12.6	13.3

⑥中央悬韧带：其评分标准和功能分同前，权重为14%，加权分如表2－37所示。

表2－37 中央悬韧带加权分

评分	1	2	3	4	5	6	7	8	9
加权分	7.7	8.4	9.1	9.8	10.5	11.2	11.9	12.6	13.3

将以上六个性状评分填入后乳房评分表，得出后乳房评分（见表2－38）。

表2－38 后乳房评分表

性状	后乳房附着高度	后乳房附着宽度	后乳头位置	乳房深度	乳房质地	中央悬韧带	合计
权重/%	23	23	14	12	14	14	100
评分							
功能分							
加权分							

5. 乳用特征

本部位评分鉴定性状有一个，其他部位评分中有三个性状参与本部位记分。共同构成乳用特征评分；缺陷性状有一个。在奶牛外貌总分中本部位评分占12%。

（1）棱角性　主要观察奶牛整体的3个三角形（即背部、侧面和正面）是否明显，骨骼的轮廓是否明显、平直，肋骨开张状态和肋间距的大小，尾巴的粗细，股部大腿肌肉的凸凹程度以及鬐甲棘突的高低等。评分标准如表2－39所示。棱角性评分如图2－23所示。

表 2-39 棱角性评分标准

评分	1	2	3	4	5	6	7	8	9
标准	极差		差		中等		明显		极明显
功能分	57	64	69	74	78	81	85	90	95
加权分	34.2	38.4	41.4	44.4	46.8	48.6	51	54	57

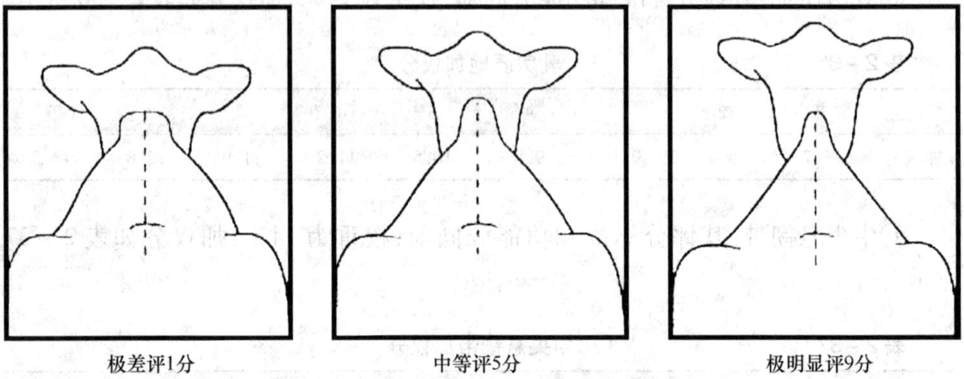

图 2-23 棱角性评分示意图

肢蹄部位的骨质地、乳房部位的乳房质地与体躯结构/容量部位的胸宽三个描述性状也参与乳用特征部位的评分。

(2)骨质地 评分标准和功能分按肢蹄部位中的骨质地评分为准,其权重为10%,加权分如表 2-40 所示。

表 2-40 骨质地加权分

评分	1	2	3	4	5	6	7	8	9
加权分	5.7	6.4	6.9	7.5	8	8.5	9	9.5	10

(3)乳房质地 评分标准和功能分按乳房部位中的乳房质地评分为准,其权重为 15%,加权分如表 2-41 所示。

表 2-41 乳房质地加权分

评分	1	2	3	4	5	6	7	8	9
加权分	8.25	9	9.75	10.5	11.25	12	12.75	13.5	14.25

(4)胸宽 评分标准和功能分以体躯结构/容量中的胸宽评分为准,其权重为15%,加权分如表 2-42 所示。

表 2 -42　　胸宽加权分

评分	1	2	3	4	5	6	7	8	9
加权分	8.25	9	9.75	10.5	11.25	12	12.75	13.5	14.25

(二)计算各部位得分

根据线性评分转换表,查取被评定牛功能得分,并分别填入体型结构/容量得分表、尻部得分表、肢蹄得分表、乳房评分表和乳用特征得分表(见表 2 -43、表 2 -44、表 2 -45、表 2 -46 和表 2 -47)。

表 2 -43　　体型结构/容量得分

体型性状	体高	前段	体躯大小	胸宽	体深	腰强度	合计
权重/%	15	8	20	29	20	8	100
评分							
功能分							
加权分							

表 2 -44　　尻部得分

体型性状	尻角度	尻宽	腰强度	合计
权重/%	36	42	22	100
评分				
功能分				
加权分				

表 2 -45　　肢蹄得分

体型性状	蹄角度	蹄踵深度	骨质地	后肢侧视	后肢后视	合计
权重/%	20	20	20	20	20	100
评分						
功能分						
加权分						

表 2 -46　　乳房评分表

系统	泌乳系统	前乳房	后乳房	合计
权重/%	20	35	45	100
评分				
功能分				
加权分				

表2－47　乳用特征评分表

体型性状	棱角性	骨质地	乳房质地	胸宽	合计
权重/%	60	10	15	15	100
评分					
功能分					
加权分					

（三）计算外貌总分

用体躯结构/容量、尻部、肢蹄、乳房、乳用特征加权后得分，计算被评分奶牛外貌总得分（如表2－48所示）。

表2－48　奶牛体型线性评定得分

分类部位	结构/容量	尻部	肢蹄	乳房	乳用特征
权重/%	18	10	20	40	12
评分					
加权分					

（四）等级评定

等级说明一头牛的外貌完美程度，获得的整体评分按下列分数区间评定等级。

（1）优秀（EX）　　90～100分。
（2）很好（VG）　　85～89分。
（3）好＋（GP）　　80～84分。
（4）好　（G）　　75～79分。
（5）一般（F）　　65～74分。
（6）差（P）　　65分以下。

思考与练习

1. 世界上奶牛品种有哪些？对我国奶牛发展有什么影响？
2. 世界上肉牛品种有哪些？对我国肉牛发展有什么影响？
3. 奶牛和肉牛的主要外貌特征各有哪些？

知识链接

牛体各部位特征

从个别部位看,可将乳牛体躯分为头颈部、躯干部、乳房部和四肢部四大部分。

(一)头颈部

头颈部位于躯体的最前端,以鬐甲和肩端的连线与躯干分界,其分为头和颈两部分。

1. 头部

头部以整个头骨为基础,以枕骨脊为界与颈部相连。头部有长短、宽窄、轻重、粗细之分,表现出明显的品种特征。奶牛头一般较清秀、狭长。

鉴定头部要注意头的大小、形状以及头部与整体的比例关系,同时要观察鼻镜、眼、角、耳、额等部位特征,母牛不得有雄相。

鼻镜:位于鼻的最前端,包括鼻孔、上下唇和口。鼻镜宜宽广,口要方正,以示其有良好的采食、呼吸能力。

眼:宜明亮、灵活、温顺,以示其健康与温驯。

耳:宜大小适中,以薄为佳,耳毛细,血管明显,分泌物丰富,内侧呈橘黄色更佳。

额:宜宽阔,以示脑部发育良好。

2. 颈部

颈部由 7 个颈椎为基础而形成。颈部前承头部,后接体躯,有平衡牛体重心的作用。

鉴定颈部时,要注意头与颈、颈与肩的结合,结合处不宜有明显凹痕。颈有长短、粗细之分。乳牛颈宜薄、长而平直,两侧有较多微细皱纹。

(二)躯干部

躯干部的容积、形状和结构与内脏器官的发育和功能有密切关系,包括鬐甲、胸、背、腰、腹、尻及尾等部位。

1. 鬐甲

鬐甲以第二至第六个背椎棘突与肩胛软骨联合而构成,是颈肩、前肢和体躯的连接点,也是躯体运动的一个支点。鬐甲类型有长和短、窄和宽、低和高、尖和分岔之分。

通过鬐甲可以鉴定奶牛的生产性能和健康状况。奶牛鬐甲宜长平而较狭,多与背线呈水平状态。若营养不良,肌肉不发达,则会形成尖鬐甲;有时背椎棘突发育欠佳,胸部两侧韧带松弛,体躯下垂,形成双鬐甲。尖肩、圆肩、双鬐甲均为胸部发育不良或过度发育的表现。

2. 胸部

胸部位于鬐甲下方和两前肢之间，胸腔内有血液循环器官和呼吸器官。所以，胸腔大小关系到心、肺发育。胸有深浅、宽窄、长短之分。奶牛胸部宜深而宽（胸深应占体高1/2以上），肋间宜宽、长而开张。

3. 背部

背部是由最后七八个背椎为基础而形成。根据背部结构可以鉴定奶牛的体质强弱和生产性能。背有长和短、宽和窄、平和凹之分。背部宜长宽、平直，凹背和鲤鱼背均为严重缺陷。

4. 腰部

腰部的基础是六个腰椎，背腰和腰尻必须结合良好，背腰宜平直。凹腰及长狭腰均属体弱表现。

5. 腹部

腹部位于背腰下方，腹腔内有消化器官，腹部与生产性能有密切关系。奶牛腹部宜宽、深、大而圆，腹线与背线平直。卷腹和垂腹都是不良的表征。老龄牛、经产牛往往因消化力弱、营养不足而形成垂腹。

肷：位于肋骨后、腰椎横突之下和腰角之前的部位。肷有大小、丰满与凹陷、左右之分。饱食后左肷（草肷）丰满，饮水后右肷（水肷）丰满。奶牛肷多为凹陷状态。

6. 尻部（臀）

尻部由骨盆荐骨及第一尾椎连接而成。尻部下方有乳房和生殖器官。尻的大小和形状决定骨盆腔的容量。尻分平尻、斜尻、尖尻三类。

尻部形状与生产性能、繁殖性能均有密切关系。尻部宜长、宽、平、方，并附有适量肌肉，长度为体长的1/3，两腰角距离应宽。尻短、窄、尖、斜均属严重缺陷。

鉴定时要注意生殖器官发育情况，公牛的两个睾丸要对称，大小及长短要一致；附睾发育良好，包皮整洁、无缺陷。如有隐睾，则不能留作种用。母牛阴唇应发育良好，外形正常，阴户大而明显，以利于分娩。

尾：位于躯干最末端，其与荐椎相连部分，称尾根；其末端的长毛，称尾帚。尾宜垂直，尾帚宜细长（超过飞节）。

（三）乳房部

乳房是母牛的主要器官之一，对奶牛则显得更为重要。

乳房的形状大小、固定韧带及腹壁的坚固程度不同，其位置不一。乳房宜大，质地好，形状好，附着好，即乳房容积大、呈方圆形、底线平坦，乳腺发达、柔软而有弹性，四乳区发育匀称，前伸后延，附着良好。常见的乳房有浴盆状、圆形和悬垂状，以浴盆状为理想。

乳头：位于乳房体下方，分基部、体及顶端三部分。乳头距离应均匀，大小长短适中,垂直呈柱形,乳头孔应松紧适度。

乳静脉:从乳房沿下腹部,经过乳井到达胸部,汇合胸内静脉,再穿过胸壁而入心脏的静脉血管,分为左右两条,是由乳房内部向心脏输送大量血液的主要脉管。乳静脉应粗大、明显、弯曲,而且分支多(包括乳房静脉明显)。

乳井:乳井是乳静脉在第八、九肋骨处进入胸腔所经过的孔道,其粗细是说明乳静脉大小的标志。一般乳井在腹下左右两侧各1个,个别奶牛有3个或者更多。乳井应粗大而深。

乳镜:是指乳房后面沿会阴向上夹于两后肢的稀毛区,乳镜宜宽大。

(四)四肢部

四肢部包括前肢和后肢,是支持牛体重量和运动的重要器官。鉴定时要特别注意四肢的姿势。正确的姿势是:从前面看,前肢应遮住后肢,前蹄与后蹄的连线和体躯中轴平行。两前肢的腕关节与两后肢跗关节均不应靠近,"X"或"O"状肢势为严重缺陷。后肢飞节内向严重者,应予淘汰。

此外,四肢的各个关节应结实,轮廓明显,结构匀称。筋腱发育良好,系部有力,蹄形正而质地坚实,蹄底呈圆形,无裂缝。

除上所述,在乳牛外貌鉴定时,还应考虑乳牛的皮肤及被毛等特征。全身皮肤及被毛与品种特征有关。乳牛皮肤应薄而富有弹性;被毛细、平整而具有光泽;换毛宜快而均匀。病、弱牛被毛粗乱而无光泽。

技能训练

实训一 牛羊的品种识别

【目标要求】

能根据品种特征识别并描述引进和本地主要牛羊品种,并准确地指明产地、经济类型及生产性能。

【实训条件】

1. 材料

牛羊品种的图片、挂图、模型、幻灯片、光盘,牛和羊。

2. 用具

幻灯机或多媒体设备。

【实训内容与方法】

1. 牛品种的识别

(1)品种介绍 介绍本地优良品种牛和国外引进优良品种牛的外貌特征、生产性能及主要优缺点。

①乳用牛品种:主要介绍荷斯坦牛、娟姗牛。

②肉用牛品种:主要介绍夏洛莱牛、利木赞牛、海福特牛、安格斯牛、德国黄牛、契安尼娜牛、皮埃蒙特牛。

③兼用牛品种:主要介绍西门塔尔牛、三河牛、新疆褐牛、中国草原红牛。

(2)辨别品种

①观察不同品种牛的图片、照片。

②放映有关品种牛的幻灯、录像。

③带领学生参观校内外牛场的纯种牛群。

2. 羊品种的识别

(1)品种介绍　利用品种图片、相关课件,介绍羊品种外貌特征、生产性能。

①国外主要绵羊品种:

细毛羊品种:主要介绍澳洲美利奴羊、德国美利奴羊等。

半细毛羊品种:主要介绍考力代羊、罗姆尼羊、林肯羊、萨福克羊、边区莱斯特羊、无角陶赛特羊、夏洛莱羊。

其他品种:主要介绍卡拉库尔羊、阿勒泰羊。

②我国主要绵羊品种:主要介绍蒙古羊、西藏羊、哈萨克羊、小尾寒羊、湖羊、滩羊。

③国外主要山羊品种:主要介绍萨能奶山羊、吐根堡山羊、安哥拉山羊、波尔山羊。

④我国主要山羊品种:主要介绍中卫山羊、济宁青山羊、辽宁绒山羊、内蒙古绒山羊、南江黄羊。

(2)辨别品种

①观察不同品种羊的图片、照片。

②放映有关品种羊的幻灯、录像。

【实训作业】

1. 描述本地及引进品种牛的外貌特征和生产性能。

2. 描述本地及引进品种羊的外貌特征和生产性能。

实训二　牛的体尺测量与体重估测

【目标要求】

熟练掌握牛的体尺测量部位和测量方法,并学会用体尺指标来估测体重。

【实训条件】

1. 动物

成年母牛若干。

2. 用具

测杖、圆形触测器、卷尺等。

【实训内容与方法】

1. 牛的体尺测量

测量时,要求被测牛端正地站立于宽敞平坦的场地上,四肢直立,头自然前伸。测量应准确,操作宜迅速,每个项目测量 2 次,取其平均值,做好记录。

(1)用测杖测量体高、荐高、十字部高、体斜长和体直长

体高:从鬐甲最高点到地面的垂直距离。

荐高:荐骨最高点到地面的垂直距离。

十字部高:两腰角连线中点到地面的垂直距离,又称腰高。

体斜长:肩端前缘至坐骨结节后缘的距离,简称体长。估测体重需要用软尺紧贴皮肤量取。

体直长:肩端前缘向下所引垂线与坐骨结节后缘向下所引垂线之间的水平距离。

(2)用圆形触测器测量胸宽、胸深、腰角宽、坐骨宽、髋宽和尻长

胸宽:两侧肩胛软骨后缘最宽处的水平距离。

胸深:肩胛软骨后缘处从鬐甲上端到胸骨下缘的垂直距离。

腰角宽:两腰角外缘之间的距离。

坐骨宽:坐骨端处最大宽度。

髋宽:两侧髋关节之间的直线距离。

尻长:从腰角前缘到臀端后缘的直线距离。

(3)用卷尺测量胸围、腹围、腿围和管围

胸围:肩胛骨后缘处体躯的垂直周径。

腹围:腹部最粗部位的垂直周径,于饱食后测量。

腿围:从一侧膝关节开始经由两后腿后方到对侧膝关节之间的水平距离。

管围:前肢掌骨上 1/3 处的水平周径(最细处)。

(4)计算主要体尺指数　测量体尺之后,为了分析牛体各部位相对发育状况,需要进行体尺指数的计算与分析。

体长指数:体斜长与体高之比,反映体长和体高的相对发育。

胸围指数:胸围与体高之比,反映前躯容量的相对发育。

体躯指数:胸围与体斜长之比,反映躯干容量的相对发育

尻宽指数:坐骨宽与腰角宽之比,反映尻部的发育程度。

管围指数:前管围与体高之比,反映骨骼的相对发育。

肉骨指数:腿围与体高之比,反映后躯肌肉的相对发育。

2. 牛的体重估测

牛的体重测定最好用地磅称量,获得牛的实际重量。在没有称重条件的情况下,应根据估测公式估计牛的体重。

$$6\sim12\text{ 月龄奶牛体重(kg)}=[\text{胸围(m)}]^2\times\text{体斜长(m)}\times98.7$$

$$16 \sim 18\text{ 月龄奶牛体重(kg)} = [\text{胸围(m)}]^2 \times \text{体斜长(m)} \times 87.5$$

$$\text{成年奶牛、乳肉兼用牛体重(kg)} = [\text{胸围(m)}]^2 \times \text{体斜长(m)} \times 90$$

$$\text{成年肉牛、肉乳兼用牛体重(kg)} = [\text{胸围(m)}]^2 \times \text{体直长(m)} \times 100$$

$$\text{黄牛体重(kg)} = [\text{胸围(cm)}]^2 \times \text{体斜长(cm)} \div 11420$$

$$\text{水牛体重(kg)} = [\text{胸围(m)}]^2 \times \text{体斜长(m)} \times 80 + 50$$

估测牛的体重时,要考虑估测牛只的经济类型、品种、年龄和膘情等具体情况。在实践中,不论采用哪个公式,都应事先进行校正,对估测系数做必要的修正。

【实训作业】

将体尺测量结果及体重的估测结果填入表2-49和表2-50中,完成实训报告。

表2-49　　牛体尺测量统计表

牛号	品种	年龄	性别	体高	荐高	十字部高	体斜长	体直长	胸深	胸宽	腰角宽	髋宽	胸围	腹围	腿围	管围	坐骨宽	尻长	备注

鉴定人:

表2-50　　牛体重测定记录表

牛号	品种	年龄	体重测定			误差原因
			称重	估重	误差	

鉴定人:

实训三　牛的年龄鉴定

【目标要求】

能够了解牛年龄鉴定的意义,了解门齿和角轮的变化规律,掌握牛年龄鉴定的基本方法。

【实训条件】

1. 动物

同一品种不同年龄的牛若干头。

2. 用具

牛门齿标本(模型)、牛门齿构造图、牛门齿变化简表、牛的角轮模型、牛鼻钳、牛的年龄鉴定报告表等。

【实训内容与方法】

1. 根据记录资料了解年龄

根据产犊记录确定牛年龄是最准确的办法，一般正规的奶牛场和种牛场，在牛出生时都进行测定和记录，并在牛身体上做明显的标记（如打耳号），通过识别牛身上的标记，在相应的资料中查出牛的出生日期，确定牛的年龄。

2. 根据体型和外貌判断年龄

这种方法只能判断出牛的老幼，无法确定其确切的年龄，可作为鉴定年龄时的参考。外貌鉴别如表 2－51 所示。

表 2－51　幼牛、壮牛、老牛的区别方法

项目	幼年牛	壮年牛	老年牛
头面部	头短而宽，嘴细，脸部干净	头大，嘴丰厚	嘴粗糙，面部多皱纹
眼部	眼睛活泼有神，眼皮较薄	眼反应灵敏	眼窝下陷，目光无神，黑色牛眼角周围开始出现白毛，进而颈部、躯干部也出现白毛
体型	体躯较短，浅而窄，四肢、后躯相对较高	膘肥体壮，体躯长宽深	比较清瘦，体躯宽深
被毛皮肤	被毛光润，细软，皮肤富有弹性	皮肤柔软，富有弹性，被毛粗硬适中而有光泽	被毛粗硬，干燥无光泽，绒毛较少，皮肤粗硬无弹性，被毛色变浅，更稀疏
牛角	质地粗糙	质地较光滑	质地光亮，角轮数目多
行动	反应敏捷	精力充沛，举止活泼	行动迟缓

3. 根据牙齿鉴别年龄

鉴定人员站在被鉴定牛头部左侧附近，用徒手法或鼻钳法捉住牛鼻，右手捏住牛的鼻中隔最薄处（鼻软骨前缘），顺手抬起牛头，随后以左手拽住牛下唇并下拉，牛嘴即张开；或左手捏住牛的鼻中隔最薄处，顺手抬起牛头，使其呈水平状态，迅速以右手插入牛的左侧口角，通过无齿区，将牛舌抓住，顺手一扭，用拇指尖顶住上腭，其余四指握住牛舌，并拉向左口角外边，然后检查牛的门齿变化情况，按判定标准鉴定牛的年龄。

4. 根据角轮鉴别年龄

母牛角轮数大体与产犊数相一致，通常母牛多在 1.5～2 岁配种，且妊娠期将近 1 年，因此根据角轮数加上初配年龄，就可估算出牛的大致年龄。若初配年龄不详，则可用角尖部分生长期（约 2 年）加上角轮数来估算牛的年龄。

由于角轮形成的原因复杂，角轮也常常不规则，在鉴别时，不仅要用肉眼观察

角轮的深浅和距离,而且还要用手从角的基部向尾部触摸一遍,当感觉到宽而有规律的凹陷时,即为角轮。根据角轮的具体情况,通常只计算大而明显的角轮,角轮鉴别年龄的方法只能作为参考,要准确判断牛的年龄,还要结合其他方法综合判断。

【实训作业】

将鉴定结果及误差原因填入表 2 –52。

表 2 –52 牛年龄鉴定报告表

场别: 鉴定员: 时间:

牛号	品种	性别	牛门齿的更换及磨蚀情况	角轮情况	外貌情况	鉴别年龄	实际年龄	误差原因

实训四 奶牛的体型性状线性评定

【目标要求】

能够熟练掌握奶牛体型性状的线性评定方法,掌握高产奶牛的选择要求和外貌特征,会评定其种用价值和经济价值。

【实训条件】

1. 动物

1 ~4 胎、第 2 ~5 泌乳月的母牛若干头。

2. 用具

奶牛体型性状的线性评分标准、测杖、卷尺等。

【实训内容与方法】

先由教师现场示范鉴定,然后同学分组,逐头进行鉴定。在鉴定过程中,每一项目的给分均应使全组人员知晓,组员可随时发表自己的意见。实习结束时,指导老师对学生鉴定过程中的问题进行总结。

(1)将母牛的场属、牛号、年龄、胎次、泌乳月,及父号、母号、外祖父号填入奶牛体型鉴定记录卡。

(2)使牛端正站立,鉴定人员对照奶牛体型性状的线性评分标准,对 15 项主要体型性状进行线性评分,然后把线性分转换成功能分,并填入鉴定记录卡。

(3)用评分的合成方法,进行特征性状的综合评定,计算出体躯容积、乳用特征、一般外貌、泌乳系统的评分,并将计算结果填入鉴定记录卡。

(4)应用整体评分合成比例,对奶牛进行整体体型的综合评定,计算出奶牛的整体评分,定出等级。

【实训作业】

填写奶牛体型鉴定记录卡,如表2-53所示。

表2-53 **奶牛体型鉴定记录卡**

牛场		父号		外祖父号		产犊时间	年 月
牛号		母号		年龄		泌乳期	
品种		胎次		出生年月		鉴定时间	年 月 日

体躯容积评分	体型性状	体高	胸宽	体深	尻宽				合计
	权重	0.20	0.30	0.30	0.10				100
	功能分								
	加权后分值								
乳用特征评分	体型性状	棱角性	尻长	尻宽	后肢侧望	蹄角度	尻角度		合计
	权重	0.50	0.10	0.10	0.10	0.10	0.10		100
	功能分								
	加权后分值								
一般外貌评分	体型性状	体高	胸宽	体深	尻角度	尻宽	后肢侧望	蹄角度	合计
	权重	0.15	0.10	0.10	0.15	0.10	0.20	0.20	100
	功能分								
	加权后分值								
泌乳系统评分	体型性状	前乳房附着	后乳房高度	后乳房宽度	乳房悬韧带	后乳房深度	乳头位置		合计
	权重	0.20	0.15	0.15	0.15	0.25	0.10		100
	功能分								
	加权后分值								
整体评分	特征性状	一般外貌	乳用特征	体躯容积	泌乳器官	合计	等级		
	权重	0.30	0.15	0.15	0.40	100			
	评分								
	加权后分值								

鉴定人:

情境三 奶牛饲养管理

单元一 犊牛培育

犊牛是指从出生到满6月龄的小牛。根据断奶时间分为哺乳期和断奶期两个阶段。新生犊牛自身的免疫功能发育不完善,对疾病的抵抗能力较差,瘤胃和网胃功能也不完善,消化能力较弱。因此,必须为犊牛提供良好的环境条件和营养丰富的日粮,加强护理,降低发病率,以实现培育目标。一般犊牛成活率应在95%以上,6月龄犊牛体高、胸围、体重应分别达到103~106cm、128cm和170~180kg。

一、新生犊牛的护理

犊牛离开了稳定的母体环境,生存条件发生了很大变化,因此必须做好接生和护理工作。

(一)犊牛接生

1. 清除黏液

犊牛出生后,应立即用清洁的软布或毛巾擦净鼻镜、口腔及其周围的黏液,确保呼吸通畅。如犊牛出生后呼吸不畅,可由一人提起后肢使其倒立,另一人拍打胸部和背部,以便把吸到气管中的黏液咳出,使其恢复正常呼吸。然后,擦净犊牛全身黏液,尤其在冬季更要迅速擦干,避免受凉。

2. 消毒脐带

犊牛出生时脐带有时已被扯断。未断的脐带可用消毒的剪刀在距腹部6~8cm处剪断,并将其中的血液和黏液挤净,用5%~10%的碘酊浸泡脐带断端2~3min,以防感染,注意不要将碘酊灌入脐带内。断脐无须结扎,以自然干燥为好。

(二)哺喂初乳

乳用犊牛一般实行人工哺乳的方式,即犊牛出生后应尽快将犊牛与母牛隔离,移入犊牛栏或犊牛舍内集中进行人工喂乳。

初乳是母牛产犊后最初几天挤出来的浓稠、奶油状、黄色的牛奶,一般是指母牛产犊后5~7d内所产的奶。初乳具有许多特殊的作用,是新生犊牛不可缺少且不可替代的营养食品。

1. 初乳的作用

初乳含有丰富而易消化的养分。母牛产后第一天的初乳,干物质含量较常乳多1倍以上。其中,蛋白质含量多4~5倍,乳脂肪多1倍左右,维生素A、维生素D多10倍左右,各种矿物质含量也很丰富;含有溶菌酶和免疫球蛋白,能抑制或杀灭多种病菌,具有免疫作用;含有较多的镁盐,有利于胎便的排出;和常乳相比,酸度较高(45~50°T),可使胃液变为酸性,抑制有害细菌的繁殖;可以促进皱胃分泌大量消化酶,使胃肠功能尽早完善;覆盖在犊牛胃肠壁上,可阻止细菌侵入,提高抗病能力。

2. 喂初乳的时间

犊牛出生后应尽早喂初乳,首次饲喂一般在生后1h以内进行,体弱的犊牛可推迟1~2h。母牛血液中的免疫球蛋白不能通过胎盘供给犊牛,新生犊牛只有从初乳中获得母源抗体后才具有免疫力。新生犊牛胃肠道对免疫球蛋白的通透性很快下降,出生24h后,抗体吸收几乎停止。在此期间如不能吃到足够的初乳,犊牛则对某些病原菌丧失抵抗力,尤其容易感染大肠杆菌,发生严重下痢和败血症,死亡率升高。

3. 初乳的喂量

初乳的喂量应根据犊牛的体重和健康状况确定。通常第一次喂量为1.5~2.0kg,第二次在出生后6~9h进行。此后,每天喂量可按犊牛体重的8%~10%计算,每天饲喂3~4次,以少量多次为宜,连喂5~7d。挤出的初乳应立即饲喂,温度以38℃左右为宜,过低时可采用水浴加温。犊牛每次哺乳之后1~2h,应饮37~38℃温开水1次。

4. 初乳饲喂方法

犊牛人工哺乳主要有奶桶饲喂、哺乳壶饲喂和食管导管强饲三种方法。初乳期犊牛以哺乳壶饲喂为宜,该方法可使食管沟形成完全反射,闭合成管状使乳汁全部流入皱胃,比较卫生。用哺乳壶喂乳时,奶嘴要光滑牢固,防止犊牛将其拉下或撕破。在奶嘴顶部剪一个"十"字形口,以利犊牛吸吮。用奶桶喂乳容易使乳溢入前胃,引起异常发酵而发病。用桶喂时,应将奶桶固定好,防止撞翻,可先用中指和食指浸入乳中引导犊牛吸吮,当犊牛吸吮手指时,慢慢将桶提高使犊牛口唇紧贴牛乳吸吮,经过2~3d的训练,犊牛就能自行吸吮乳汁。对于体质较弱不能吸吮初乳的犊牛,可采用食管导管强饲的方法,但操作不当时会造成犊牛食管损伤,甚至死亡,因此,需要在兽医指导下进行。

二、哺乳期犊牛饲养管理

(一)哺乳期犊牛的饲养

1. 哺喂常乳

犊牛哺喂5~7d初乳后,即可开始哺喂常乳,从10~15d,可由母乳改喂混合乳。初乳、常乳及混合乳的变更应有4~5d的过渡期,以免引起消化不良和食欲不振。目前,犊牛哺乳期一般为2个月,全期哺乳量为300kg左右。但对于饲养水平高、饲料条件好的奶牛场,也可采用30~45日龄断奶、哺乳量为100kg的早期断奶方法。常乳喂量1~4周龄约为体重的10%,5~6周龄约为体重的10%~12%,7~8周龄约为体重的8%~10%,8周龄后逐步减少喂量,直至断奶。犊牛哺乳参考量如表3-1所示。

表3-1 犊牛0~60日龄哺乳量

日龄阶段/d	喂奶量/(kg/d)	阶段总量/kg
0~7	6	42
8~15	7	56
16~35	6	120
36~50	5	75
51~60	4	40
合 计		333

资料来源:李胜利,中国学生饮用奶奶源基地建设探索与实践,2011。

犊牛哺乳要做到定质、定量、定温、定时饲喂。

定质是指要保证乳的质量。为保证犊牛健康,禁止喂给劣质或变质乳。当母牛产后患乳房炎时,其犊牛可喂给产犊时间相近的健康母牛的乳。

定量是指按饲养方案标准确定哺乳量。每次哺乳时可在鲜奶中兑1/4~1/2的清洁温水。

定温是指饲喂乳汁的温度应保持恒定,不能忽冷忽热。如果乳温度太低,则会刺激胃肠蠕动加快,导致腹泻。尤其是在冬天,犊牛进食5 ℃以下的食物或饮水就会发抖,抵抗力下降。如果加热温度太高,初乳会出现凝固,而且高温饮食会使犊牛消化道黏膜充血。饲喂乳汁的温度一般夏天为38 ℃左右,冬天为38~40 ℃。

定时是指两次哺乳间隔的时间要固定。常乳一般日喂2次,间隔8 h左右。如果饲喂间隔时间过长,哺乳时犊牛容易发生暴饮;如果间隔时间过短,吃进的乳不能及时消化会造成消化不良。

2. 犊牛补饲

早期补料可以促进犊牛瘤胃的早期发育,增强消化功能,使犊牛尽快实现由皱胃消化转为复胃消化、由单一哺乳转为饲喂植物性饲料，降低饲养成本，提高犊牛断奶体重和断奶后的增重速度。

(1)开食料 犊牛出生后7d开始补饲犊牛开食料。最初，可在喂完奶后，将少量精料用温水调制成糊状，加入少量牛奶或其他适口性好的饲料涂抹在犊牛嘴上，或撒少许精料于奶桶中任其舔食。经过3～4d的训练，犊牛能够采食少量精料时，可将精料投放在食槽内让其自由采食。1月龄时每天应采食精料0.5kg左右，2月龄时达到1kg以上，当犊牛精料采食量达到1～1.5kg时可以对其进行断奶。犊牛开食料参考配方如表3-2所示。

(2)干草 犊牛出生后10～14d开始补饲干草等优质粗饲料，将干草铡切成4～8cm长，供犊牛自由采食。

(3)青绿多汁饲料 犊牛出生后20d开始补饲胡萝卜、甜菜等优质青绿多汁饲料，以促进消化器官的发育。胡萝卜、甜菜等须切碎饲喂，开始时每天喂20g，到2月龄时可增加到1～1.5kg，3月龄时喂2～3kg。

(4)青贮饲料 2月龄后补饲青贮料，每天100～150g，3月龄时喂1.5～2kg，4月龄后喂4～5kg。青贮料应保证品质优良，禁止用酸败、变质或冰冻的青贮料饲喂犊牛，防止发生下痢。

犊牛补饲时，饲料要由少到多逐渐进行，一般要有4～5d的过渡期。干物质采食量以体重的2.5%～2.6%为宜。

表3-2 犊牛开食料参考配方 单位：%

项目	配方1	配方2	配方3	配方4	配方5	配方6	配方7
原料							
玉米	50	55	52	48	45	52	50
大豆粕	25	25	24	30	25	22.5	10
菜籽粕	-	-	-	-	-	-	20
苜蓿草粉	-	-	-	-	10	8.5	-
动物脂肪	-	-	2	2	-	-	-
乳清粉	5	-	-	-	-	-	-
小麦麸	10	10	13	10	10	8	15
糖蜜	6	5	5	5	5	5	-
石粉	1	1	1	1.5	1.5	1	2
磷酸氢钙	1	1.5	1.2	1.5	1.5	1.5	1
盐	1	1.5	0.8	1	1	0.5	1
1%预混料	1	1	1	1	1	1	1
合计	100	100	100	100	100	100	100
营养指标(以干物质为基础)							
干物质	88.4	88	88.1	88.4	88.1	87.9	87.15
粗蛋白	18.5	18.3	18.1	20.1	19.4	18.2	18.21

续表

项　目	配方 1	配方 2	配方 3	配方 4	配方 5	配方 6	配方 7
粗纤维	2.7	2.8	2.9	2.9	4.9	4.4	5.01
粗脂肪	2.5	2.6	4.6	4.4	2.5	2.6	2.86
粗灰分	5.9	6.4	5.5	6.6	7.1	5.8	-
钙	0.71	0.77	0.71	0.96	1.09	0.88	1.13
总磷	0.59	0.64	0.61	0.66	0.67	0.64	0.71

资料来源：屠焰，刁其玉，新编奶牛饲料配方 600 例，2009。

（二）哺乳期犊牛的管理

1. 编号和记录

犊牛在出生后进行编号，编号采用中国奶业协会规定的 12 位数字编号方案。其中，1～2 位数字为各省、自治区和直辖市编号，由中国奶业协会统一确定（如表 3－3 所示）；3～6 位数字为各省、自治区和直辖市内奶牛场的编号，由各省、自治区、直辖市奶业协会和中国奶业协会共同确定；7～8 位数字为犊牛出生年度后两位数，如 2012 年为“12”；9～12 位数字为年内场内犊牛出生的顺序号，如出生顺序为 42 则编号为“0042”。生产中多在犊牛出生 10d 左右采用打耳标的方法，耳标一般为塑料或金属制作。打耳号前先用不褪色的记号笔或打号器在耳标上打上号码，再用耳号钳将耳标固定在犊牛耳上。目前，牛场多采用出生年度加出生顺序来编制牛号。

犊牛每月进行称重，并做好各项管理记录。记录内容主要包括体尺体重测量记录、哺乳量和草料喂量记录、每日工作日程执行记录、发病情况及处理记录、死亡原因及处理记录、免疫记录、断奶时间及断奶时草料采食量记录、去角记录、转群记录等。我国荷斯坦犊牛和育成牛适宜日增重、体尺体重及体况评分如表 3－4 所示。

表 3－3　　牛只省、自治区、直辖市编号表

省（区）市	编号	省（区）市	编号	省（区）市	编号
北京	11	安徽	34	贵州	52
天津	12	福建	35	云南	53
河北	13	江西	36	西藏	54
山西	14	山东	37	重庆	55
内蒙古	15	河南	41	陕西	61
辽宁	21	湖北	42	甘肃	62
吉林	22	湖南	43	青海	63
黑龙江	23	广东	44	宁夏	64
上海	31	广西	45	新疆	65
江苏	32	海南	46	台湾	71
浙江	33	四川	51		

资料来源：丁洪涛，牛生产，2008。

表 3－4 犊牛和育成牛适宜日增重、体尺体重及体况评分

月龄	日增重/(g/d)	胸围/cm	体高/cm	体重/kg	体况评分
初生	500	76	75	42	-
1	850	81	79	52	-
2	850	100	84	86	2.25
4	850	112	99	123	-
6	850	125	105	173	2.3
8	850	140	112	232	-
10	700	150	117	277	-
12	700	157	122	318	2.8
14	700	163	124	354	3.0
15～16	600	170	127	380	3.25～3.5
18	600	175	130	420	3.5～3.75
20	600	178	132	445	-
22	350	180	135	477	-
24	150	197	137	575	3.5

资料来源：李胜利，中国学生饮用奶奶源基地建设探索与实践，2011。

2. 卫生保健

犊牛自身免疫系统在出生后 20d 左右才能完全建立，而母源抗体活性在出生后 3～4d 就迅速下降。因此，在这个时期内，犊牛机体抵抗力最低，很容易患病，需要格外加强卫生管理。要经常清扫、消毒牛舍，勤换垫草，保证犊牛生活环境的清洁、干燥、宽敞、阳光充足、冬暖夏凉。犊牛舍每周消毒 1 次，运动场每 2 周消毒 1 次。用氢氧化钠溶液或来苏儿对地面、墙壁、栏杆、料槽及草架等进行彻底消毒。保持饲料、牛体和用具清洁卫生，牛的饲料和饮用乳不能有发霉、变质或冰冻等现象，不能含有铁丝、铁钉、牛毛、粪便等异物。过期的配合料不能饲喂，自制混合料应在喂前配制。坚持每天刷拭牛体 1～2 次，可用毛刷或硬刷，用力要轻，以免损伤皮肤。每次使用的喂乳用具、补料槽及饮水槽等要洗刷干净，保持清洁，防止病原微生物繁殖而引起犊牛下痢、消化不良或臌气等。犊牛转出后，要对犊牛栏、料槽、水槽等用具进行彻底消毒。

经常检查犊牛健康状况，注意观察牛的精神状态、食欲、粪便、体温和行为等有无异常。健康犊牛一般表现为精神活泼，眼睛明亮有神，两耳竖立，被毛光亮，呼吸有力，动作灵活。患肠炎的犊牛常表现为眼睛凹陷，耳朵下垂，皮肤包紧，腹部卷缩，后躯有粪便污染。患肺炎的犊牛常表现为耳朵下垂，伸颈张口，眼中分泌物增多。正常犊牛在哺乳期通常每天排粪 1～2 次，呈黄褐色，开始吃草后变干并呈盘

状。哺乳过量时变软，呈淡黄色或灰色；饮水不足时黑硬；受凉时气泡较多；患胃肠炎时有黏液；发生下痢时变稀、恶臭，有黏液或血液，并有气泡。脐带发热肿胀时，可能患有急性脐带感染。对于患病犊牛应及时治疗。

防止犊牛发生舔癖，可采用单栏饲养，每次哺乳完毕应擦净口鼻周围残留乳汁。对于已形成舔癖的犊牛，可在鼻梁前套一个小木板来矫正。

3. 坚持运动

运动能增强犊牛体质、促进生长，有利健康。生后7～10d，天气晴朗时，犊牛每天可到户外适当活动，时间不超过1h。以后随着日龄增加可逐渐延长运动时间，1月龄后进行自由活动。夏季中午禁止运动，防止发生中暑。

4. 保证饮水

哺乳期要供给充足、清洁的饮水。尽管乳中含有大量的水分，但仍不能满足犊牛正常代谢对水的需要。犊牛生后1周开始训练饮水，水温37～38℃，10～15d后可饮清洁凉水。最初可在牛奶中加1/3～1/2的温水，同时在运动场内设置水槽，任其自由饮水。饮水应清洁卫生，保持新鲜，冬季应饮温水，防止犊牛因受凉发生腹泻。

5. 去角

为便于管理，犊牛出生后7～10d要去角，最晚不超过15d。此时去角对牛造成的应激较小，对以后的生长影响也较小。常用的去角方法有加热法和药物法两种。

（1）加热法　用烧红的烙铁或加热至480℃的特制电去角器烧烙牛角基部约10s，与角基充分接触，使牛角失去继续生长的能力。

（2）药物法　剪掉牛角基部周围的被毛，均匀涂抹凡士林。手持一端包裹的氢氧化钠棒或氢氧化钾棒，在角根基部轻轻摩擦直至皮肤出血为止，1～2周后该处结痂脱落不再长角。使用此方法要注意：一是防止药物灼伤犊牛皮肤，尤其是流入犊牛眼中。将凡士林均匀涂抹在牛角周围，去角最初几天将犊牛单栏饲养，避免水接触角周围，更不能淋雨。二是防止灼伤操作人员。药棒的手持端要用布或纸包好，不要直接用手接触。

6. 去除副乳头

有些母犊牛除有4个正常乳头外，还有1～2个副乳头。副乳头不能用于挤奶，而且因其存在不利于乳房清洗，容易导致乳房炎，因此，在犊牛阶段应剪除副乳头。剪除副乳头的最佳时间是2～6周龄，尽量避开夏季。剪除方法是先清洗、消毒乳房，然后向下轻拉副乳头，用消毒的剪刀沿着基部剪掉副乳头，用2%碘酊消毒伤口或涂抹少量消炎药，有蚊蝇的季节可涂抹驱蝇剂。剪除副乳头时一定不要剪错，如果不能区分副乳头和正常乳头，可推迟至能够区分时再进行。

三、断奶期犊牛饲养管理

断奶期是指母犊牛从断奶至6月龄之间的时期。

犊牛断奶后，随着月龄的增长，逐渐增加精饲料喂量，至3~4月龄时，每天喂量达到1.5~2.0kg。要供给优质的禾本科及豆科牧草，如果粗料质量差，犊牛增重慢，可将精料喂量提高到2.5kg。4月龄以后，可改喂育成牛精料。

根据断奶犊牛的特点，精饲料的营养浓度要高，养分要全面、均衡，适口性要好，容易消化。同时，适当增加优质牧草的喂量，保证日粮中中性洗涤纤维含量不低于30%，以促进瘤胃发育。4月龄以前，精、粗料干物质比例一般为1:(1~1.5)；4月龄以后，调整为1:(1.5~2)。精料参考配方如表3-5所示。

很多犊牛断奶后会出现断奶应激，日增重降低，表现为消瘦、被毛凌乱、没有光泽等。但是，犊牛会逐渐适应饲料变化，采食量逐渐增加，很快就会恢复正常。每月称量犊牛体重，定期测量体尺，根据体重和体尺评定犊牛生长发育情况，对于生长发育缓慢的犊牛要查找原因，加以改善。

断奶犊牛要合理分群，将月龄和体重相近的犊牛分为一群，每群10~15头，要避免个体差异太大而造成采食不均。犊牛一般采取散放饲养，自由采食，自由饮水。应保证饲料和饮水新鲜、清洁卫生。牛舍要保持清洁、干燥，定期消毒。每天保证2h以上的户外运动。

表3-5　断奶期犊牛精料参考配方　单位:%

原料	配方1	配方2	配方3	配方4	配方5	配方6
玉米	35	48	62	31	50	36.2
麦麸	22	3.4	-	13.6	9	-
高粱	5	10.5	-	17.6	-	-
大麦	-	-	-	-	-	20
大豆粕	35	29.7	21	6.4	35	16
亚麻仁粕	-	-	-	6	-	-
脱脂米糠	-	-	-	6.3	-	-
饲用酵母粉	-	-	-	-	3	-
苜蓿草粉	-	2	10	11	-	20
糖蜜	-	3	5	5	-	5
磷酸钙	-	1.8	-	-	-	-
磷酸氢钙	1	-	1	0.2	1	1.1
碳酸钙	1	0.8	-	2.2	1	0.7
盐	1	0.5	0.5	0.5	1	-
预混料	-	0.3	0.5	0.2	-	1
合计	100	100	100	100	100	100

资料来源：屠焰，刁其玉，新编奶牛饲料配方600例，2009。

单元二 | 育成牛饲养管理

育成牛是指7月龄到配种前的母牛。育成牛生长发育旺盛,瘤胃发育更加迅速,生殖功能逐渐完善。保证牛的正常发育,培育体型高大、膘度适中、消化功能强、乳用体型理想的奶牛,以及适时配种等是育成牛培育的主要任务。因此,根据奶牛体型、泌乳和适应性的培育要求,应高度重视育成母牛的饲养管理。

一、育成牛的饲养

育成牛的营养要求和采食量随月龄的不同而变化。因此,要根据不同阶段的需要,采取不同的饲养管理措施。

(一)7~12月龄育成牛的饲养

此阶段育成牛的体躯在高度和长度方面急剧增长,是一生中生长发育速度最快的时期;性器官和第二性征发育很快,尤其是在体重150~300kg时,乳腺系统发育最快;消化器官仍处于强烈的生长发育阶段,需要加强锻炼,得到充分发育。因此,育成牛的饲料应以优质的青粗饲料为主,同时供给一定的精料,以满足蛋白质、钙、磷等需要,还要使饲料具有一定的容积。每天青粗饲料喂量可按体重的7%~9%计算,精料的喂量主要根据粗料的质量确定。一般来说,日粮中干物质的75%应来源于青粗饲料,25%来源于精料,精料每天为2~3kg,玉米青贮10~12kg,羊草0.5~2kg,11月龄以后可喂甜菜渣0.5kg。各种饲料用量应随着月龄的增加而逐渐增加,不能保持不变或突然增加。育成牛日增重应达到700~800g。中国荷斯坦牛12月龄时理想体重为300kg,体高为115~120cm,胸围为158cm。

(二)12月龄至初次配种育成牛的饲养

此阶段育成母牛消化器官的容积进一步增大,发育接近成熟,消化功能日趋完善,利用粗饲料的能力增强。如果提供优质的青粗饲料,只需补充少量精料便可以满足其营养需要。此时,虽然母牛的相对生长速度放慢,但仍然要求日增重在800g以上,以保证母牛在14~15月龄达到350~400kg的初配体重。日粮营养既不能过于丰富,也不能过低。营养过高会导致配种时体况过肥,容易造成不孕或难产;营养不足会使牛采食量减少、发育受阻、延迟发情和配种。日粮参考量为精料2.5kg,玉米青贮13kg,羊草2.5~3.5kg,糟渣类2.5~4.0kg。

育成牛精料参考配方如表3-6所示,各阶段的日粮参考喂量如表3-7所示。

表3-6　　育成牛精料参考配方　　单位:%

原　料	配方1	配方2	配方3	配方4	配方5	配方6	配方7	配方8
玉米	45	61	50	51	48	45	50	45
麦麸	26	18	22	25	29	12.5	10	17.5
黄豆粉	–	17	–	–	–	–	–	–
大豆饼	3	–	20	5	19	26	30	–
棉仁饼	22	–	–	–	–	–	5	8
棉粕	–	–	–	5	–	6	–	–
菜粕	–	–	–	–	–	5	–	–
花生粕	–	–	–	10	–	–	–	–
玉米胚芽粕	–	–	–	–	–	–	–	7.5
葵籽饼	–	–	–	–	–	–	–	17
发酵面筋	–	–	5	–	–	–	–	–
饲用酵母粉	–	–	–	–	–	–	2	–
磷酸钙	1.5	3	–	–	–	–	–	–
磷酸氢钙	–	–	1	2	–	–	1	1
碳酸钙	–	–	1	–	–	–	1	1
砺粉	–	–	–	–	2.5	–	–	–
盐	1.5	1	1	–	1.5	1.5	1	2
小苏打	1	–	–	1	–	–	–	–
预混料	–	–	–	1	–	4	–	1
合　计	100	100	100	100	100	100	100	100

资料来源:屠焰,刁其玉,新编奶牛饲料配方600例,2009。

表3-7　　育成母牛各阶段日粮参考喂量　　单位:kg

月　龄	混合精料	玉米青贮	干　草	期末体重
7~8	2.00	10.8	0.50	193
9~10	2.30	11.0	1.40	232
11~12	2.50	12.0	2.00	276
13~14	2.50	12.0	3.00	317
15~16	2.50	12.0	4.00	352
17~18	2.50	13.5	4.50	380~400

二、育成牛的管理

(一)分群管理

为了减少转群对牛造成的应激,除非体重差异过大,育成牛一般不重新分群。但是,如果牛群过小,应将几个群合并,或将小群转入较大育成牛群,要求每个牛群内月龄相差不能超过 3 个月。

(二)加强运动

加强户外运动可使育成牛食欲旺盛,生长发育良好,体质健壮,抗病能力增强。如果精料饲喂过多而运动不足,牛容易肥胖,体躯短小,早熟早衰,利用年限缩短,终生产奶量较低。在舍饲的条件下,育成牛每天应在运动场上自由运动 2 h 以上,每头牛的运动场面积应在 $15m^2$左右。

(三)修蹄

育成牛生长发育速度快,蹄质较软,易磨损。因此,10 月龄以后,在春、秋季节要分别修蹄 1 次,以保证牛蹄的健康。

(四)乳房按摩

12 月龄至配种期间的育成牛,每天应按摩乳房 1 次。每次可用热毛巾轻轻擦揉,可以促进乳腺发育,提高产犊后的产奶量。但要注意禁止挤乳。

(五)刷拭和调教

为了保持牛体清洁,促进皮肤代谢和养成温驯的性格,并调教育成牛,每天应刷拭牛体 1 ~ 2 次,每次 5 ~ 10min。同时,要训练育成牛适应拴系、固定槽位,以便于日后管理。

(六)定期称重

育成牛应每月称重,12、18 月龄测量体尺,掌握其生长发育情况并记入档案,作为选种育种的基本资料。根据奶牛不同月龄的生长发育特点和饲料供应情况,应确定不同时期的日增重,制定生长计划。初生至初配阶段,一般体重应增加10 ~ 11 倍,2 周岁时为 12 ~ 13 倍。

(七)适时配种

育成母牛初次配种时间应根据其月龄和发育情况而定。一般在 15 ~ 18 月龄,体重达到 350kg 以上时进行初配。过早配种会影响母牛的正常生长发育,降低整个泌乳期的产奶量,缩短利用年限;过晚配种则会增加饲养成本,同样缩短利用年限。

单元三 | 初产牛饲养管理

初产牛是指初次配种至产犊的母牛,又称为青年牛。初产母牛的妊娠期一般分为妊娠前期和妊娠后期两个阶段,饲料管理要点是保证胎儿的健康发育,保持母牛一定的膘情,以确保产后获得较高的产奶量。

一、初产母牛的饲养

(一)妊娠前期的饲养

妊娠前期一般是指母牛从受胎开始到妊娠6个月的时期。此期胎儿生长发育缓慢,对营养物质的需要量不大,但却是胚胎组织器官发生、形成的关键时期。因此,此时期对饲料的质量要求较高,营养成分需均衡。妊娠最初2个月,如果营养不良或营养成分不均衡,会造成子宫乳分泌不足,影响胎儿着床和发育,导致胚胎死亡或先天性发育畸形。

饲料应以优质青粗饲料为主、精料为辅,营养成分要均衡,尤其要注意满足能量、蛋白质、矿物质元素和维生素A、维生素D、维生素E的供给。精料日喂量2~2.5kg,青贮料日喂量10~15kg,干草日喂量2.5~3kg。

(二)妊娠后期的饲养

妊娠后期一般是指母牛从妊娠6个月后到分娩前的时期。此期胎儿生长发育迅速,妊娠最后2个月胎儿的增重占总重量的75%以上。同时,母牛本身也需要有一定的妊娠期增重,以保证产后正常泌乳和发情。因此,此时期需要大量的营养物质,精料喂量应逐渐增加。如果营养缺乏会导致胎儿生长发育减缓,犊牛出生重量低、生活力减弱,母牛体况较差。但也要注意防止母牛过肥。分娩前母牛理想的体况评分为3.5分。

饲料供给除优质青粗饲料以外,混合精料喂量每天不应少于3kg,分娩前30d进一步增加精料喂量,以不超过体重的1%为宜。同时注意补充维生素、钙、磷和其他常量元素和微量元素。缺乏蛋白质饲料时,可以补饲部分尿素,每头每天30~50g,分两次拌入精料中干喂,喂后1h内不能饮水。严禁饲喂冰冻、霉烂变质或酸性过大的饲料。分娩前2~3周降低日粮中钙含量,一般低于正常需要量的20%,同时保证日粮中磷含量低于钙含量,也可以改喂围产期奶牛日粮,以利于防止母牛发生产后瘫痪。分娩前最后1周,精料喂量降至1/2。

初产牛精料参考配方如表3-8所示,日粮参考喂量如表3-9所示。

表3-8 初产牛精料参考配方 单位:%

原 料	配方1	配方2	配方3	配方4	配方5	配方6
玉米	46	48	51	45.7	60	61
麦麸	33	26	25	33.3	10	7.5
大豆粕	-	-	5	-	13	12
大豆饼	16.5	23	-	16.2	-	-

续表

原 料	配方1	配方2	配方3	配方4	配方5	配方6
棉粕	–	–	5	–	10	10
菜粕	–	–	–	–	3	5
花生粕	–	–	10	–	–	–
磷酸氢钙	–	1.7	2	–	1	0.5
碳酸钙	–	0.5	–	–	–	–
石粉	2.5	–	–	2.86	1.5	1.2
盐	2	0.5	–	1.94	0.5	0.8
小苏打	–	–	1	–	–	1
预混料	–	0.3	1	–	1	1
合 计	100	100	100	100	100	100

资料来源:屠焰,刁其玉,新编奶牛饲料配方600例,2009。

表3-9　　初产牛日粮参考喂量　　单位:kg

月 龄	精料量	干 草	玉米青贮	体 重
19	2.5	3	14	402
20	2.5	3	16	426
21	3.5	3.5	12	450
22	4.0	4.5	8	477
23	4.5	5.0	6	507
24	4.5	5.0	6	573

二、初产母牛的管理

(一)妊娠检查

母牛配种后,对不发情的牛应在配种后20~30d和90d分别进行妊娠检查,及早确定其是否妊娠。对于配种后又发情的母牛,要仔细进行检查,以确定其是否为假发情,防止因误配而导致流产。常用的检查方法有直肠检查和B超检查。

(二)注意保胎

确定妊娠后,要特别注意母牛的安全,重点做好保胎工作,预防流产和早产。牛群通过较窄的通道时,不要驱赶过快,防止互相挤撞。地面应保持干燥,尤其在冬季要防止滑倒。不要喂给冰冻的饲料或饮冰水。严禁对牛施以暴力。修蹄要在妊娠5~6个月以内进行,以减少应激。妊娠牛应与其他牛分开饲养,最好单独组群。妊娠后期的牛要明确标记、重点饲养,分娩前2个月转入干奶牛群进行饲养。

(三)加强运动

运动和光照可以增强牛的体质,增加采食量,有助于合成维生素D,利于产后正常发情,可预防胎衣不下、难产和肢蹄病发生。每天应自由活动3~4h,或驱赶运动1~2h,但在分娩前1~2个月应避免驱赶运动,以防止早产。

(四)乳房按摩

妊娠期初产母牛的乳腺组织处于快速发育阶段,应加强乳房按摩,以促进乳腺发育,提高产后泌乳能力。妊娠前期每天按摩1次,后期每天2次,每次5min,直到乳房开始出现妊娠生理水肿时停止。按摩乳房时,严禁擦拭乳头,以免擦掉乳头周围的蜡状保护物,引起乳头龟裂,或擦掉“乳头塞”而使病原菌侵入乳头孔,导致乳房炎或产后乳头坏死。

初产母牛不如经产母牛温驯,管理上必须非常耐心,要通过刷拭、按摩等接触,使其养成温驯的习性。要保持牛舍和运动场卫生,供给充足清洁的饮水。分娩前2周转入产房饲养,产房要预先做好消毒,在产前2~3d再次对产房进行清理消毒。初产母牛难产率较高,要提前做好助产准备。

单元四 | 成年奶牛饲养管理

一、奶牛常规饲养管理

正确的饲养管理是维护奶牛健康、发挥泌乳潜力、保持正常繁殖功能的基础工作。如果没有精心的饲养管理,即使是高产奶牛也难以达到较高的产奶量,相反还容易造成奶牛患各种疾病,产生较大经济损失。虽然奶牛在泌乳期的不同阶段有不同的饲养管理重点,但在整个生产过程中,还是有许多共同的基本饲养管理技术措施。

(一)日粮搭配原则

1.充分发挥瘤胃发酵的特点

牛的瘤胃中含有大量微生物,在营养物质的消化过程中起重要作用。首先,瘤胃中含有各种微生物,可以大量消化、分解、利用粗纤维含量高的青粗饲料,因此,奶牛的日粮应以青粗饲料为主,根据产奶量适当补充精饲料。青粗饲料喂量按干物质计算,要达到奶牛体重的1%~1.5%,精料喂量一般按每产3kg牛奶供给1kg左右。其次,瘤胃微生物能够利用尿素、氨等非蛋白氮合成瘤胃微生物蛋白,然后供机体利用。在奶牛日粮中,可以用非蛋白氮饲料代替部分优质蛋白饲料。

2.确定合理的精粗饲料比例

瘤胃的正常蠕动和发酵需要有一定量的粗纤维,因此在奶牛的日粮中必须含有适当比例的青粗饲料,以维持瘤胃正常功能。以干物质计算精、粗饲料的比例保持在50:50比较理想，切忌大量使用精饲料催奶。精饲料比例最高不要超过65%，如果超过比例会使瘤胃内丙酸含量增加，瘤胃pH下降，将影响奶牛食欲和采食量，引起瘤胃迟缓、厌食、瘤胃酸中毒、皱胃变位、过肥、繁殖性能下降、乳中乳脂率下降等问题，严重影响奶牛的健康、产奶量、繁殖性能和利用年限，降低经济效益。青绿、多汁饲料体积较大，要控制其喂量，饲喂过多将会使精料采食不足。如果日粮干物质中精料比例低于30%，就会导致奶牛能量和蛋白质摄入不足，产奶量和乳蛋白会大幅度下降，奶牛体重损失加剧，体况变差。

3. 选用合适的饲料原料

奶牛喜食青绿、多汁饲料和精饲料，其次是青干草和低水分青贮料，对秸秆等粗饲料的采食性较差。因此，以秸秆作为主要粗饲料时，应将其铡短，最好揉搓成丝状，再与精料或切碎的青绿、多汁饲料混合饲喂。谷物类精饲料应进行粉碎或碾压，但不能粉碎过细，否则会降低饲料利用率。

饲料种类应多样化，注意合理搭配，以保证日粮营养均衡，同时提高日粮适口性，增加采食量。日粮要有一定的轻泻性，麦麸是常用的轻泻饲料，可占日粮中精料的15% ~25%。为了提高饲料的适口性，可以添加甜菜渣、糖蜜和淀粉浆等甜味饲料，特别是对使用非蛋白氮饲料的日粮尤为重要。

4. 保证饲料品质安全

奶牛习性喜欢新饲料，对受到唾液污染的饲料经常拒绝采食，因此，应采取少喂勤添的饲喂方法，使饲料保持新鲜和洁净。使用的饲料不能发霉、变质以及混有异物。饲料发霉、变质会严重损害奶牛的健康，轻者会导致产奶量下降，严重的会导致死胎、流产。奶牛采食饲料不经咀嚼直接吞咽，饲料中泥沙过多会引起奶牛消化功能障碍，混入铁钉、铁丝、玻璃等会造成网胃、心包创伤。生产中要遵守国家有关规定，严禁向饲料中添加有毒有害物质。

5. 保持饲料相对稳定

瘤胃微生物的种类和数量会随着日粮的变化而变化，适应新饲料形成稳定的瘤胃微生物区系需要30d左右。因此，奶牛的日粮一旦确定后应尽量保持饲料种类的相对稳定。如果确需改变，一定要遵守逐渐替换的原则，即每天替换20% ~30%的饲料，尤其是在更换青粗料时，应有7 ~10d的过渡时间，使瘤胃微生物逐渐适应，避免发生消化代谢紊乱。

（二）饲喂方法

合理的饲喂技术可提高奶牛产奶量10%，节约饲料20%左右。

1. 定时、定量饲喂

定时饲喂可使奶牛消化腺分泌形成固定规律，对保持消化道内环境的稳定和正常消化功能、提高饲料营养物质消化率具有重要作用。过早或过迟饲喂，均会打乱消化活动规律而影响饲料的消化和吸收。

饲料喂量应根据奶牛不泌乳阶段的营养需要确定，喂量不足会导致产奶量大幅度下降，体况变差，甚至发生疾病；喂量过大，则会造成体况变肥，影响正常的泌乳和繁殖功能，同时也造成饲料浪费。

2. 合理的饲喂次数

增加饲喂次数、少喂勤添可以使奶牛经常保持良好食欲，有利于保持瘤胃内环境的稳定，提高饲料采食量及饲料利用率，特别是提高粗纤维、非蛋白氮的利用率，减少饲料浪费，提高乳脂率，降低酮病、乳房炎和蹄叶炎等的发病率。但饲喂次数增加会增加工作量。一般高产奶牛最好日喂3次，产奶量低于4000kg的奶牛可日喂2次。应尽量使每次饲喂的时间间隔相近。例如，日喂3次时，可采用早上5时、下午13时、晚上21时饲喂。生产中，饲喂次数一般与挤奶次数相一致，运动场上设置补饲槽，供奶牛自由采食。比较理想的方法是精饲料定时饲喂，粗饲料自由采食，或采取全混合日粮定时饲喂。

3. 合理的饲喂顺序

为保证奶牛旺盛的食欲，应确定合理的精粗饲料饲喂顺序。一般的饲喂顺序为：先粗后精、先干后湿、先喂后饮。较理想的饲喂顺序是：粗饲料→精饲料→块根类多汁饲料→粗饲料。采用这种饲喂顺序有助于促进唾液分泌，使精粗饲料混合均匀，饲料与瘤胃微生物充分接触，保持瘤胃内环境稳定，增加粗饲料的采食量，提高饲料利用率。在大量使用青贮饲料的牛场，多采用先饲喂青贮饲料，然后饲喂精料，最后饲喂优质干草的方法。最好的方法是采用全混合日粮饲养技术。

当奶牛建立起饲喂顺序的条件反射后，不得随意改动，以免破坏奶牛采食规律和瘤胃正常生理功能。

（三）饮水

水是奶牛生理代谢和产奶不可缺少的物质。饮水量一般为干物质采食量的5～7倍。每天需水60～100L。饮水不足会严重影响产奶量，良好的水质和饮水条件能提高产奶量5%～20%。奶牛的饮水水质必须符合国家饮用水标准。

奶牛的饮水方法有多种形式，最好在运动场和牛舍内安装自动饮水器或设置水槽，供牛自由饮水。定期清洗、消毒奶牛饮水设备。

冬季饮水温度应不低于8～12℃，否则会增加奶牛机体能量消耗，饮用冰碴水还能导致妊娠母牛流产；夏季则应饮凉水，利于奶牛散热，缓解高温应激。

（四）日常管理措施

良好的管理措施可以保证饲料的高效利用，发挥奶牛的泌乳潜力，维护奶牛的健康。因此，必须加强奶牛的管理工作。

1. 保持良好的卫生

应保持牛场环境、牛舍、牛体和各种用具的卫生。牛场大门口应设消毒池，并经常更换消毒液，严格执行消毒程序。牛场（包括牛舍）冬季每两个月消毒1次，其他季节每月消毒1次，夏季根据需要适当增加消毒次数。

牛舍要保持清洁、干燥、空气新鲜。舍内氨气等有害气体含量不许超过国家标准要求。及时清理牛舍内的粪尿、污水，定期更换垫草。每天刷洗1次饲槽，每周清洗、消毒运动场上的饮水槽。其他用具也要定期消毒。

每天应刷拭牛体1～2次，保持牛体清洁卫生。刷拭的顺序一般是从颈部开始，由前到后，自上而下。刷完一侧后再到另一侧用同样方法进行，最后刷拭头部，刷拭头部时用力要轻。夏季可以先用水冲洗，再刷拭，冬季主要进行干刷，有条件的牛场可以购买自动的刷拭设备。刷拭牛体可以减少皮肤寄生虫病的发生，促进牛体血液循环及新陈代谢，保持皮肤健康，也可以培养奶牛温顺的性格和与人的亲和力，有利于人工挤奶和管理，保证挤奶卫生。

2. 加强运动

运动可以增强牛体质，有助于营养物质的消化吸收，促进泌乳活动。若运动不足，奶牛容易肥胖，会影响泌乳和繁殖功能，导致肢蹄病发病率增加。一般采用户外运动场运动，每天在运动场自由运动的时间不应少于8h。户外运动还可以促进维生素D的合成，提高钙的利用率，也便于观察发情和发现疾病。但应避免剧烈运动，特别是对于妊娠后期的奶牛。

3. 肢蹄护理

肢蹄病对于奶牛的生产影响极大，造成的经济损失仅次于乳房炎。奶牛患肢蹄病轻者会引起行走困难，采食量和饮水量下降，导致产奶量下降；重者导致奶牛无法站立而被迫淘汰。目前，我国奶牛肢蹄病的发病率较高，造成的奶牛淘汰率也较高。因此，必须加强奶牛的肢蹄护理，保持蹄形端正，肢势良好。奶牛肢蹄病主要是蹄趾增生形成的变形蹄、蹄底溃疡、蹄底外伤和蹄叶炎等。生产中可以采取以下措施预防奶牛肢蹄病。

（1）保持牛舍及运动场地面清洁、干燥　每年对牛舍进行1～2次的彻底清扫和消毒。经常检查奶牛的活动场地，清除尖锐的石块、铁钉等，以免损坏蹄底而引起炎症。及时清洗牛蹄夹住的污泥和粪便。

（2）保证营养均衡　蹄叶炎常与消化道、子宫和泌乳系统发病有关，发生瘤胃酸中毒时可诱发本病。蹄叶炎通常发生在奶牛产犊几天前至产后几周之内，此时期往往精料增加较快，粗料喂量减少，引起瘤胃酸中毒所致。因此，干奶期时应控制精料喂量，多喂优质粗饲料，产后精料喂量应逐渐增加，同时合理搭配含锌无机盐混合料。锌可以抑制趾间蜂窝组织细菌的感染，能预防蹄叶炎，提高皮肤病的治愈率。

（3）定期修蹄　为保持蹄形端正，每年在春、秋季各修蹄一次。实践证明，与不修蹄的奶牛相比，及时修蹄的奶牛年平均产奶量高200kg以上。

（4）经常蹄浴　用3%～5%甲醛溶液，加热到15℃以上进行蹄浴，也可用10%硫酸铜溶液。舍饲奶牛蹄浴一次后间隔3～4周再进行一次，每次连续2～3d。

4. 乳房护理

应经常保持乳房清洁，以减少乳房炎的发生。因此，牛床应经常保持清洁卫生,注意做好挤奶卫生,挤奶时清洗乳房的水和毛巾必须清洁,水中可加0.03%漂白粉或3% ~4%的次氯酸钠等进行消毒。注意清除损伤乳房的隐患,尤其是在产前和产后乳房水肿时要加强护理。要经常按摩乳房,以促进乳腺细胞的发育。要充分利用干奶期预防和治疗乳房炎。定期进行隐性乳房炎检测,一旦检出要及时对症治疗。

5. 营养代谢病监控

高产奶牛在干奶时和产前10d左右做血样检查,测定有关生理指标。定期监测酮体,产前1周、产后1个月内,每隔1~2d监测1次,发现异常及时采取治疗措施。加强临产牛监护,高产、体弱、食欲不振的奶牛,可在产前1周适当补充20%葡萄糖酸钙1~3次,增加抵抗力。每年随机抽检30~50头高产奶牛做血钙、血磷检测。

6. 防暑防寒

荷斯坦牛最适宜的外界环境温度为12~15℃。相对而言,奶牛怕热不怕冷。因此,夏季应有防暑降温措施和设施;冬季注意防风,特别注意穿堂风或贼风的侵袭。

当气温在20℃以上奶牛能量消耗增加,就会出现热应激反应,表现为采食量减少、饮水量增多、产奶量下降、体温上升、呼吸加快。高温高湿环境影响更大。因此,在闷热季节,应使奶牛处于阴凉和通风良好的地方,尽量减少直射阳光及热反射的影响,防止日射病和热射病。牛舍要开窗,加大空气对流量,有条件可安装风扇等通风设备以降低温度,朝阳的门、窗以及运动场要设遮荫棚。外界气温超过34℃时,可采用凉水冲洗、喷雾或淋浴等措施。天气炎热时,奶牛易食欲不振,喜食精料而厌食粗料,应增加精料的营养浓度,可喂给粗饲料和精饲料的混合料,并在早晨和夜间凉爽时增加饲喂次数。要选用优质粗饲料,即使减少喂量也应占干物质的1/3~1/2,粗料长1~2cm为宜。每天补饲150~200g的碳酸氢钠,饲喂脂肪酸钙等过瘤胃脂肪或过瘤胃氨基酸,可以防止牛奶乳脂率和固形物率下降。

7. 做好牛群管理

对牛群中精神不振、食欲不良、粪便异常的牛,要及时采取措施。病弱或妊娠牛上下槽时,不要喧哗、驱赶或粗暴对待,以免受惊、发生拥挤及顶撞而造成事故。及时检出发情母牛并适时配种。对妊娠母牛要注意保胎,防止流产和早产,妊娠最后2个月少喂或不喂酸性高的饲料,临产前2周的重胎母牛要转入产房由专人护理。奶牛场应按照国家有关规定和当地畜牧兽医主管部门的具体要求,对结核病、布鲁氏菌病等动物传染性疾病进行定期检测及净化。

8. 记录与档案管理

根据农业部发布的《畜禽标识和养殖档案管理办法》和《生鲜乳生产收购管理办法》,建立生鲜牛乳生产收购等相关记录制度,配备专门或兼职的记录员,并逐步建立健全档案管理制度。主要记录包括以下内容。

(1)育种与繁殖记录　奶牛谱系记录、奶牛配种日志、奶牛繁殖和产犊记录。

(2)奶牛进出场记录　奶牛死亡、淘汰、出售记录和牛群异动记录。

(3)饲料、兽药使用记录　饲草料入库和使用记录、奶牛疾病和处方记录、兽药使用和休药期记录。

(4)卫生防疫与保健记录　奶牛检测和疫苗注射记录、隐性乳房炎检测记录、奶牛产后监控卡、牛场消毒记录。

(5)生鲜牛乳生产和收购记录　挤奶设备保养维修记录、生鲜牛乳生产记录、生鲜牛乳检测记录、生鲜牛乳贮存记录，挤奶、贮存、运输等设施设备清洗消毒记录，生鲜牛乳运输与销售记录。

(五)挤奶

挤奶是发挥母牛泌乳潜力的重要环节之一，挤奶技术的熟练程度和正确与否，直接影响产奶量。奶牛排乳过程是机械的、复杂的神经反射过程，挤奶动作作用于乳房的乳腺组织，通过神经—内分泌系统反射地引起乳房肌上皮和平滑肌细胞收缩，使乳汁排出。值得注意的是，这种反射是在一定时间内进行并完成的，因而挤奶过程一般要求在5～8min内结束，否则会使反射消失，停止排乳，对乳腺胞的继续泌乳也有影响，产奶量将明显降低。

目前通用的挤奶方法有机械挤奶和手工挤奶。机械挤奶工作效率高，特别是有利于保证原料奶的清洁卫生和质量安全。根据牛群规模大小和机械挤奶设备的不同，机械挤奶主要有提桶式、移动式、管道式和挤奶厅式四种，目前，多采用挤奶厅式集中挤奶。几种机械挤奶方式的操作程序基本相同。

1. 做好挤奶卫生

挤奶场所、挤奶人员和牛体要保持清洁卫生，应准备洗手消毒液，防止交叉污染。对牛的态度要温和，使牛舒适安静。

2. 调整挤奶设备

根据挤奶设备情况，调节好真空调节器的压力和脉动器频率。多数挤奶机的真空度为40～44kPa，脉动频率为55～65次/min。

3. 擦洗和按摩乳房

挤奶前用消毒过的毛巾擦洗和按摩乳房，并用一次性干净纸巾擦干。擦洗面积不可过大，并注意防止脏水污染乳头。整个过程要尽快完成，最好控制在25s以内。

4. 检查乳房健康

检查奶牛乳房外表是否有红、肿、热、痛症状或创伤，最初的两把奶有无异常，发现异常要改为手工挤奶；无异常奶牛则立即进行乳头药浴，待30s后用纸巾擦干。乳头消毒液常用碘甘油、0.3%新洁尔灭或2%～3%次氯酸钠。

5. 套上挤奶杯

套挤奶杯时开动真空开关，一只手握住集乳器上的4根管和输奶管，另一只手用拇指和中指持乳杯，用食指引导乳头，依次分别把挤奶杯迅速套在4个乳头上，注意不要漏气，防止灰尘、病原菌吸入奶中。这一过程控制在45s内完成。

6. 挤奶

充分利用奶牛排乳的生理特性进行挤奶，大多数奶牛在5～8min内完成排乳。通过挤奶器上的玻璃管观察乳流动的情况，如无乳汁通过应立即关闭真空开关，结束挤奶。挤奶器应保持适当位置，避免过度挤奶造成乳房疲劳，影响以后的排乳速度。

7. 卸下挤奶杯

待关闭真空开关2～3s空气进入乳头和挤奶杯内套之间后，再卸下挤奶杯。避免在真空状态下卸下奶杯，否则易使乳头损伤，并导致乳房炎。

8. 药浴乳头

乳头括约肌在挤奶后15～20min才能完全闭合，因此，挤奶结束后必须立即用消毒液浸泡乳头，以阻止细菌侵入，避免发生乳房炎。用消毒液浸泡乳头30s后，需用一次性干净纸巾擦净乳头。

9. 清洗挤奶设备

每次挤奶完成后，挤奶器管道立即用温水漂洗，再用热水和去污剂清洗，然后进行消毒，最后用凉水漂洗。挤奶器、输乳管道冬季每周拆洗1次，其他季节每周拆洗2次；脉动器每周清洗1次。拆洗的挤奶器及部件先用温水洗，然后在0.5%碳酸钠溶液中浸泡和刷洗，再用清水冲洗，用1%漂白粉溶液浸泡10～15min，晾干后再用。

因受条件限制，手工挤奶目前在一些地方仍然采用。即使在采用机械挤奶的牛场，对患乳房炎而不适合用机械挤奶的牛，也常使用手工挤奶。手工挤奶一般采用拳握式，又称为压榨法，即用拇指和食指紧压乳头基部，其余各手指依次捏挤乳头，形如握拳。对于乳头过小的奶牛采用滑动法，即用拇指和食指捏住乳头从基部向下滑动。

挤奶后要保持奶牛站立1h左右，防止乳头过早与地面接触，以降低乳房炎发病率。

挤出的原料奶要在1h内将奶温降至4℃以下，并保持贮藏温度，以抑制细菌繁殖，保持牛奶新鲜。

（六）奶牛生产性能评定

奶牛生产性能评定是奶牛场的基础性技术工作，是改良牛群、改进饲养技术、制订生产计划、提高经济效益和产品质量的依据。

1. 产奶量的测定与计算

（1）测定方法　中国荷斯坦牛每月测定1次，每次测定24h的产奶量，两次的间隔时间为26～35d。泌乳期从产犊第2天开始计算，泌乳期最初5天不测定。产奶量以千克表示，取1位小数。泌乳期产奶量按以下公式计算：

$$泌乳期产奶量(LM)=M_1\left(l_0+\frac{l_1}{2}\right)+M_2\left(\frac{l_1+l_2}{2}\right)+M_3\left(\frac{l_2+l_3}{2}\right)+\cdots+M_{n-1}\left(\frac{l_{n-2}+l_{n-1}}{2}\right)+M_n\left(\frac{l_{n-1}}{2}+l_n\right)$$

式中 $M_1, M_2 \cdots M_n$——各次测产的奶量

$l_1, l_2 \cdots l_{n-1}$——各次测产的间隔天数

l_0——产犊到第一次测产之间的天数

l_n——末次测产到泌乳期结束日期间的天数(按14d计算)

(2)个体产奶量的统计指标

①305d产奶量:是指自产犊后泌乳第1~305天的总产奶量。不足305d者,按实际产奶量计;超过305d者,超出部分不计算在内。

②305d标准乳量:是根据实际产奶量经系数校正以后的乳量。可根据本品种母牛泌乳的规律,拟定出校正系数表作为统一的换算标准。中国奶业协会拟定的校正系数如表3-10所示。

表3-10 泌乳期不足或超过305d的校正系数

实际泌乳天数/d	1胎	2~5胎	6胎以上	实际泌乳天数/d	1胎	2~5胎	6胎以上
240	1.182	1.165	1.155	310	0.987	0.988	0.988
250	1.148	1.133	1.123	320	0.965	0.970	0.970
260	1.116	1.103	1.094	330	0.947	0.952	0.956
270	1.086	1.077	1.070	340	0.924	0.936	0.939
280	1.055	1.052	1.047	350	0.911	0.925	0.928
290	1.031	1.031	1.025	360	0.895	0.911	0.916
300	1.011	1.011	1.009	370	0.881	0.904	0.913
305	1.000	1.000	1.000				

注:使用系数时,如产奶265d使用260d系数,如产奶266d则用270d系数校正。

③全泌乳期实际产奶量:指产犊后泌乳第1天开始到干乳为止的累计乳量。

④终生产奶量:是母牛各个胎次的产奶量总和。各个胎次产奶量应以全泌乳期实际产奶量为准计算。

(3)群体产奶量的统计方法 为衡量牛群的管理水平,计算牛群的饲料转化率和产奶成本,通常计算全群成母牛(应产牛)和泌乳母牛(实产牛)的全年平均产奶量。其计算公式为:

成母牛全年平均产奶量(kg)=全群全年总产奶量/全年平均饲养成母牛头数

泌乳牛全年平均产奶量(kg)=全群全年总产奶量/全年平均饲养泌乳牛头数

式中"全群全年总产奶量"是从每年1月1日开始至12月31日止的全群牛产乳总量;"全年平均饲养成母牛头数"是指全年每天饲养的成母牛数(包括泌乳牛、干奶牛、不孕牛、转入和转出或死亡的成母牛)的总和除以365;"全年平均饲养泌乳牛头数"是指全年每天饲养泌乳母牛头数的总和除以365。

2. 乳脂率的测定与计算

在测定产奶量的同时，按比例采取牛奶样品，一般不少于30mL，在接近0℃但不低于0℃条件下保存。通常测定的指标除乳中的脂肪外，还有乳中的蛋白、乳糖和体细胞数。泌乳期平均乳脂率按以下公式计算：

$$平均乳脂率 = (LF/LM) \times 100\%$$

$$泌乳期乳脂量(LF) = m_1\left(l_0 + \frac{l_1}{2}\right) + m_2\left(\frac{l_1 + l_2}{2}\right) + m_3\left(\frac{l_2 + l_3}{2}\right) + \cdots + m_{n-1}\left(\frac{l_{n-2} + l_{n-1}}{2}\right) + m_n\left(\frac{l_{n-1}}{2} + l_n\right)$$

式中　$m_1, m_2 \cdots m_n$——各次测产的乳脂量（各次测产的奶量与同次测产的乳脂率之积）

$l_1, l_2 \cdots l_{n-1}$——各次测产的间隔天数

l_0——产犊到第一次测产之间的天数

l_n——末次测产到泌乳期结束日期间的天数（按14d计算）

3. 4%标准乳的计算

不同个体牛产的乳，含脂率高低不一。为了统一奶牛产乳性能，便于比较不同个体牛之间产乳能力的高低，以4%乳脂率的牛乳作为标准乳，把不同含脂率的乳校正为4%标准乳。4%标准乳校正的计算公式为：

$$4\%标准乳(FCM) = M \times (0.4 + 15F)$$

式中　M——含脂率为F的乳量

F——实际含脂率

4. 排乳速度的测定

排乳速度是评定奶牛生产性能的重要指标之一。排乳速度快的奶牛，有利于在挤奶厅集中挤乳。国外对不同品种的母牛规定了排乳速度指标，如美国荷斯坦牛为3.61kg/min。据估计，排乳速度的遗传力为0.5~0.6，但与挤奶条件有很大关系。测定方法很简单，可用弹簧秤悬挂在三脚架上直接称取，以0.5min或1min排出的乳量（kg）为准。一般可结合产奶记录进行测定。

5. 前乳房指数的计算

前乳房指数（又称前房指数）表示乳房对称程度。测定方法是用有4个乳罐的挤奶机进行测定，4个乳区的乳分别流入4个玻璃罐内，由自动记录的秤或罐上的容量刻度，可测得每个乳区的乳量。计算2个前乳区即前乳房的产奶量占全部产奶量的百分率，即为前乳房指数。

$$前乳房指数 = (前两个乳区乳量/总乳量) \times 100\%$$

一般而言，初产奶牛的前乳房指数大于2胎以上的成年母牛。例如，德国荷斯坦初产奶牛前乳房指数为44%，成年母牛为43%。

6. 产奶指数（MPI）

产奶指数（MPI）指成年母牛（5岁以上）一年（一个泌乳期）平均产奶量（kg）与其平均体重之比，是判断牛产奶性能高低的一个有价值的指标。不同经济类型牛

产奶指数如表3-11所示。

表3-11 不同经济类型牛产奶指数(MPI)值

经济类型	产奶指数(MPI)范围	经济类型	产奶指数(MPI)范围
乳用牛	>7.9	肉乳兼用牛	2.4~5.1
乳肉兼用牛	5.2~7.9	肉(或役)用牛	<2.4

7.饲料转化率的计算

(1)每千克饲料干物质生产若干千克牛奶　将奶牛全泌乳期总产奶量除以全泌乳期实际饲喂各种饲料的干物质总量,即:

饲料转化率=全泌乳期总产奶量(kg)/全泌乳期实际饲喂各种饲料干物质总量(kg)

(2)每生产1千克牛奶消耗若干千克饲料干物质　将全泌乳期实际饲喂各种饲料的干物质总量除以全泌乳期的总产奶量,即:

饲料转化率=全泌乳期实际饲喂各种饲料的干物质总量(kg)/全泌乳期总产奶量(kg)

(七)奶牛全混合日粮饲喂技术

全混合日粮(Total Mixed Ration,TMR)是根据牛、羊等对粗蛋白、能量、粗纤维、矿物质和维生素等营养的需要,把粉碎的粗料、精料和各种添加剂按照适当的比例进行充分混合而获得的营养相对平衡的混合日粮。TMR是相对于传统的精粗料分饲的饲养方式而言的,我国一些规模奶牛场已经推广应用全混合日粮饲养技术。

1.TMR饲养技术优点

(1)便于掌握粗饲料的饲喂量　TMR将精粗料混合饲喂,奶牛无法挑食,日粮按配方的比例进食,对干物质摄取量、粗蛋白、过瘤胃蛋白、能量、粗纤维、维生素、矿物质及缓冲剂等各种营养物质,以及日粮的精粗料比例,均可逐一予以调整。通过调节采食量,可获得所需的能量和各种营养物质。

(2)营养进食平衡,防止发生消化功能紊乱　由于TMR中各种成分比例适当,并经均匀地混合,所以牛羊每次吃进的TMR干物质中,营养均衡、精粗料比例适宜,使得瘤胃内糖类与蛋白质分解利用趋于同步,可以防止牛羊在短时间内因过量采食精料而引起瘤胃pH突然下降,维持了瘤胃微生物的数量、活力及瘤胃内环境的相对稳定,使发酵、消化、吸收及代谢正常进行,有利于提高饲料利用效率和乳脂率,减少皱胃变位、酮病、产后瘫痪、酸中毒、食欲降低和营养应激等疾病的发生。

(3)改善饲料适口性,扩大饲料来源　采用TMR可以改善精粗分饲方式饲料中鱼粉、饼渣类等饲料的适口性。牛羊少量多次地采食TMR,对日粮中添加的非蛋白氮(Nonprotein Nitrogen,NPN)中氨的释放速度可起一定缓解作用,有效降低和防止动物的氨中毒,有利于提高NPN的利用效果,对缓解蛋白质资源的缺乏、解决瘤胃内氮的供需不平衡、降低日粮成本有积极的意义。另外,TMR可根据奶牛各生长发育阶段营养需要的不同,在不降低其生产力的前提下,有效地利用当地农副产品(如秸秆)及工业副产品(如酒糟)等,配制出低成本日粮。

(4)饲喂简单,便于集约化、规模化生产　TMR 饲养技术可进行规模工厂化生产,饲喂管理省工省时,提高规模效益及劳动生产率,也减少饲喂过程中的饲草浪费。TMR 饲养技术简单易行,在保证牛羊饲料结构稳定的同时,可以安排最优的饲料与牧草组合,从而提高粗饲料的利用率。

(5)提高营养水平,发挥高产奶牛泌乳性能　采食 TMR 的奶牛瘤胃液 pH 稍高,因而更有利于纤维素的消化分解,在不降低乳脂率的前提下,采食更高能量浓度的日粮,最大限度地避免了奶牛泌乳初期的营养负平衡现象,同时也有利于下一期受胎率的提高。

(6)容易确定采食量,控制奶牛的营养水平　通过确定奶牛的 TMR 采食量,能够掌握奶牛进食的各种营养物质水平。相反,根据奶牛的营养需要调整 TMR 的配方,可以获得最佳经济效益。

概括地说,与传统饲喂方式相比,TMR 饲养技术具有增加奶牛干物质采食量、提高产奶量和牛奶质量、降低发病率、提高繁殖率、降低饲料成本、提高劳动生产效率等优点。

2. TMR 饲喂技术应用

(1)干物质采食量(Dry Matter Intake,DMI)预测　根据《奶牛营养需要》(2001 NRC),预测荷斯坦牛 DMI 的方程式为:

$$\mathrm{DMI(kg/d)} = (0.372 \times \mathrm{FCM} + 0.0968 \times \mathrm{BW}^{0.75}) \times [1 - e^{-0.192(\mathrm{WOL}+3.67)}]$$

式中　FCM——4% 校正乳量(kg/d)

BW——体重(kg)

WOL——泌乳周龄

$1 - e^{-0.192(\mathrm{WOL}+3.67)}$——校正泌乳早期 DMI 下降的校正项

奶牛日产奶量 25kg,每天需要日粮干物质 20.3kg;日产奶量 35kg,每天需要干物质 23.6kg;日产奶量 45kg,每天需要干物质 27.0kg。如果实际采食量与预测相差在 5% 以上,应查找原因,主要考虑是采食量问题还是称重问题,或者其他原因,并加以校正。

(2)TMR 营养浓度控制　TMR 配方是建立在饲料原料养分含量基础上,当原料营养成分变化时,不及时调整 TMR 配方,则可能造成 TMR 不能满足奶牛的营养需要,降低奶牛生产性能,引起代谢疾病等;或者 TMR 高于奶牛营养需要,导致饲料浪费。因此,TMR 原料应定期化验,特别是干物质含量,最好每周化验 1 次。

(3)饲槽管理　干物质采食量是维持牛群高产的关键因素,因此饲槽管理的目的是确保奶牛采食新鲜、适口、营养平衡的 TMR,以获取最大的干物质采食量。饲槽管理的工作内容主要包括:①每头奶牛要保持 46 ~ 76cm 宽的采食空间,料槽要光滑,有利于采食和清扫。②整个饲槽内饲料投放要均匀,每天翻料 2 ~ 3 次。③应在母牛采食最频繁的时间发料,发料时要观察母牛食欲,病牛、跛脚牛等往往食欲不佳。④保持奶牛低头采食,以便于唾液吞咽,可达到最佳采食量,还可避免甩料浪费。⑤观察饲料分层和所剩料脚情况,饲料尤其是粗料、颗粒料不应分层。剩料应新鲜,不能发霉变质,外观及组成应与 TMR 接近。剩料应占饲料总量的 3% ~5% ,防止剩料过多或缺料,剩料应及时出槽。⑥空槽时间每天不超过 2 ~3h。⑦注意检查水质。

(4)调群　根据奶牛不同生理阶段、泌乳期和体况等综合考虑,制订调群方案,确定每群牛的营养水平和 TMR 配方。

①小群牛(100 头以下):不考虑产奶量和体况,只饲喂一种 TMR。优点是搅拌单一、减少喂饲工作量、避免换料对牛消化生理的影响。缺点是饲料成本增加,使一些牛过肥,低质饲料的应用受到限制等。

②大群牛(100 头以上):根据营养需要和干物质采食量调整牛群。a. 初产牛群:分娩后 1 ~2 周内或分娩后食欲尚未恢复的初产牛及患病牛。初产牛胆子小,采食持续时间短,在同一产奶水平下,初产牛干物质采食量比成乳牛低 15% ~20% ,因此需要单独的饲料配方。该群牛不能拥挤,饲槽应充足,以减少抢食和应激。b. 高产牛群:饲喂高产 TMR。c. 体况异常牛群:由瘦牛、肥胖牛和因繁殖障碍导致泌乳期过长的牛组成。d. 干奶牛群:可再细分为两群。一群是干奶前期牛(干奶期的前 30 ~45d),根据体况可饲喂两种 TMR 日粮。即干奶体况高于 3.75 分的牛,只饲喂满足维持需要水平的 TMR;体况低于 3.75 分的牛,需饲喂满足恢复体况需要水平的 TMR。另一群是干奶后期牛(分娩前 14 ~21d),可逐步饲喂满足泌乳需要的 TMR。

(5)额外补料　产奶量较高的成年奶牛或初产牛,在正常饲喂 TMR 基础上,每天分 2 ~3 次额外添加 1 ~4kg 谷物饲料,部分牛每天另外添加 1 ~3kg 干草。

(6)饲喂次数　多数牛场每天饲喂 2 次,天冷时每天饲喂 1 次。增加饲喂次数并不增加干物质采食量,但可提高饲料利用率。经常翻料也可达到增加饲喂次数的效果。干奶牛和生长牛每天饲喂 1 次。

(7)搅拌　搅拌是制作 TMR 的一个最重要的环节,必须做到称量准确、原料水分准确、投料准确。搅拌时间掌握在最后一批原料加完后再搅拌 4 ~5min。搅拌时间过长,TMR 太细,有效纤维不足;搅拌时间过短,原料混合不匀。过度搅拌比搅拌不足危害更大。搅拌时投料顺序为:谷物饲料—蛋白质饲料—矿物质饲料—青贮饲料—粗饲料。搅拌细度用颗粒震动筛测定,顶层筛上料重应占样品重的 6% ~10% 。搅拌容量占 90% 可达到最佳搅拌效果。干草搅拌要均匀,搅拌不匀的 TMR,奶牛专挑食较细的精料,会将其中的干草挑出,容易发生酸中毒。

3. TMR 饲养技术要求

(1)需要性能良好的专用设备　为使所有原料均匀混合,保证日粮营养平衡,需要具有切短或揉碎、混合和计量的专门设备。但是,该设备投资较大。

(2)要对 TMR 及其原料进行营养成分分析　测定 TMR 及其原料各种营养成

分的含量是科学配制日粮的基础,即使同一原料,因产地、收割期及调制方法等不同,其干物质含量和营养成分也有很大差异,所以要根据实测结果来配制相应的TMR。另外,必须经常检测TMR实际的干物质含量,尤其是高产奶牛,须保证足够的干物质采食量。饲料原料和TMR营养成分的分析化验需要较贵的仪器设备和化验费用。

(3)合理调群,定期监测个体牛的产奶量和奶成分变化　对不同泌乳阶段及体况的奶牛要进行合理的分群,这是提高总产奶量的必要条件。如果调群不及时,泌乳早期TMR的营养浓度不足,则高产奶牛的产奶高峰有可能下降;在泌乳中后期,低产奶牛如不及时转到TMR营养浓度较低的群,则有可能变得过肥。同时,按牛群定期对个体牛的产奶量、奶成分及其质量进行检测,开展DHI测定,也是科学饲养奶牛的基础。

(4)更换饲料应有一定的过渡期　由精粗料分饲转为自由采食TMR时,应选用一种过渡型日粮,以避免采食过量或发生消化道疾病。

(5)饲槽中应保持经常有料　如果出现断料情况,重新添槽时则应使用第一次所用的粗饲料。

(6)掌握采食量、产奶量及体重的变化　泌乳奶牛的采食高峰要比产奶高峰迟2~4周,而干物质采食量比产奶量的下降要缓慢。因此,在泌乳中、后期,可通过调整TMR的精粗比等来恢复奶牛体重。

(7)准确计量、混合均匀　为保证TMR的营养平衡,配制TMR时,要保证饲料原料的质量,并且准确计量,混合均匀。

TMR饲养技术在原料选择上有更大的灵活性,配制时可采用一些适口性差而价格又较低的饲料,从而降低饲料成本。应用TMR饲养技术,符合奶牛生产向标准化、规模化经营发展的要求,有利于缓解饲料资源供需不平衡的矛盾,缩短我国奶牛生产与发达国家的差距。但是,TMR混合喂料车、电子计量系统、散栏牛舍等需要支出较高费用,使该项技术的应用受到一定限制。

(八)奶牛饲养管理效果评价

1.奶牛体况评分

奶牛体况是对奶牛能量代谢正常与否和饲养效果的反映,也是奶牛高产和健康的标志之一。体况评分(Body Condition Score,BCS)是奶牛膘情的主观检查方法,主要是通过目测和触摸牛的尾根、尻角(坐骨结节)、腰角(髋结节)、脊柱(主要是脊椎棘突和腰椎横突)及肋骨等关键骨骼部位的皮下脂肪蓄积情况,而进行的直观评分,一般采用5分制。

通过开展奶牛体况评分,可以客观地评价奶牛饲养是否合理,从而保证奶牛健康和繁殖功能正常发挥,减少繁殖障碍和代谢病的发生。奶牛体况评分不受饲养规模、品种及场地等的限制,已成为奶牛营养与健康管理的一项重要措施。

(1)奶牛体况评分标准　奶牛体况评分侧重于背线、腰臀及尾根等部位的肌肉和脂肪沉积程度，其中主要是脊峰形态。评分标准如表 3－12 所示。

表 3－12　　奶牛体况评分标准

部位	1分	2分	3分	4分	5分
脊　峰	尖峰状	脊突明显	脊突不明显	稍呈圆形	脊突埋于脂肪中
腰角间	深度凹陷	明显凹陷	略有凹陷	较平坦	圆滑
腰角与坐骨	深度凹陷	凹陷明显	较少凹陷	稍圆	丰满呈圆形
尾根部	凹陷很深 呈“V”形	凹陷明显 呈“U”形	凹陷很小 稍有脂肪沉着	凹陷更小 脂肪沉着明显	无凹陷 大量脂肪沉积
整　体	极度消瘦 皮包骨样	瘦但不虚弱 骨骼轮廓清晰	全身骨骼不明显 胖瘦适中	皮下脂肪 沉积明显	过度肥胖

(2)奶牛体况评分方法　评定人员通过对奶牛评定部位的目测和触摸，结合整体印象，对照标准给分。评定时，将奶牛拴于牛床上，牛体应自然舒张，肌肉紧张会影响评定结果。具体操作方法如下。

①观察牛体的大小和整体丰满程度。

②从牛体后侧观察尾根周围的凹陷情况，然后再从侧面观察腰角和尻部的凹陷情况和脊柱、肋骨的丰满程度。

③触摸尻角、腰角、脊柱、肋骨以及尻部皮下脂肪的沉积情况。用拇指和食指掐捏肋骨，检查肋骨皮下脂肪的沉积情况。过肥的奶牛，不易掐住肋骨。用手掌在牛的肩、背、尻部移动按压，以检查其肥度。用手指和掌心掐捏腰椎横突，触摸腰角和尻角。如肉脂丰厚，检查时不易触感到骨骼。

(3)奶牛的适宜体况　成母牛每年评定体况 4 次，分别在产犊、泌乳高峰、泌乳中期和干奶期进行。后备牛在 6 月龄、配种前和产前 2 个月时进行评定。奶牛在不同时期应保持合适的体况评分，最大限度发挥其产奶能力，同时又能保证奶牛健康以及正常的繁殖和消化功能。如果奶牛的体况评分不理想，应该采取必要的饲养管理措施加以调整。

一般奶牛产犊时适宜的体况评分为 3.0～3.5 分，体况差会使产奶量减少。奶牛产犊后体况评分下降幅度不应超过 1.5 分，因此，在奶牛泌乳早期阶段应最大限度增加采食量，在泌乳中期阶段给奶牛提供额外的饲料以使奶牛恢复体况。调整奶牛体况的关键时期是在奶牛产后 225～250d，此时奶牛合成代谢率高，对偏瘦牛补喂优质粗饲料和适当增加精料，有利于奶牛体况恢复。为了防止干奶期奶牛过肥，应在泌乳中期复膘阶段控制增重。如奶牛体况太差，可提前转入处于临产期的牛群。奶牛临产时体况评分超过 3.5 分，易患酮病或脂肪肝综合征，不仅影响高峰期产奶量，也易发生胎衣不下、卵巢囊肿等病。奶牛体况评分低于 1 分时，发情率、受胎率明显降低。所以，根据牛的体况评分及时调整日粮配方及饲料喂量，对于科学饲养管理奶牛至关重要，在生产中饲养管理人员要给予高度重视。奶牛在不同时期合适的体况评分如表 3 - 13 所示。

表 3 - 13　　奶牛各时期适宜体况评分

奶牛阶段	评定时间	适宜体况评分
成母牛	产犊(围产期)	3.5
	泌乳前期	2.75 ~ 3.0
	泌乳中期	3.0 ~ 3.25
	泌乳后期	3.25 ~ 3.5
	干奶期	3.5
后备牛	6 ~ 13 月龄	2.0 ~ 3.0
	第一次配种	2.5 ~ 3.0
	产犊(分娩期)	3.5

2. 奶牛粪便检查

成年奶牛每天排粪 12 ~ 18 次,排粪量为 20 ~ 35kg。通过对牛粪形态特征变化的评定,可以发现奶牛日粮消化及瘤胃发酵的改变;通过粪便硬度、气味和颜色可以判定肠道内变化情况,从而评价日粮的合理性。

(1)粪便评分　奶牛粪便评分是根据粪便的稀稠、高度和流散性的变化,以评估奶牛对日粮的消化程度高低,以及日粮的营养成分(蛋白质、粗纤维和糖类)是否平衡及饮水量是否合适,进一步评估日粮在瘤胃中的发酵及胃肠内变化情况,从而对日粮配方的科学性及管理的有效性进行验证。

对奶牛粪便评分时,主要考虑其外观形状,评分标准如表 3 - 14 所示。

表 3 - 14　　奶牛粪便五级评分表

级别	形态描述	原　因	实　例
1	粪很干,呈球状,超过 7.5cm 高	干草饲喂过多或氧化严重,脱水,有消化障碍	消化道阻塞的牛的粪便
2	粪干,厚度 5 ~ 7.5cm,半成型的圆扁状	食入低质量的饲料,粗纤维含量高,精饲料量低或蛋白质缺乏	干奶牛或大龄牛的粪便
3	粪呈较细的扁状,中间有较小的凹陷,厚度在 2 ~ 5.0cm	日粮精粗料比例合适	舍饲牛,精粗饲料搭配
4	粪软,没有固定形状,周围有散点,能流动,厚度小于 2.0cm	缺乏有效中性洗涤纤维,精饲料、青贮和多汁饲料喂量大	牛在茂盛的草场上放牧时的粪便,待分娩的牛
5	粪很稀,像豌豆汤,呈弧形下落	食入过多蛋白质饲料、青贮料、淀粉、矿物质饲料或日粮中缺乏有效中性洗涤纤维,牛患病	腹泻

资料来源:李胜利,中国学生饮用奶奶源基地建设探索与实践,2011。

从日粮角度来说,如果奶牛排出稀粪(4～5 级),一方面可能是由于日粮中含有过多的精饲料以及糟渣类饲料,缺乏长的干草和有效中性洗涤纤维;另一方面可能是由于瘤胃酸中毒、日粮粗蛋白或矿物质含量过高。如果排出的粪便过于干燥(1～2 级),厚度过大,呈坚硬的粪球状,则可能是干草饲喂过多,食入劣质的粗饲料过多,或精饲料饲喂量过小;另外,限制饮水和限制蛋白进食量时也会出现坚硬的粪便,严重脱水时粪便呈坚硬的球状。因此,要根据粪便的评分及时调整日粮。

热应激时奶牛大量饮水,会导致瘤胃内容物流通速度过快,造成瘤胃消化不良,故牛粪稀软。牛暴露于冷环境条件下,饲料通过肠道的速度加快,网胃收缩频率增加,干物质消化率下降,同时饮水量明显减少,因而粪便干硬。

如果粪便出现变稀(4～5 级),同时表现为糊状、部分发亮、含有气泡,可能是酸中毒的征兆;发生前胃迟缓或瘤胃积食的牛,粪便呈半液体状或泥样,甚至水样;发生皱胃溃疡或创伤性网胃炎的牛,粪便干、小,呈棕黑色或黑色;发生瘤胃臌气的牛,初期排粪次数增加,但量少,以后完全停止;发生皱胃左侧变位时,排粪少而硬,表面附有黏液,有的病牛腹泻、粪便稀软呈糊状。

(2)牛粪气味评定　饲料在消化过程中,因微生物分解而产生臭气,同时未被消化的养分排出体外后又被微生物分解产生更多的臭气。因此,合理的日粮应该有较高的消化率,特别是较高的蛋白质消化率,从而减少粪便的臭味。我国以恶臭强度来表明臭味对人体的刺激程度,一般奶牛场粪便恶臭强度为 3 级,2 级以上为努力的目标。粪便恶臭强度等级标准如表 3－15 所示。

表 3－15　奶牛粪便恶臭强度等级标准

级别	强度	说　明
0	无	无任何臭味
1	微弱	一般人难以觉察,但嗅觉灵敏的人可以觉察到
2	弱	一般人难以觉察
3	明显	能明显觉察到
4	强	有很明显的臭味
5	很强	有强烈的臭味

资料来源:李胜利,中国学生饮用奶奶源基地建设探索与实践,2011。

除粪便形态和气味检查之外,还应检查粪便中有无未消化的完整饲料颗粒、带血或可看到脱落的肠黏膜等。

3. 奶牛步态评分

步态评分是评定牛群肢蹄健康状况的有效方法,主要以奶牛站立、运步姿势和背部姿势为主要评定内容,具有直观、简便易行的特点。利用该方法能及时发现影响肢蹄健康的原因,以便尽早采取措施,减少因肢蹄疾病引起的淘汰率升高、产奶量降低、繁殖率低下等问题,在保证奶牛高产以及延长利用年限等方面都具有不可忽视的作用。步态评分采用 5 分制,具体评分标准如表 3－16 所示。

表 3－16　　奶牛步态评分标准

评分	步态	站立姿势	步行姿势	步幅	描　述
1	正常	平直	平直	大	步行正常，四肢落地有力
2	轻度跛行	平直	稍弯曲		站立时背线平直，但步行时拱背
3	中度跛行	弯曲	弯曲	中	站立和步行时拱背，单肢或多肢步幅小
4	跛行	弯曲	弯曲		单肢或多肢跛行，但仍有部位支撑牛体
5	严重跛行	弯曲	弯曲	小	单肢很难支撑牛体，很难从爬卧处移动

资料来源：李胜利，中国学生饮用奶奶源基地建设探索与实践，2011。

奶牛步态评分较高的个体，说明其肢蹄病比较严重，反映出奶牛场的饲养管理存在严重问题，如环境卫生条件差、运动场和牛舍地面坚硬等，对奶牛肢蹄损伤严重，也说明奶牛日粮不平衡，可能存在精粗料比例不平衡，精饲料采食量大，牛群处于亚临床酸中毒状态。在良好的奶牛群中，不同步态评分奶牛占有合适的比例，1～2分的比例要大于75%，若超出合适的评分比例要对牛群进行全面的分析。奶牛群体步态评分分析如表 3－17 所示。

表 3－17　　奶牛群体步态评分分析表

<table>
<tr><th>步态评分</th><th>比例</th><th>跛行评价</th><th colspan="3">分　析</th></tr>
<tr><td>1～2 分</td><td>>75%</td><td>正常</td><td colspan="3">饲养管理良好</td></tr>
<tr><td rowspan="6">3 分以上</td><td rowspan="6">>15%</td><td rowspan="6">严重</td><td>感染性</td><td colspan="2">细菌、病毒</td></tr>
<tr><td>损伤</td><td colspan="2">地面、垫料</td></tr>
<tr><td rowspan="4">蹄叶炎</td><td>环境</td><td>舒适度、挤奶厅滞留时间，卧栏使用</td></tr>
<tr><td>管理</td><td>修蹄时间、频率，消毒、治疗、体况监测</td></tr>
<tr><td>营养</td><td>日粮平衡、瘤胃 pH、粪便评分</td></tr>
<tr><td>遗传</td><td>公牛评定、遗传参数、选种选配</td></tr>
</table>

资料来源：李胜利，中国学生饮用奶奶源基地建设探索与实践，2011。

步态评分与奶牛的干物质采食量、产奶量、繁殖性能及体况评分呈负相关，奶牛蹄部的损伤、脓肿、溃疡等都可影响到背部的姿势和步态。根据步态评分值可有效地评定步态评分与奶牛生产性能的关系（如表 3－18 所示）。

表 3－18　　奶牛步态评分与生产性能关系表

<table>
<tr><th>步态评分</th><th>DMI 降低/%</th><th>产奶量降低/%</th><th>体况</th><th>繁殖性能</th></tr>
<tr><td>1</td><td>正常</td><td>正常</td><td>较好</td><td rowspan="3">无影响</td></tr>
<tr><td>2</td><td>1</td><td>0</td><td>好</td></tr>
<tr><td>3</td><td>3</td><td>5</td><td>一般</td></tr>
<tr><td>4</td><td>7</td><td>17</td><td>差</td><td rowspan="2">空怀天数和配种次数增加</td></tr>
<tr><td>5</td><td>10</td><td>36</td><td>很差</td></tr>
</table>

资料来源：李胜利，中国学生饮用奶奶源基地建设探索与实践，2011。

4. 牛体卫生评分

奶牛的舒适度、乳中体细胞数与环境卫生密切相关，因此，奶牛生产中要评定牛体和乳房卫生，以便监测奶牛饲养环境和及时采取改善措施。

牛体卫生评分主要评定小腿、大腿和乳房三个部位，分别采用4分制。

小腿卫生评分主要观察小腿部位粪迹的多少和向大腿部延伸的距离；大腿卫生评分主要观察大腿和臀部之间粪迹面积和数量；乳房卫生评分主要观察乳房上粪迹面积和数量，评定时从后方和一侧观察，粪迹越接近乳头，患乳房炎的风险越大。具体评分标准如表3-19所示。

表3-19 牛体卫生评分标准

卫生评分	小 腿	大 腿	乳 房
1分	蹄冠以上没有或很少粪迹	没有粪迹	没有粪迹
2分	蹄冠以上有少量粪迹	有少量粪迹	接近乳头部有少量粪迹
3分	蹄冠以上及稍远处粘有斑点状牛粪，腿部皮毛上无粪迹	皮毛上有明显的斑点状牛粪	乳房下半部有明显的斑点状牛粪
4分	块状牛粪遍布整个小腿部	皮毛上粘有大的块状牛粪	整个乳房和乳头上都有块状牛粪

资料来源：李胜利，中国学生饮用奶奶源基地建设探索与实践，2011。

牛体卫生评分系统可作为奶牛卫生管理的指标，使卫生标准数量化。评定时牛群要有一定规模，当牛群小于100头时要全部进行评定；当牛群较大，超过100头时，至少要评定其中的1/4。当个别评分出现3分或4分时，则表明卫生较差，进一步计算出3分和4分牛在每一部位评分中所占的比例，从而评价整个牛场的牛体卫生状况。

为了保持良好的牛体卫生，应对牛场泌乳牛的牛体卫生制定一个适合的评分目标。牛体卫生评分目标如表3-20所示。

表3-20 牛体卫生评分目标表

饲养类型		每个部位3分和4分所占比例/%		
		小腿	大腿	乳房
散栏式	平均	54	20	17
	最佳	24	5	6
拴系式	平均	25	18	26
	最佳	9	0	5

资料来源：李胜利，中国学生饮用奶奶源基地建设探索与实践，2011。

(九)奶牛群体改良技术

奶牛群体改良(Dairy Herd Improvement，DHI)是一套完整的奶牛生产性能记录体系和生产管理体系，通过每月一次统一采集每头泌乳牛的奶样，进行产奶量记录、乳成分分析以及体细胞计数并收集有关资料，经分析后，形成反映奶牛场配种、繁殖、饲养、疾病、生产性能等方面的信息，根据这些信息进行有序、高效的生产管理，提高生产效率和经济效益。奶牛群体改良技术是提高牛群质量的重要手段，已经成为奶牛场饲养管理的重要工具。

1. DHI 的工作程序

奶牛群体改良，主要包括鲜奶样品采集、保存、测试、数据分析报告等技术环节。

（1）奶样采集　采集奶样前，先将挤奶间场地清扫干净，洗净母牛乳房和乳头，避免采集的奶样含有杂质。采用专用的加有防腐剂的取样瓶，对参加 DHI 测定的每头牛每月采样一次，每个奶样要求 40～50mL。采样时，根据每天的挤奶次数，准确按相应的比例进行奶样采集。每日早、中、晚 3 次挤奶的比例为 4∶3∶3；每日早、晚 2 次挤奶的比例为 6∶4。注意确保每头奶牛编号的唯一性，奶牛号和样品号一致；所采集的奶样要具有代表性，即充分混合奶样，每次采样完毕后，盖紧采样瓶盖，把样品箱放置于干燥处，箱外贴上标签，标明场名、采样时间、采样人和送达地。

（2）奶样保存　含防腐剂的奶样在 2～7℃条件下可保存 7d，在 18℃左右可保存 4d。防腐剂一般用重铬酸钾，40～50mL 的奶样中加入重铬酸钾 0.03g。避免阳光直接照射和激烈振荡。

（3）样品测试　①样品测试前应加热到（40±2）℃；②测试样品应混合均匀，避免脂肪上浮影响测试结果；③使用的药液完全按照配方进行配制，保证在正常使用范围和准确度内。

（4）数据分析报告　将测试数据输入装有数据报告制作专用软件的计算机中，结合奶牛场提供的基础资料，制作出相应的分析报告，指出奶牛场存在的问题并提出相应的改进措施。

奶牛场提供的资料主要包括牛场每月繁殖报表和产量报表，报表要按照牛号大小顺序排列，或者将奶量单、牛号顺序与样品号顺序保持一致。

2. DHI 体系记录的主要内容及其应用

DHI 测定系统的主要内容可用本月测定结果表、体细胞趋势图以及体细胞跟踪表反映。DHI 报表中所记录的项目有 30 多项，主要包括牛只编号、分娩日期、泌乳天数（DIM）、胎次、日产奶量、前日奶量、305d 预计奶量、乳脂率、乳蛋白率、脂肪蛋白比、体细胞数、前次体细胞数、体细胞分、峰值日与峰值奶量、干奶日及已干奶天数、泌乳期长短、繁殖状况、奶量损失、奶款差价、经济损失、持续力等。

（1）泌乳天数（DIM）　泌乳天数是指从分娩第一天到本次测奶日的时间，反映了奶牛所处的泌乳阶段，有助于牛群结构的调整。要特别关注泌乳天数较长的奶牛，查看其繁殖状况及奶量。如果属于长期不孕牛，应考虑是否继续存留。在全年均衡配种的情况下，牛群的平均泌乳天数应为 150～170d，这说明牛场全年均衡产犊、均衡产奶。如果这一指标过高，说明牛场存在繁殖方面的问题。

(2)胎次　牛群比较合理的胎次平均为 3 ~ 3.5 胎，可以说明牛群不但有较高的产奶潜力及持续力，还有不断更新牛群的能力。

(3)日产奶量及前日奶量　日产奶量与前日奶量相比较，可以说明牛只的生产性能是否稳定。如果奶量降幅太大，应注意观察牛的采食状况，是否受到应激或发病等。

(4)乳脂率、乳蛋白率以及脂肪蛋白比

①乳脂率：乳脂率与奶牛的日粮关系密切。乳脂率下降，主要是由于日粮中的优质粗饲料比例太低而造成。生产中提高牛奶乳脂率的一般措施是增加优质干草、苜蓿和青贮玉米等优质粗饲料的饲喂量。

②乳蛋白率：乳蛋白率是牛奶的重要营养指标。影响乳蛋白含量的因素包括遗传和营养两个方面，其中遗传因素影响较大，在选育奶牛时，可把乳蛋白含量作为一个重要指标。日粮蛋白质和氨基酸水平对乳蛋白含量也有一定的影响。

③脂肪蛋白比：脂肪蛋白比是指牛奶中乳脂率与乳蛋白率的比值，一般情况下为 1.12 ~ 1.13。如果乳脂率太低，可能是瘤胃功能不佳，存在代谢性疾病，日粮组成或精粗料物理加工有问题。如果奶牛产后 100 d 内蛋白率太低，可能存在的问题有：干奶牛日粮不合理，造成产犊时膘情太差；泌乳早期精料喂量不足，蛋白含量低；日粮蛋白中过瘤胃蛋白含量低。产后 120 d 以内，如果牛群平均脂肪蛋白比太高，可能是日粮蛋白中过瘤胃蛋白不足；如脂肪蛋白比太低，可能是日粮组成中精料太多，缺乏粗纤维含量。

(5)体细胞数(Somatic Cell Count，SCC)、前次体细胞数与体细胞分　体细胞数是指每毫升牛奶中的体细胞总数，其中大多数是白细胞(巨噬细胞、嗜中性白细胞和淋巴细胞)，占体细胞数的 98% ~ 99%，其他部分是乳腺组织脱落的上皮细胞。正常情况下，牛奶中体细胞数一般为 20 万 ~ 30 万/mL。当乳房外伤或发生疾病(如乳房炎等)时，机体免疫系统分泌大量白细胞进入乳房以清除感染，体细胞数一般都超过 50 万/mL，并且产奶量随之下降。因此，牛奶体细胞数反映了牛奶产量、质量及牛只的健康状况，是奶牛乳房健康状况的重要指标。通过解读 DHI 体细胞数报告，总结月、季、年的体细胞数，分析体细胞数变化情况及牛场管理措施，可及时发现隐性乳房炎，避免传染扩散，制订乳房炎防治计划，最终达到降低体细胞数的目的，提高奶牛产奶量，为奶牛场减少经济损失。

奶牛不同胎次理想体细胞数参考值为第一胎≤15 万/mL、第二胎≤25 万/mL，第三胎≤30 万/mL。影响体细胞数变化的主要因素包括病原微生物对乳腺组织感染、应激、环境、气候、泌乳天数、遗传、胎次等，其中致病菌影响最大。

与前次体细胞数进行比较，可以看出体细胞数的变化情况以及治疗效果。如果两次体细胞数持续很高，说明奶牛可能感染隐性乳房炎，如金黄色葡萄球菌或链球菌感染等，多因挤奶方法不当而发生传染，治愈时间一般较长；如果体细胞数忽高忽低，一般多为环境性乳房炎，与牛舍、牛体及挤奶员卫生问题有关，治愈时间较短，易于治愈。

体细胞分是将体细胞数通过数学的方法线性化而产生的数据。体细胞线性评分的优点在于其直观性以及与奶损失的直线关系，能反映奶牛的真实奶损失。体细胞分越高，奶质越差。1～3分为好，4分以上则说明乳房保健存在问题。

降低奶牛体细胞数的方法主要有：①保持牛舍环境的干燥、清洁；②正确使用挤奶设备，挤奶后及时清洗消毒，使用正确的挤奶程序；③定期监测乳房健康，进行隐性乳房炎检测；④保存体细胞原始记录和治疗记录，定期进行检查；⑤及时淘汰慢性乳房炎感染牛，以免造成更大的经济损失；⑥治疗干奶牛的每个乳区，补充矿物质及微量元素；⑦严防寄生性节肢昆虫的滋生；⑧制订维护奶牛乳房健康的计划；⑨落实防治乳房炎的责任。

(6)峰值日与峰值奶量　峰值日指奶牛日产奶量最高时的泌乳天数，该项指标提供了日粮营养指示。峰值日应当平均低于70d，如果峰值日大于70d，则显示有潜在的奶量损失，应检查产犊时的膘情、干奶牛日粮配方、产犊管理、干奶牛日粮配方向产奶日粮配方过渡的时间、泌乳早期日粮营养情况等方面是否存在问题。

峰值奶量指奶牛峰值日产奶量。峰值日到来的时间和峰值奶量的高低直接影响胎次产奶量。峰值奶量每提高1kg，相当于初产奶牛全泌乳期产奶量提高400kg，二产奶牛提高270kg，三产奶牛提高256kg。在奶牛饲养中，及时到达泌乳高峰，并保持高峰奶量维持较长时间且缓慢下降是奶牛饲养所追求的目标。通常情况下，泌乳高峰到达的时间为产后30～50d。如果高峰提前到达，产奶量很快下降，应从补充微量元素、加强疾病防治方面入手；如果产后正常达到产奶高峰，但持续力较差，达到高峰后很快又下降，说明产后日粮配合有问题；如果达到产奶高峰很晚，说明奶牛饲养不当或分娩时体况太差。

(7)奶量损失　奶量损失是指由于乳房受细菌感染而造成的牛奶损失，可以通过体细胞数和产奶量的高低计算出来（如表3－21所示）。

表3－21　体细胞数与牛奶损失表

体细胞数/万	牛奶损失计算公式/kg	体细胞数/万	牛奶损失计算公式/kg
SCC＜15	$M_{LOSS}=0$	40≤SCC＜110	$M_{LOSS}=M\times7.5/92.5$
15≤SCC＜25	$M_{LOSS}=M\times1.5/98.5$	110≤SCC＜300	$M_{LOSS}=M\times12.58/87.5$
25≤SCC＜40	$M_{LOSS}=M\times3.5/96.5$	SCC＞300	$M_{LOSS}=M\times17.5/82.5$

DHI报告详细地提供了每头牛的奶量损失及平均奶量损失，由此可直接计算出经济损失。实践表明，预防体细胞数升高所得到的回报要比治疗乳房炎的回报高得多。

(8)经济损失　经济损失是指由于乳房炎所造成的总的损失，包括奶量损失和乳房炎造成的其他损失。据统计,奶量损失占总经济损失的64%。乳房炎的其他损失包括乳房永久性破坏、牛只传染、过早的干奶和淘汰、治疗费用、抗生素残留奶、牛奶质量下降等。

(9)305d奶量　对于泌乳天数未满305d的奶牛需预测其产奶量,对于泌乳天数达到或超过305d的奶牛则指305d的实际产奶量。

查看本项目,可了解牛场不同牛只的生产水平及牛群的整体生产水平,可作为奶牛淘汰的决策依据。根据奶牛连续数月的305d预测奶量的变化,可以分析饲养管理水平高低。如果预测奶量增加,说明饲养管理有所改进;如果预测奶量降低,则表明奶牛因为饲养管理等方面因素的影响,遗传潜力未能得以充分发挥。

(10)持续力　持续力指相邻两个月产奶量的比较值,反映产奶量变化情况。

(11)群内级别指数(WHI)　群内级别指数指个体牛或每一胎次奶牛在整个牛群中的生产性能等级评分,是牛只生产性能的相互比较,反映牛只生产潜能的高低。

$$群内级别指数 = 个体牛的校正奶/牛群整体的校正奶 \times 100\%$$

(12)成年当量　成年当量指将各个胎次产奶量校正到第五胎时的305d产奶量。一般认为,第五胎时母牛身体的各部位发育成熟,理论上达到产奶最高峰。利用成年当量,可以比较不同胎次母牛整个泌乳期的生产性能高低。

DHI报告所提供的内容包括了奶牛场生产管理的各个方面,代表着奶牛场生产管理发展的新趋势。阅读DHI报告,了解本场的实际情况,掌握和运用好各项目指标,在配种时恰当选择公牛(冻精)来改良牧场奶牛的生产性能与相应的体型外貌,是管理好奶牛场的关键,最终能够创造更高的经济效益。

二、奶牛阶段饲养管理

根据成年奶牛的生理特点情况,一般将其分为泌乳初期、泌乳盛期、泌乳中期、泌乳后期和干奶期几个阶段,生产中要根据不同阶段的生理特点做好饲养管理工作。

(一)泌乳初期饲养管理

泌乳初期一般是指从产犊开始到产犊后15~20d的一段时间。对于二胎以上的奶牛,泌乳初期通常划入围产期,称为围产后期(生产中通常将奶牛分娩前后各15d的特殊时期称为围产期)。母牛产后气血亏损,消化功能弱,抗病力差,生殖器官处于恢复阶段,乳腺功能发育旺盛,产奶量逐日上升。因此,此期要加强饲养管理,促进奶牛体质尽快恢复,并防止发生产后瘫痪等疾病。

1. 泌乳初期的饲养

奶牛产后产奶量迅速增加,代谢非常旺盛。精饲料饲喂过多时,极易导致瘤胃酸中毒,并诱发其他疾病,特别是蹄叶炎。高产奶牛饲料营养不足时,会导致奶牛体况严重下降,影响奶牛健康和产奶量。因此,在生产中,必须根据奶牛消化功能、乳房水肿和恶露排出情况细致进行饲养。

母牛分娩后腹压降低并大量失水，要立即喂给温热、足量的麸皮汤，可起到暖腹、充饥及增加腹压的作用，利于母牛恢复体力和胎衣排出。麸皮汤的配合比例是：麸皮 1～2kg，食盐 100～150g，碳酸钙 50～100g，温水 15～20kg。为了促进子宫恢复和恶露排出，还可以喂给益母草温热红糖水，温度为 40℃左右，每天 1 次，连服 2～3d。益母草温热红糖水的配合比例是：益母草 250g，水 1.5kg，煎成水剂后，再加红糖 1kg 和水 3kg。

为了减缓产后母牛乳腺的活动，并考虑产后消化功能较弱的特点，分娩后 2～3d 内应以优质干草为主，适当补喂玉米、麸皮等易于消化的饲料，控制催奶饲料。分娩 4～5d 后，根据食欲和乳房水肿情况，逐渐增加精料、多汁饲料、青贮饲料和干草的喂量，精料每天增加 0.5～1.0kg，但喂量不得超过体重的 1.5%。分娩 7d 后，在乳房水肿消除良好的情况下，继续增加精料喂量，一直增加到出现产奶高峰为止。还可以喂些块根类、糟渣类饲料，以增强日粮的适口性，提高日粮营养浓度。每头每日饲喂块根类 5～10kg，糟渣类 15kg。分娩 15d 后，青贮饲料喂量可达 20kg 以上，干草 3～4kg，精料 10～15kg。

增加精料喂量是为了减轻母牛产后能量负平衡状态，满足日益增多的产奶需要，尽量减少体重损失。但在增料的过程中，应随时观察母牛的食欲、乳房、行为和粪便等情况。当母牛出现消化不良、粪便有恶臭、乳房未消肿或有硬结现象时，则要适当控制精料和多汁饲料的喂量，直至乳房水肿消失、乳腺组织恢复正常后，才可按标准定量饲喂。一般在产后 10～14d 即可按标准喂料。有的母牛产后乳房水肿程度较轻，身体健康，食欲旺盛，可喂适量精料和多汁饲料，6～7d 后便可达到标准喂量。要注意控制多汁饲料和精饲料的喂量，不要急于催奶。尽量多喂粗饲料，以保持旺盛的食欲，为日后高产创造条件。

产后母牛体内钙、磷也处于负平衡状态。如果日粮中缺乏钙、磷，有可能患软骨症、肢蹄病和产后瘫痪等，产奶量降低。因此，母牛分娩 10d 后，每头每日应喂钙 150g，磷 100g。

此外，整个泌乳初期要提供充足、清洁、适温的饮水，一般产后 1 周宜饮 37～40℃温水，以后逐渐转为常温；但对于乳房水肿严重的奶牛，应适当控制饮水量。

2. 泌乳初期的管理

母牛产后要尽早驱赶使其站立，以减少子宫出血和防止子宫外脱。30min 后可以进行初次挤奶。挤奶前先用温水清洗牛体两侧、后躯、尾部，并把污染的垫草清除干净，用 0.1%～0.2% 的高锰酸钾溶液消毒乳房和外阴周围。开始挤奶时，每个乳头的第一、二把奶应弃掉不要，同时观察牛奶感观性状是否正常。母牛产后 5d 内，不可将乳房内的奶全部挤净，以增加乳房内压，减少奶的生成，避免血钙进一步降低，防止血乳和产后瘫痪的发生。一般产后第 1 天挤奶只挤 2kg 左右，够犊牛饮用即可，第 2 天挤出产奶量的 1/3，第 3 天为 1/2，第 4 天为 3/4，第 5 天可全部挤净。

最新研究表明,对中低产及体质较好的奶牛在分娩后挤净初乳,可刺激奶牛加速泌乳,增进食欲,降低乳房炎的发病率,促使泌乳高峰提前到达,而且不会引起产后瘫痪。对于体弱或3胎以上的高产奶牛,在产后3h内静脉注射20%葡萄糖酸钙500~1500mL,可以有效地预防产后瘫痪。总之,产后能否将奶挤净,要视奶牛体质、产奶量情况酌情而定,对产奶量特别高的奶牛应慎重对待。

为尽快消除乳房水肿,每次挤奶时要坚持用50~60℃温水擦洗并按摩乳房,每次按摩5~10min,并适当增加挤奶次数,每天最好挤奶4次以上。如果乳房消肿较慢,可用40%的硫酸镁温水洗涤,并按摩乳房,以促进乳房水肿更快消失。为防止压坏乳房,可多铺干燥、柔软、清洁的垫草。

胎衣通常在产后4~8h可自行脱落。胎衣脱落后要将外阴部清洗干净,并用来苏儿溶液消毒,以防感染生殖道。排出的胎衣应立即移出产房,以免被母牛吃下而影响消化。胎衣超过12h仍未脱落称为胎衣不下,应请兽医处理。母牛在产后的数天内,应坚持每天或隔天用1%~2%的来苏儿溶液清洗后躯,特别是臀部、尾根、外阴部。加强监护并随时观察恶露排出情况,如有恶露闭塞现象,即产后数天内仅见稠密透明分泌物而不见暗红色液态恶露,应及时处理,以防发生产后败血症或子宫炎等生殖道疾病。

观察奶牛有无瘫痪发生征兆,阴门、乳房、乳头等部位是否有损伤。每天测1~2次体温,若有升高要及时查明原因并进行处理。分娩后12~14d,肌肉注射促性腺激素释放激素(GnRH),可有效预防产后早期卵巢囊肿,并使子宫提早康复。夏季注意产房的通风与降温,冬季注意保温和换气。

奶牛经过泌乳初期后,身体康复,食欲日趋旺盛,消化功能恢复正常,乳房水肿消退,恶露排尽。此时,可调出产房转入大群饲养。

(二)泌乳盛期饲养管理

泌乳盛期是指母牛分娩15天以后到泌乳高峰期结束,一般指产后21~100d。此期母牛乳房水肿消失,乳腺和循环系统功能正常,子宫恶露排净,体质恢复,代谢增强,生乳素及催乳素分泌均衡,产奶量不断增加。若此期进行良好的饲养管理,能使母牛产奶高峰更高,持续时间更长,可以提高本阶段以及整个泌乳期的产奶量,是奶牛创造高产的关键时期。此期产奶量占整个泌乳期产奶量的50%左右。

奶牛产奶高峰期一般出现在产后4~6周,高产牛多在产后8周左右出现,而采食量高峰期在12~16周出现,因此奶牛需动用体内贮积的营养来满足产奶需要,往往出现能量和氮的代谢负平衡,使体重迅速下降,高产奶牛体重下降可达35~45kg。据研究,奶牛体重损失1kg所损失的能量约可合成6.56kg牛奶。此外,奶牛体重损失过多,在泌乳盛期过后会出现产奶量突然下降、发情紊乱、屡配不孕或发生酮病等情况。

1. 泌乳盛期的饲养

此期主要是为奶牛创造高产的有利条件,供给充足的营养,每日除供给优质青贮和块根饲料外,还应供给足够的混合精料。只要产奶量不断上升,就可以不断增加精料喂量,直至产奶量不再上升时为止。要求日粮适口性好、体积小、饲料种类多,可适当增加饲喂次数,并保证饲喂方法的相对稳定。

混合精料的种类及比例可根据当地饲料资源选择,一般配合的比例为:玉米或大麦50%,麸糠类20%~22%,豆饼20%~25%,磷酸氢钙3%,食盐2%。精料参考喂量:日产奶20kg喂量7.0~8.5kg;日产奶30kg喂量8.5~10.0kg;日产奶40kg喂量10.0~12.0kg。最高日喂量不应超过15kg。

粗饲料应选择本地最好的饲料,喂量(以干物质计)至少为母牛体重的1%,粗纤维所占比例在15%以上。青饲料、青贮饲料每头日喂量20kg,干草4.0kg,多汁饲料3~5kg;新鲜的啤酒糟、粉渣和豆腐渣等副产品都是奶牛的良好饲料,可明显提高产奶量,但要掌握其喂量,每天以7~8kg为宜。日产奶40kg以上,应注意满足维生素和微量元素需要。

精料与粗料干物质比例可达60:40。精料比例高时,要适当增加精料饲喂次数,采取少量多次饲喂的方法。使用TMR日粮,可有效改善瘤胃微生物生活环境,减少消化障碍、酮病及产后瘫痪等疾病的发生。

当谷物饲料喂量过高时,每天可补饲120g碳酸氢钠和60g氧化镁,防止发生酸中毒。高产奶牛营养不足,特别是维生素A、维生素D、维生素E等缺乏时,易引起子宫复原不全、发情不明显、受胎率低等繁殖疾病。每头奶牛日粮中添加维生素A 5万IU、维生素D_3 6000IU、维生素E 1000IU和β-胡萝卜素300mg,可以有效改善繁殖功能。每头每天添加6~12g烟酸,可以提高产奶量和预防发生酮病。添加过瘤胃脂肪、过瘤胃蛋白质、瘤胃保护氨基酸或氨基酸类似物,均有提高产奶量的效果。但要注意,直接添加油脂会影响奶牛的采食量,抑制瘤胃微生物的活动,降低乳蛋白含量。脂肪的供给量应以每天0.5kg以下为宜,禁止使用动物性脂肪。目前已知的过瘤胃蛋白含量较高的饲料有玉米蛋白粉、小麦面筋粉、啤酒糟、白酒糟等,适当添加这些饲料对增加奶牛产奶量有良好效果。每头奶牛日粮中添加脂肪酸钙300g使产奶量提高19.3%。对于钙、磷的需要,钙的含量一般应占到日粮总干物质的0.6%~0.8%,磷占0.45%,钙、磷比例为(1.5~2):1。

泌乳牛精料参考配方如表3-22所示。泌乳牛全混合日粮参考配方如表3-23所示。

表3-22 泌乳牛精料参考配方

项 目	配方1	配方2	配方3	配方4	配方5	配方6	配方7	配方8
原料组成/%								
玉米	61.0	59.0	57.0	56.6	44.4	50.0	51.0	46.0
小麦麸	15.0	10.0	15.0	20.0	20.0	15.0	10.0	15.0
大豆粕	18.0	15.0	17.0	10.0	15.0	10.0	5.0	10.0

续表

项 目	配方1	配方2	配方3	配方4	配方5	配方6	配方7	配方8
棉籽粕	–	10.0	5.0	8.0	15.0	–	3.0	3.0
菜籽粕	–	–	–	–	–	10.0	–	–
玉米胚芽饼	–	–	–	–	–	10.0	–	–
DDGS	–	–	–	–	–	–	25.0	20.0
小苏打	1.0	1.0	1.0	1.0	1.0	–	1.0	1.0
磷酸氢钙	1.0	1.0	1.0	0.6	0.5	1.0	1.0	1.0
石粉	2.0	2.0	2.0	1.8	2.1	2.0	2.0	2.0
食盐	1.0	1.0	1.0	1.0	1.0	1.0	1.0	1.0
1% 预混料	1.0	1.0	1.0	1.0	1.0	1.0	1.0	1.0
合 计	100	100	100	100	100	100	100	100
营养成分(以干物质为基础)/%								
干物质	88.1	88.5	88.3	88.3	88.7	88.8	88.5	88.5
产奶净能/(MJ/kg)	7.6	7.6	7.6	7.5	7.5	7.6	7.5	7.5
NND /(个/kg)	2.4	2.4	2.4	2.4	2.4	2.4	2.4	2.4
粗蛋白	17.6	19.5	18.9	17.4	21.9	18.7	18.3	19.6
粗脂肪	3.3	3.1	3.2	3.3	3.0	3.5	6.4	5.7
粗灰分	3.9	4.1	4.1	4.0	4.7	4.4	4.1	4.4
钙	1.1	1.1	1.1	0.9	1.0	1.1	1.1	1.1
总磷	0.6	0.6	0.6	0.6	0.7	0.7	0.7	0.7
粗纤维	4.2	4.7	4.7	5.1	6.1	6.4	4.9	5.3

资料来源:屠焰,刁其玉,新编奶牛饲料配方600例,2009。

本阶段除采取常规饲养方法外,为了提高产奶量,减少体重损失,确保体质健康,可选择采用以下饲养方法。

(1)预付饲养法 预付饲养法是一种应用范围较广的奶牛饲养方法。从奶牛分娩后15~20d开始,在提供充足的优质粗饲料、青贮饲料和青绿、多汁饲料的前提下,以满足奶牛维持和泌乳实际营养需要的饲料量为基础,每天多增加1.0~1.5kg混合精料作为奶牛每天的实际精料喂量。在整个泌乳盛期,精料的喂量随着产奶量的增加而增加,始终保持1.0~1.5kg的“预付”量,直到产奶量不再增加为止。

表 3-23　　泌乳牛全混合日粮参考配方

项　目	配方 1	配方 2	配方 3	配方 4	配方 5	配方 6
日粮组成/%						
玉米青贮	23.2	23.3	–	31.0	21.7	49.0
苜蓿干草	18.6	18.7	–	12.0	8.6	–
羊草	11.2	11.3	68.6	24.6	17.0	14.6
啤酒糟	–	–	–	–	–	12.0
精料	47.0	46.7	31.4	32.4	52.7	24.4
合 计	100	100	100	100	100	100
精料组成/%						
玉米	55.5	54.0	53.5	52.2	53.1	47.3
大豆粕	24.4	–	26.0	26.5	27.5	25.4
膨化大豆	–	24.0	–	–	–	–
小麦麸	12.0	11.0	15.0	15.0	14.0	22.3
棉籽粕	2.1	5.0	–	–	–	–
小苏打	1.0	1.0	1.0	1.0	–	1.0
磷酸氢钙	1.0	1.0	1.0	1.0	1.1	1.0
石粉	2.0	2.0	1.5	1.8	2.3	1.5
食盐	1.0	1.0	1.0	1.5	1.0	0.5
1% 预混料	1.0	1.0	1.0	1.0	1.0	1.0
合 计	100	100	100	100	100	100
营养成分(以干物质为基础)/%						
产奶净能/(MJ/kg)	6.5	6.8	5.6	5.8	6.7	6.4
粗蛋白	15.1	15.0	9.8	12.4	14.6	14.8
粗脂肪	3.5	5.2	3.6	3.4	3.4	–
粗灰分	3.7	3.7	6.8	7.0	7.3	–
钙	0.7	0.7	0.7	0.7	0.7	0.7
总磷	0.5	0.5	0.5	0.5	0.5	0.5
中性洗涤纤维	35.2	34.9	50.2	44.9	35.5	–
酸性洗涤纤维	22.9	22.5	29.5	29.7	22.7	–
备　注	精粗料比 51:49,日喂 3 次	精粗料比 51:49,日喂 3 次	精粗料比 30:70,饲喂产奶量 20kg 以下的奶牛	精粗料比 30:70,饲喂产奶量 20kg 以下的奶牛	精粗料比 50:50,饲喂产奶量 20kg 左右的奶牛	饲喂产奶量 20kg 左右的奶牛

资料来源:屠焰,刁其玉,新编奶牛饲料配方 600 例,2009。

采取预付饲养法可以充分发挥奶牛的泌乳潜力,减轻体重下降的程度。但是,采取此方法的时间不能过早,应以奶牛分娩后体质基本康复为前提,否则,容易导致各种消化道疾病。

(2)引导饲养法　引导饲养法是在预付饲养法的基础上发展而成的一种饲养方法。这种方法的特点是从产前就要引导训练母牛采食精料,为产后大量采食精料做好生理功能上的准备。具体方法:从干奶期的最后2周开始增加精料喂量,最初1天每头牛喂给1.8kg的精料,以后每天增喂0.45~0.5kg,直到每100kg体重喂到1.0~1.5kg精料为止,不再增加喂量。奶牛产犊后,只要体质正常,就不降低精料喂量,仍继续按每天增加0.45kg精料喂量,直至出现泌乳高峰或达到最高采食量为止(通过牛的食欲和消化情况加以判断)。泌乳高峰过后再按产奶量、含脂率、体重调整精料喂量。

采取引导饲养法可以有效降低酮病的发病率,有助于维持体重和提高产奶量。在实施引导饲养的过程中,必须始终保证优质干草的供给,任其自由采食,并给予充足、清洁的饮水,以减少母牛消化系统疾病的发生。采用引导饲养法可使多数奶牛出现更高的泌乳高峰,且增产的趋势可持续整个泌乳期,因而能有效地提高整个泌乳期的产奶量。

但是,此法不适用于患隐性乳房炎的奶牛,即使是乳房炎治疗痊愈的奶牛也要慎用。

2. 泌乳盛期的管理

为了保证奶牛有足够的采食量,可以适当延长采食时间、增加饲喂次数、少量多次饲喂。每天饲槽的空置时间不应超过2~3 h,饲料应凉爽且有甜香味,不要在饲槽中堆积饲料。饲料种类应保持相对稳定,更换饲料时必须逐渐进行。粗饲料每日喂3次或自由采食,精料少量多次饲喂,可降低奶牛酮病、乳房炎或产后瘫痪等发病率。每头奶牛应有45~70cm长的饲槽位置,饲槽表面光滑。拴系式牛舍颈链要有足够的长度,散放式饲养牛的颈枷不应卡得太紧。注意观察牛消化功能及乳房情况是否正常,认真做到合理投料,防止发生乳房炎和消化道疾病。挤奶前要擦洗、按摩乳房,挤奶后要药浴乳头。

母牛最佳配种时间是在产后70~80d,高产奶牛在泌乳早期往往发情表现不明显,必须注意观察,以免漏配。供给充足清洁的饮水,饮水不足会使产奶量下降,挤奶后要立即饮水,冬季要饮温水。坚持适当运动,以利于消化吸收,增强体质,促进泌乳活动。运动不足会影响产奶性能和繁殖性能的正常发挥,也易患肢蹄病。奶牛除在饲喂和挤奶时留在舍内,其余时间应到运动场上自由活动。保持牛体及牛舍内外清洁卫生,每天坚持刷拭牛体2~3次。做好奶牛疫病防治和夏季防暑降温工作。

注意观察奶牛的体况、采食量、产奶量和繁殖性能等,并做好记录。体况最差不应低于2.5分,否则奶牛极度虚弱,易患多种疾病。体况过差时,应考虑采取增加精料喂量、延长饲喂时间或增加饲喂次数等措施。

(三)泌乳中期饲养管理

泌乳中期是指泌乳盛期以后到泌乳后期以前的一段时间,一般指产后101～200d。此期母牛处于妊娠期,催乳素作用和乳腺细胞代谢功能减弱,产奶量开始缓慢下降,每月下降5%～7%。食欲旺盛,采食力强,饲料转化率高,干物质进食量可高达每100kg体重3.5～4.5kg,母牛体质逐渐增强,从产后20周起体重开始增加,日增重约为500g。饲养要点是延缓产奶量下降速度,保持稳产。此期产奶量争取达到整个泌乳期产奶量的30%～35%。

1. 泌乳中期的饲养

根据产奶量变化调整精料饲喂量,减少谷物饲料,大量供给粗饲料、副产品饲料。日粮干物质中精料比例控制在40%～45%。青饲料、青贮料每头每天喂量15～20kg,干草4kg以上,新鲜糟渣类10～12kg,块根多汁类5kg。精料喂量按每产2.7kg奶喂1kg料比例投放。精料组成参考比例:玉米50%,豆饼(粕)20%,麸皮12%,玉米蛋白10%,酵母饲料5%,磷酸氢钙1.6%,碳酸钙0.4%,食盐0.9%,微量元素与维生素添加剂0.1%。对于日产奶量35kg以上的高产奶牛,应添加碳酸氢钠、氧化镁等缓冲剂,夏季还应添加氯化钾,以利于缓解热应激对高产奶牛造成的不利影响。

2. 泌乳中期的管理

采取措施减缓产奶量下降的速度,如保持饲料多样化、营养全价、适口性好,适当增加运动,加强乳房按摩,坚持刷拭牛体,保证充足清洁饮水等。注意观察奶牛体况,体况过肥会严重影响奶牛的产奶量和繁殖性能。在泌乳中期结束时,奶牛体况应达到2.75～3.25分。只有做到细心饲养和精心管理,才能使奶牛保持稳产。

应用牛生长激素(BST),每2周一次注射500mg,或每4周一次注射960mg,可显著提高奶牛产奶量。注射牛生长激素后,应及时增加奶牛日粮干物质供给量,增加4%～16%,以满足产奶量增加所需要的营养,充分发挥牛生长激素的效果。

(四)泌乳后期饲养管理

泌乳后期是指泌乳中期以后到干奶期以前的一段时间,一般指产后201d至干奶。此期奶牛处于妊娠后期,胎儿生长发育很快,胎盘激素、黄体激素作用较强,抑制脑垂体分泌催乳素,产奶量急剧下降,每月下降幅度达10%以上。奶牛要消耗大量营养物质,供胎儿生长发育需要,同时各器官处于较强活动状态,是恢复体况和增重的最好时期。但要注意不能使奶牛过肥,并做好干奶准备。此时奶牛日增重500～700g,相当于日产3～5kg标准乳的营养需要。

1. 泌乳后期的饲养

以优质青粗饲料为主,补饲少量精料。在满足胎儿生长发育需要的基础上,防止奶牛过肥,以中等偏上体况为宜。奶牛体况过肥会导致产犊后易患酮病、脂肪肝、皱胃变位、胎衣不下、子宫炎、子宫感染和卵巢囊肿等疾病。日粮干物质中精料比例应控制在30%。日粮喂量为精料6～7kg,青饲料、青贮料不低于20kg,干草4～5kg,糟渣类和多汁饲料不超过20kg。根据奶牛体重、产奶量、乳脂率情况,每1～2周调整一次精料喂量,一般按每产3～4kg奶饲喂1kg精料计算。同时应注意奶牛体况,体况中等可按前述日粮组成饲喂;若体况中等以上,则可减少1.0～1.5kg精料;体况较差、体质衰弱的母牛,可在饲养标准基础上再提高15%～20%,适当增加一些精饲料的喂量,以满足母牛增重和胎儿迅速生长的需要,为在干奶期保证胎儿生长发育和下胎高产打下基础。严格控制玉米青贮饲料的喂量,精粗料搭配要营养丰富且结构合理,以保证牛旺盛的食欲与健康,使产奶量平稳下降。

2. 泌乳后期的管理

除坚持日常管理程序外,重点工作是保胎,防止母牛流产。严禁饲喂冰冻或发霉变质饲料,坚持刷拭牛体,适当运动。根据预产期合理确定干奶时间,在预计停奶以前应进行一次妊娠检查。奶牛怀有双胎时,则应确定其干奶期的饲养方案,合理提高营养水平,增加1.0～1.5kg精料。注意奶牛体况变化,泌乳后期结束时体况应在3.5～3.75分。

(五)干奶期饲养管理

干奶期是指奶牛从停止挤奶到分娩的一段时间。从停止挤奶到分娩前15天为干奶前期,分娩前15天到分娩为干奶后期。确定奶牛干奶期能更好地保证胎儿健康发育,维护奶牛健康,恢复体质,修复和更新乳腺组织,使消化系统能够从高水平进食所造成的应激中恢复过来,为下一个泌乳期做准备,减少消化道疾病、代谢病或传染病的发生。

1. 干奶期的确定

干奶期的长短应兼顾前后两个泌乳期的产奶量,考虑奶牛干奶时的膘情、年龄和健康情况。干奶期不宜过长或过短,以45～60d为宜,在母牛预产期前的45～60d彻底干奶。长于60d会影响上一个泌乳期的产奶量和效益,也容易使干奶牛过肥;短于45d不利于乳房恢复,会影响下一个泌乳期的产奶量和效益。一般情况,初产及早配、体弱及老龄、高产以及饲养条件较差的奶牛,干奶期可适当长些;而体质强壮、产奶量较低、营养状况较好的壮龄奶牛,干奶期可短些。

奶牛正常干奶期可分为3个阶段:第一个阶段为干奶最初10天,奶牛乳腺开始从泌乳状态转入停乳状态,在营养上需要对饲料中的能量和蛋白质加以限制,以帮助奶牛停止泌乳;第二个阶段为从干奶10天开始约1个月的时间,是胎儿生长发育加快、母牛乳腺组织再生及身体复壮的时期,需要提供含一定干草量的营养平衡饲料;第三个阶段为临产前3周,母牛在代谢及生理上发生一系列变化,为分娩和泌乳做准备,临产时开始分泌初乳。

2. 干奶的方法

在正常情况下,高产奶牛在接近干奶时,每天仍有较高的产奶量,但无论产奶量高低,到需要停奶时均要采取果断措施使其停止产奶。患有乳房炎的奶牛需在治愈后再干奶。干奶的方法有逐渐干奶法和快速干奶法两种。

(1)逐渐干奶法　利用1~2周的时间完成干奶。从计划干奶日前10~20d，逐渐减少精饲料和多汁饲料，限制饮水，延长运动时间，停止按摩乳房，减少挤奶次数，改变挤奶时间，在日产奶量下降到5kg以下时便停止挤奶。2~3d后如果乳房内的奶较多，可对乳房进行充分细致的擦洗和按摩，把奶彻底挤净。为防止感染可用5%的碘酊浸泡乳头，向每个乳头内注入干乳软膏，然后用火棉胶涂抹于乳头孔处进行封闭，防止感染。

(2)快速干奶法　到干奶日期，认真细致按摩乳房，将奶挤净后即停奶。挤完奶后用5%碘酊浸泡乳头，向每个乳头内注入干乳软膏，然后将火棉胶涂抹于乳头孔处进行封闭，预防感染。乳头经封闭后即不再触动乳房，3~4d内要随时注意乳房变化。最初乳房会继续膨胀，但只要不出现红、肿、热、痛症状可继续观察。经3~5d后乳房内存留的乳汁逐渐被吸收，10d左右乳房松软收缩，干奶工作完成。如果停奶后，乳房出现过分膨胀、红肿和滴乳，须重新把奶挤净，并按照上述方法消毒、封闭乳头。该方法对曾患有乳房炎或正患乳房炎的母牛不适用。

目前，多提倡采用突然停止挤奶的方法进行干奶，乳房内存在奶的压力也有助于母牛干奶，而不是在几天内逐渐干奶。逐渐干奶会延长干奶过程，还可能增加乳房炎的发病率。但是，如果母牛在干奶时仍日产奶20kg以上，则必须在干奶前先减少精料、多汁饲料喂量，待日产奶量降低后再进行干奶。

3. 干奶前期饲养管理

干奶期是母牛体内蓄积营养物质的时期，合理的营养可使干奶牛在此期间获得良好的体况，对母牛在下一个泌乳期达到较高的产奶量和较大的采食量具有重要作用。干奶期母牛体况以维持中等为宜，体况评分为3.5分。过肥的母牛容易发生皱胃变位、乳房水肿、酮病和难产等。干奶前期饲养管理的主要目标是：保证胎儿健康发育，恢复并维持奶牛合适的膘情，促进消化系统特别是瘤胃功能恢复。

(1)干奶前期的饲养　从停奶之日起到乳房变软恢复正常、泌乳活动完全停止，约需2周时间，此时一般以优质青粗饲料为主，少用或不用多汁饲料和精饲料。待乳房内的乳汁被吸收并萎缩以后，可以逐步增加精饲料和多汁饲料，按妊娠后期的饲养标准进行饲养。若补饲精饲料过早，会刺激母牛重新泌乳，轻者延长干奶过程，重者引发乳房炎。

干奶前期要掌握奶牛的以下营养特点：一是维持日粮中适宜的纤维含量；二是限制能量摄入量；三是避免过多进食蛋白质；四是满足矿物质和维生素的需要量。具体饲养应根据母牛膘情确定，膘情较好的奶牛一般只给予优质干草，补充少量精料，维持膘情稳定即可；膘情较差的奶牛，在充足供应优质粗饲料基础上，还应饲喂一定量的精料，精料的喂量视粗饲料的质量和奶牛膘情而定，一般可以按日产10~15kg奶的营养标准饲喂。日粮干物质采食量占体重的1.8%~2.5%，一般为12~13kg，粗蛋白质占干物质的12%~13%。一般情况，粗饲料喂量占体重的1%以上，糟渣类和多汁类饲料不宜饲喂过多，以免压迫胎儿，引发早产，每头每日不宜超过5kg，精料喂量根据粗饲料品质及体况调整，一般每头每日3~4kg。

干奶牛豆科牧干草的喂量不能超过干草干物质的30%~50%，以免食入过多的蛋白质、钙和钾，使母牛易患乳房水肿、产后瘫痪或酮病，并可能引起繁殖方面的问题。玉米青贮不能超过饲草干物质喂量的50%~60%，否则容易使母牛过肥，在产犊时和泌乳初期出现较多的代谢和繁殖问题。为了保持干奶牛良好的瘤胃功能，每天自由采食或饲喂2~3kg的禾本科干草。粗饲料加工过细，会导致牛胃肌肉变得松弛，弹性减弱，易发生皱胃变位。

干奶牛矿物质营养的要点是保持钙磷比例平衡，防止钙摄入过多；日粮中钾的含量超过0.65%~0.80%时，会影响镁的吸收和钙的代谢，也会导致产后瘫痪或胎衣不下等；干奶牛不能与泌乳牛一样使用碳酸氢钠等缓冲剂，以减少乳房水肿和产后瘫痪的发生；食盐喂量按日粮干物质的0.25%添加。

维生素A、维生素D和维生素E对于干奶牛的营养代谢十分重要，胎衣不下常与维生素A和维生素E的缺乏有关，抗病力下降、乳房炎发病率增加常与维生素E的缺乏有关。因此，干奶牛的精料中应添加矿物质微量元素和维生素，每千克精料中添加量为：硫酸铜83mg，硫酸锰570mg，硫酸锌571mg，氯化钴6.1mg，碘酸钙2.6mg，亚硒酸钠2.6mg；维生素A 1.6万IU，维生素D 4000 IU，维生素E 70 IU。

（2）干奶前期的管理　干奶前期奶牛处于妊娠后期，管理的重点是做好保胎工作。同时，要预防乳房炎的发生，维持奶牛较理想的体况，维护奶牛健康。

①分群：应及时将干奶牛从泌乳牛群中分离出来，单独饲养，否则很难控制干奶牛的营养水平，极易导致干奶牛过肥，也容易造成牛相互碰撞而流产。

②做好保胎工作：不要随意驱赶母牛，以防相互碰撞、拥挤、摔倒而造成流产。不喂腐败变质或冰冻的饲料。冬季不饮过冷的水。妊娠后期禁止饲喂酒糟、马铃薯、棉籽饼等，防止流产、难产或胎衣不下等发生。

③加强乳房护理：奶牛乳腺活动停止后，每天按摩乳房1~2次，每次5~10min。按摩可以促使干奶期奶牛乳腺组织的修复与更新，为下一个泌乳期的高产打下良好基础。每次按摩后要对乳头进行药浴消毒，以防感染。临产前乳房出现水肿时应停止按摩。

④加强卫生管理：妊娠期母牛代谢旺盛，容易产生皮垢，因此每天应加强刷拭，以促进血液循环，使牛养成温驯的习惯。保持圈舍清洁卫生，定期消毒。

⑤加强户外运动：运动可以促进血液循环，增强体质，减少肢蹄病或难产发生。增加阳光照射时间，可以促进皮肤代谢，有效预防干奶牛维生素D的缺乏，防止产后瘫痪。运动场设置凉棚，使牛自由活动，分娩前2~3d停止运动。

⑥合理饮水：每天饮水3次，水温以10~12℃为宜。

4. 干奶后期饲养管理

干奶后期又称为围产前期，此期饲养管理水平高低直接关系到母牛的正常分娩、产后的健康、产奶性能和繁殖性能的发挥。

(1)干奶后期的饲养　除应注意干奶期的一般饲养要求外,还应根据母牛的体况和乳房肿胀程度等情况灵活掌握,做好特殊的饲养工作。

母牛临产前1周会发生乳房肿胀,由于精料比例不断增加,可能会加重乳房水肿。如果肿胀情况严重,应减少糟渣类饲料喂量,暂缓增加精料或降低精料喂量,同时减少食盐喂量。

日粮粗饲料应以优质干草为主,如羊草、苜蓿干草、谷草等,增加奶牛粗饲料的采食量。日粮应逐步向产后日粮过渡,每天饲喂一定量的青贮玉米,可有效避免产后因日粮变动过大而影响奶牛食欲。青贮料每头每天不宜超过15kg,以免导致母牛过肥。临产前2~3d,日粮中适量添加小麦麸以增加饲料的轻泻性,防止便秘。可按下列比例配合精料:麸皮70%、玉米20%、大麦10%,另加磷酸氢钙2%、食盐1%。

为了使母牛能在下一个泌乳期内多产奶,促进泌乳高峰期尽早到来,防止泌乳高峰期内体重过度损失,以及瘤胃微生物能适应产后大量采食精料,可采取"引导饲养法"。即从产前15d开始增加精料的喂量,每天增加0.45kg精料,逐日进行,直到分娩时精料量占到体重的1%左右为止,这样可以使瘤胃微生物区系提前适应产后的高精料日粮。产犊5天后继续每天增加0.45kg精料,直至出现泌乳高峰时为止,待泌乳高峰过后再调整精料喂量,逐渐过渡到按标准饲养。

采用低钙日粮能有效防止产后瘫痪的发生。一般将钙含量由占日粮干物质的0.6%降低到0.2%,因为牛体内的血钙水平受甲状旁腺释放激素的调节。当日粮中钙供应不足时,甲状旁腺分泌增强,奶牛动用骨钙的能力加强,以维持正常血钙水平,而且这种能力也会延续到产后,可以有效地避免由于产后大量泌乳而导致血钙的急剧下降。奶牛分娩后,应采用高钙日粮,钙含量应占日粮干物质的0.8%,可直接弥补钙的缺乏,减少产后瘫痪的发生。

分娩前7~10d一次灌服320g丙烯乙二醇可有效降低体脂肪的分解代谢,减少产后酮病的发生。在分娩前2周和产后最初10天内,每天饲喂6~12g烟酸,可有效降低血酮的含量。

在干奶后期奶牛日粮中添加氯化铵、硫酸铵、硫酸镁、氯化镁、氯化钙、硫酸钙等阴离子盐,可使阴阳离子平衡,有效降低血液和尿液pH,促进分娩后日粮钙的吸收和代谢,提高血钙水平,减少产后瘫痪的发生。由于阴离子矿物质盐的适口性不好,故应将其与精料充分混合饲喂。要给予适量的维生素A、维生素C、维生素E,常年饲喂青贮而很少喂青饲料的牛,更需要补充维生素A。注射硒和维生素E,可以降低母牛产后胎衣不下的发病率。

(2)干奶后期的管理　重点做好奶牛保健工作,预防生殖道和乳腺的感染,减少代谢疾病的发生。做好保胎工作,停止乳房按摩,仔细检查并严密监视奶牛乳房变化。

奶牛在产前7~10d应转入产房，以减少病菌感染，习惯产房环境。产房应清洁干燥、通风良好，预先用2%氢氧化钠溶液喷洒消毒，冲洗干净后铺上清洁干燥的垫草，地面不应光滑，以防母牛滑倒。门口最好设单独的消毒池或消毒间。母牛进入产房前，后躯及四肢应用2%~3%来苏儿溶液洗刷消毒，做好转群记录和移交登记工作，由专人进行护理，随时注意观察奶牛的变化。工作人员进出产房要穿工作服，用消毒液洗手。

天气晴朗时，让牛出产房做自由运动，产前2~3d停止运动。产前1~2d，奶牛食欲降低，要精心调配饲料，精料最好调制成粥料形式，特别要保证充足的饮水。应密切观察临产征状的出现，并提前做好接产和助产准备。

三、高产奶牛饲养管理要点

高产奶牛是指产奶量、乳脂率和乳蛋白率均较高的奶牛，一般指初产牛产奶量在7500kg以上、经产牛在9000kg以上，乳脂率达到3.4%~3.5%，乳蛋白率达到3.0%~3.2%的奶牛。全群平均产奶量在7500kg以上的为高产牛群。

高产奶牛的主要特点是产奶量高，代谢强度大，饲料转化率高，对饲料及外界环境反应敏感。高产奶牛虽然精料喂量大，但营养负平衡仍比较严重，且易患代谢疾病和生殖系统疾病。因此，饲养的重点是尽量降低营养负平衡，保证瘤胃正常的生理功能，维护奶牛健康，保持稳定高产水平。

（一）高产奶牛的饲养

1. 保持日粮营养平衡，严格控制精粗饲料比例

必须严格按照奶牛饲养标准配制高产奶牛饲料配方，保持干物质的采食量、能量、蛋白质、粗纤维、矿物质和多种维生素为营养平衡，保持日粮合理的能量与蛋白比。高产奶牛产后产奶量逐渐提高，如果片面强调蛋白质饲料供应量，而忽视蛋白质与能量的比例，则会由于日粮能量不足，导致蛋白质脱氨氧化供能，其含氮部分则由尿排出，造成蛋白质的浪费。

在粗饲料和精饲料的搭配上，要保持适宜的精、粗饲料比例。高产奶牛需要大量能量以维持较高的产奶量，生产中极易发生饲喂大量精料而导致精粗饲料比例失衡的情况。精料比例过高会导致奶牛消化功能障碍，增加瘤胃角化不全、瘤胃酸中毒、酮病和蹄叶炎的发病率。因此，在整个泌乳期应尽量将精料比例控制在日粮干物质的40%~60%，即使在泌乳盛期，精料比例也不宜超过70%。

对于日产奶量35kg以上的高产奶牛，须喂给高能量的饲料。一般日粮精、粗饲料干物质比例为60:40，产奶净能为1.84~2.29NND/(kg·DM)时，可保证奶牛瘤胃正常发酵、蠕动，具有足够强度的反刍，充分发挥奶牛正常的泌乳功能。当精料比例高于70%、产奶净能高于2.48NND/(kg·DM)时，奶牛会发生消化功能障碍、瘤胃角化不全、瘤胃酸中毒、乳脂率和产奶量下降等现象。

2. 保证供给优质粗饲料

对于高产奶牛，保证优质粗饲料如豆科干草、优质禾本科干草和优质全株玉米青贮的供给比精料的供给更为重要。因为足量的优质粗饲料可以保持瘤胃正常功能，维持微生物活性和区系平衡，维护奶牛健康。粗饲料中大部分为质量中等的羊草、普通玉米青贮或质量较差的秸秆类时，为了维持高产必然需要加大精料比例，大量使用糟渣类和青绿多汁饲料，将导致日粮中粗纤维比例低（一般只有14%～15%），不利于高产奶牛的健康。在我国目前不能广泛使用优质牧草的情况下，应大力推广采用全株玉米青贮，以提高粗饲料品质。

3. 供给过瘤胃蛋白和过瘤胃脂肪

最新研究表明，蛋白质的可溶性和可消化性非常重要。瘤胃微生物每天能提供2.5～3kg蛋白质，如果体内需要的蛋白质超过这个量，则必须由在瘤胃内没有降解的日粮蛋白质通过小肠消化吸收来补充，这些在瘤胃内没有降解的蛋白质被称为过瘤胃蛋白质。

高产奶牛需要大量的过瘤胃蛋白，而我国奶牛蛋白质饲料主要是饼粕类饲料和糟渣类饲料，粗饲料质量又差，很难满足过瘤胃蛋白质的需要。因此，需要在高产奶牛日粮中大量添加过瘤胃蛋白质。目前，应用较多的过瘤胃蛋白质有保护性氨基酸或蛋白质、全脂膨化大豆和整粒棉籽。

高产奶牛对能量的需要量也比中低产奶牛高得多。国外发达国家高产奶牛的能量饲料以压扁或简单破碎的高水分玉米和大麦为主，加上全脂大豆和整粒棉籽中含有大量的油脂，粗饲料多为优质干草或牧草，虽然仍不能满足泌乳盛期能量的需要，但可有效降低能量负平衡的程度，保证高产奶牛泌乳潜力的发挥，同时不影响奶牛健康。而我国奶牛的能量饲料以玉米粉、次粉与麸皮为主，粗饲料品质较差，根本无法满足高产奶牛对能量的需要。泌乳盛期能量负平衡非常严重，极大地影响了奶牛健康、产奶量甚至下一个泌乳期的产奶量。因此，需要在日粮中添加一定量的油脂以提高日粮能量浓度，减轻高产奶牛的能量负平衡。常用的油脂有植物油、保护性过瘤胃脂肪酸（脂肪酸钙、棕榈酸钙等）、全脂膨化大豆、整粒棉籽及菜籽等，由于添加油脂会影响奶牛瘤胃微生物的发酵活力，因此，添加量不宜过高。试验表明，日粮中添加2%～3%的保护性脂肪不会影响瘤胃微生物的发酵。

生产中禁止使用动物性过瘤胃蛋白质和动物性油脂。

4. 满足矿物质和维生素的需要

高产奶牛对矿物质和维生素的需要量也比中低产奶牛高得多，仅通过精料和粗饲料很难满足需要，必须在日粮中额外添加适量的矿物质和维生素。添加量要以饲养标准为依据，同时结合当地的实际情况以及环境条件确定。我国有一些地区为硒、硫、铜和锌等元素缺乏地区，配制饲料时应注意在饲养标准的基础上再提高这些元素的添加量。

在高产奶牛日粮中添加较高的硫酸钠（0.8%），可提高产奶量和饲料利用率。

高温季节增加日粮中氯化钾的添加量,可有效缓解热应激对高产奶牛造成的影响。

高产奶牛患生殖疾病的可能增大,提高日粮中维生素 E 和维生素 A 的添加量有助于降低发病率。日粮中一般不需要额外添加胡萝卜素,但在高产奶牛分娩前 30d 和分娩后 92d,在日粮中添加 7g 胡萝卜素制剂可使整个泌乳期产奶量提高 200kg 左右。

5. 加强干奶期的饲养

为了充分补偿前一个泌乳期的营养消耗,贮备充足营养以供奶牛分娩后产奶量迅速增加的需要,使瘤胃微生物区系在产犊前得以调整,适应高精料日粮,干奶后期要增加精料喂量,以保证泌乳期奶牛有充足的能量,防止泌乳高峰期内过多分解体脂肪,发生代谢疾病而影响发育和健康。

6. 保持旺盛的食欲

高产奶牛采食量大,要保证饲料具有一定的适口性,可以适当喂给糖蜜等甜味饲料。粗饲料让牛自由采食,精饲料日喂 3 次。产犊后精料增加不宜过快,否则容易影响食欲,每天增加量以 0.5 ~1.0kg 为宜,精饲料每天喂量不宜超过 15kg。

7. 使用非常规饲料添加剂

(1)缓冲剂　高产奶牛在整个泌乳期内都需要较大的精饲料采食量,因此需要在日粮中始终添加适量的碳酸氢钠、氧化镁等缓冲剂,以提高高产奶牛的采食量、产乳量和牛乳质量,维护奶牛健康,减少瘤胃酸中毒的发生,调节和改善瘤胃微生物发酵效果。碳酸氢钠喂量一般占混合精料的 1.5%,氧化镁喂量占混合精料的 0.6% ~0.8%。

(2)抗应激剂　应激是指奶牛对运输、预防免疫、高温、潮湿、寒冷、产犊、泌乳等条件因素做出的一种生理反应。高产奶牛对于高温、寒冷、分娩和泌乳等应激比较敏感,因此,在发生上述情况前提高日粮中具有抗应激作用的微量元素锰、铁、铜、锌、碘、钴的含量,当比正常水平增加约 1 倍时,可有效增强高产奶牛的抗应激能力。近几年的研究发现,有机铬(吡啶羧酸铬)对高产奶牛具有良好的抗应激作用,还能改善能量代谢,提高对锰、铁、铜、锌的利用率,激活多种酶的活性,适宜的添加浓度为每千克含铬 0.2mg。

(3)其他

①丙二醇类:在高产奶牛日粮中添加或直接灌服丙二醇类物质,可以有效减少和预防酮病的发生。此类物质主要有丙二醇、乙烯丙二醇、异丙二醇等。

②异位酸类:在高产奶牛精料中添加 1% 的异位酸类添加剂,可显著提高产奶量,同时有提高乳脂率和饲料转化效率的作用。此类物质主要包括异戊酸、异丁酸和异己酸等。

③沸石:在奶牛精料中添加 4% ~5% 的沸石,可提高产奶量 8% 左右。

④稀土:添加稀土可提高产奶量 10% 以上,同时使乳脂率有所提高。稀土的有效添加量为每千克精饲料添加 40 ~45mg。

(二)高产奶牛的管理

高产奶牛新陈代谢特别旺盛,饲料采食量大,患病率高。因此,在普通奶牛管理的基础上,还应重点注意以下事项。

1. 适当延长干奶期

高产奶牛为了维持高产,在泌乳阶段必须采食大量精料,这就使瘤胃代谢长期处于紧张状态。如果在干奶期内不能有效缓解这种紧张状态,瘤胃功能就不能恢复正常,将严重影响下一个泌乳期的产奶量和奶牛健康。近几年,随着人们对高产奶牛生理研究的深入,并通过饲养实践,认为将高产奶牛的干奶期延长到60d左右,可以使瘤胃有充足的时间恢复正常功能,有利于下一个泌乳期的高产和奶牛健康。

2. 适当延长挤奶时间

高产奶牛的日产奶量比中低产牛高30%~50%,泌乳所需要的时间较长。因此,机械挤奶时应适当延长挤奶时间,手工挤奶时可采用双人挤奶,保证充足的挤奶时间,有效提高产奶量。

3. 保证充足的采食时间

高产奶牛采食量特别大,吃足定量饲料每天至少要有8h的采食时间。采用传统饲养方法,高产奶牛采食时间一般不够,导致干物质采食量不足,影响奶牛健康和泌乳潜力的发挥。因此,对于高产奶牛应延长饲喂时间,增加饲喂次数,以利于高产奶牛瘤胃的健康。一般要求高产奶牛每天自由采食日粮的时间不少于20h,每天饲喂5~6次。

4. 加强发情观察,适当推迟产后配种时间

高产奶牛在泌乳盛期的发情表现往往不明显,必须密切注意观察,以免错过发情期,延误配种。

与中低产奶牛相比,高产奶牛的繁殖性能较低,产后配种的受胎率较低,产后适当延迟配种,可有效提高受胎率,避免多次配种造成的生殖道感染。适宜的初次配种时间为产后60d左右。延迟配种虽然会延长产犊间隔,但有利于提高整个利用年限内的总产奶量。

5. 保证充足的饮水

高产奶牛需水量非常大,一头日产奶50kg、采食25kg干物质的奶牛每天需要45kg水来补充泌乳消耗的水分,需要75~125kg水来代谢饲料。奶牛每天水的基础需要就高达120~170kg,炎热天气时需水量更多。因此,必须保证充足的饮水,否则会严重影响干物质采食量和产奶量。有条件的牛场最好安装自动饮水器,不具备条件的牛场,每天饮水要在5次以上。同时,在运动场设置饮水槽,自由饮用,并及时更换。

6. 控制日粮水分含量

虽然高产奶牛要保证充足的饮水,但日粮中的水分含量也不能太高。如果饲

料水分太高,会降低总干物质的摄入量。饲喂高水分(水分大于50%)青贮料或多汁饲料时,水分每增加1%,将降低干物质摄入量达奶牛体重的0.02%。因为水分大的饲料发酵所需时间长,瘤胃排空速度慢。但是,日粮水分也不是越低越好。日粮水分过低会使适口性变差,同样影响采食量。应尽量控制日粮总干物质含量在50%~75%之间。

7. 保证优质青粗饲料供应

奶牛发挥高产潜力的关键是摄入足量的高质量青粗饲料。高质量的青粗饲料包括全株玉米青贮、早期刈割的黑麦草、苜蓿鲜草或干草,以及粗纤维含量低的其他优质牧草。每头成年奶牛每年约需相当于4500kg干草的优质青粗饲料。优质青粗饲料如果供应不足或不稳定,将会严重限制高产奶牛泌乳潜力的发挥。如果用精饲料代替优质青粗饲料,短期内虽然效果很好,但对奶牛的健康影响很大,会导致瘤胃酸中毒、奶牛利用年限缩短等严重后果。因此,必须建立稳定、可靠的优质青粗饲料供应体系,保证青粗饲料全年稳定、均衡供应。

8. 合理贮存青粗饲料

青粗饲料必须在适宜的条件下进行贮存。如果以干草形式贮存,必须早期刈割,采取快速烘干或晾干,使水分降到15%以下再贮存到阴凉、干燥的地方。干草水分过高一方面会使干草品质快速下降,另一方面也容易引起发霉。在多雨季节或其他因素使干草晾制困难时,可以采用塑料包裹半干青贮法制成青贮饲料保存,效果良好。

9. 细致分群

高产奶牛各个时期的产奶量差异很大,对日粮营养的需求变化也很大。如果采用混群饲养,很难做到根据产奶量调整饲料喂量和日粮营养浓度,结果要么处于泌乳盛期和中期的奶牛采食不足,要么处于泌乳后期和其他时期的奶牛采食过多,导致牛群中奶牛体况过瘦或过肥。因此,要细致进行高产奶牛分群。应先将泌乳牛、干乳牛和围产牛分群,再根据产奶量的高低和泌乳期的不同阶段将泌乳牛分群,根据体况将干乳牛、围产牛分群。初产牛比经产牛多需要10%~15%的时间采食,因此,还应把初产牛与经产牛分开。

10. 注意防暑降温和防寒保暖

高产奶牛比中低产奶牛对气候的变化表现更敏感。因此,夏季要做好防暑降温工作,可以采用在牛舍安装喷雾装置,结合纵向正压通风,降低温度,减轻奶牛的热应激,同时提供足量的清洁饮水;冬季要做好防寒保暖工作,特别要避免寒风直接吹袭乳房,以保证奶牛的稳定高产。

四、夏季奶牛饲养管理要点

奶牛具有耐寒不耐热的特点。夏季外界气温在30℃以上的环境下,奶牛表现出呼吸加快、体温升高、散热量减少、食欲下降、产奶量降低、生理代谢紊乱,给生产带来巨大损失。研究表明,当气温从25.9℃上升到28.6℃时,奶牛标准奶产量下降25.4%。

从营养的角度看,采取以下措施对预防热应激具有良好的效果。

1. 饮用冷水

冷水与体液之间存在温差,饮冷水可传导散热,减少机体热负担。炎热的夏季可以直接给奶牛饮用从深水井或自来水管道刚取出来的水,每天饮凉水3~4次。

2. 合理搭配日粮

夏季由于高温作用,奶牛采食量减少。为保证奶牛食入足够的营养物质,必须改变日粮结构,提高奶牛日粮中能量和蛋白质水平,提高幅度一般为10%~12%。高产奶牛日粮中干物质结构比例为精料: 粗料: 糟粕类=60: 30: 10。若粗饲料均为优质干草时,日粮结构也可改为精: 粗=60:40。

3. 补充瘤胃缓冲剂

夏季奶牛食欲下降,补充碳酸氢钠、氧化镁等瘤胃缓冲剂,可保持瘤胃及肠道内容物和体液中氢离子的正常浓度,改善瘤胃发酵环境,防止酸中毒,提高采食量和产奶量。

4. 补充脂肪

脂肪饲料能量浓度大,热增耗少,对缓解热应激效果较好。可供选择的过瘤胃脂肪来源包括整粒大豆、整粒棉籽、脂肪酸钙、氢化油脂等。目前国外普遍使用脂肪酸钙,但因其价格较高,在我国使用并不普遍。

5. 补充钾

夏季高产奶牛日粮中精料比例高于干物质的60%时,奶牛极易缺钾,因此生产中必须注意补充。据报道,日粮中添加0.3%的氯化钾,可使产奶量提高8.2%。添加适量的钾,还可以有效地缓解热应激对高产奶牛造成的影响。

6. 补充有机铬

高温季节奶牛日粮中补充有机铬能提高奶牛采食量和产奶量,改善料奶转化率,缓解奶牛热应激。在每千克精料中加入30μg的吡啶羧酸铬,产奶量可提高16.1%,料奶转化率提高2.5%。

思考与练习

1. 试述犊牛从出生到断奶阶段的饲养管理措施。

2. 试述育成牛在配种前的饲养管理要点。

3. 奶牛为什么干奶？如何确定干奶期？怎样快速干奶？干奶牛有什么饲养管理要求？

4. 某牛于2012年7月18日最后一次配种,试确定该牛的干奶时间。

5. 结合生产实际,谈谈如何提高奶牛泌乳盛期的产奶量。

6. 什么是全混合日粮？在我国目前情况下，如何合理应用全混合日粮饲养技术？

知识链接

一、牛羊消化生理

(一) 采食特性

1. 采食特点

牛羊采食速度快，食物不经充分咀嚼而只是将其与唾液混合成食团后便匆匆咽下，经过一定时间后，食入的食物被逆呕进入口腔进行咀嚼。当喂给整粒谷物时，未被咀嚼的谷粒密度大而沉于瘤胃底部，并进入第三、第四胃，常常不能被反刍。皱胃和小肠对未嚼碎的饲料不能完全消化，造成饲料浪费。

牛羊喜食青绿饲料、精料和多汁饲料，其次是优质青干草、低水分青贮饲料，最不喜秸秆类粗饲料。放牧的牛羊能够根据牧草的外观和气味，识别不同的植物，喜欢采食含蛋白质多、粗纤维少的豆科牧草。对于青嫩牧草，采食时间长而反刍时间短；对于青干草等粗纤维含量高的饲料，采食时间短而反刍时间长。在牛羊混放的草场上，牛善于食用较高大的牧草，而羊则食用牛不能食用的低矮小草。在半荒漠地区牧场上，牛不能很好利用或完全不能利用的植物占 66%，而绵羊和山羊仅为 38%。牛羊除白天采食外，夜间还需要一定的采食量。因此，无论采用舍饲还是放牧，牛羊晚上必须加喂草料，对于高产和肥育期的牛羊更为重要。

2. 采食时间

牛食入的食物转移较慢，需 2 ~ 7d 才能完成一个消化过程。因此，每昼夜饲喂的次数不宜多，以 2 ~ 3 次为宜。但每次喂量要充足，使牛一气吃饱。牛每次采食一般不到 2h 就能吃饱，全天采食需 5 ~ 6h。对于秸秆类粗饲料，则采食时间延长，约需 8h。羊的嘴尖长，口唇灵活，门齿锋利，采食速度快，2h 就能吃饱，吃饱后就地趴卧休息反刍。

3. 采食量

牛的采食量与体重密切相关，6 月龄犊牛采食量为其体重的 3%，12 月龄时降至 2.8%，500kg 体重时则为 2.3%。此外，饲料的形态、精粗料比例、日粮营养浓度高低、环境气候的变化都会对牛的采食量产生影响。

(二) 消化特点

1. 牛羊的消化器官

牛羊的胃是由瘤胃、网胃、瓣胃及皱胃 4 个胃室组成的复胃。前 3 个胃室称为前胃，没有胃腺，不分泌胃液；只有皱胃有胃腺，能分泌胃液，所以被称为真胃。出生时，瘤胃和网胃不发达，容积只有皱胃的1/2左右。犊牛吃入的乳汁直接通过食管沟进入皱胃被消化。随着犊牛的生长，瘤胃和网胃迅速发育，而皱胃生长相对缓慢。牛在3月龄时，瘤胃和网胃的容积比出生时约增加4倍，是皱胃的2倍，到了4月龄时已接近成年牛比例，到6月龄时大小是皱胃的4倍，而成年时则达到7倍。成年牛4个胃总容积大约有100L，其中瘤胃占80%、网胃占5%、瓣胃占7%、皱胃占8%。

牛胃的发育受饲养方式的影响较大。如果提前给犊牛补饲植物性饲料，则可以促进瘤胃的发育，使小牛提前具备成年牛的消化能力。

瘤胃是牛羊的主要消化器官，虽然没有胃腺，不分泌消化液，但胃壁有较强的纵形肌肉环，能有力地收缩与松弛，以搅拌内存食物，并利用胃黏膜上突起的许多乳头对食物进行揉磨。同时，瘤胃内有大量的细菌和纤毛虫等微生物，是发酵饲料的主要场所。牛羊所采食的饲料，有70%～80%的干物质、50%以上的粗纤维在瘤胃内消化。可见，牛羊胃内的消化主要是在瘤胃内进行。瘤胃中不同的微生物可消化不同的食物，在变换饲料时，瘤胃内微生物也需要随之进行相适应的改变。因此，变换饲料时应逐渐进行，使瘤胃内微生物数量和质量有一个调整适应过程，以利于正常消化。

牛的肠道较长，为体高的20倍。小肠长35～40m，大肠长8～9m。羊的肠道长35m左右，是其体长的25～30倍。

2. 牛羊特殊的消化生理现象

(1)反刍　牛羊通过瘤胃—网胃逆呕，把吞下的草料返回到口腔中进行细致咀嚼，形成食团，混入唾液后再吞咽，这一特有的生理活动称为反刍。牛在采食后静卧休息时开始反刍，一般每昼夜反刍6～12次，每次持续40～50min，每天需要反刍6～8h，晚上反刍时间较白天多，约占2/3。羊每昼夜反刍4～8次，每次40～70min。反刍时间的长短取决于饲料的组成，饲喂粗饲料多时反刍时间长，唾液分泌多；反之，饲喂精饲料多时，反刍时间短，唾液分泌少。牛通过反刍将大量的饲草变细、变软，从而较好地把食物运送到后面的消化道，便于牛采食更多的饲草。牛羊在反刍过程中，能将前胃微生物发酵所产生的甲烷、二氧化碳等气体，连同逆呕的食物一起逆向口腔，这种气体排出体外的活动称为嗳气。

反刍时有大量唾液混入食团，唾液有两种作用：一是促进食糜形成，有利于食物消化；二是对瘤胃发酵有较大调控作用。唾液中含有大量盐类，特别是碳酸氢钠和磷酸氢钠，起着缓冲剂的作用，使瘤胃的pH稳定在6～7之间，为瘤胃发酵创造良好条件。同时，唾液中含有大量内源性尿素，对提高氮素利用率起重要作用。每头牛每天的唾液分泌量为100～200L。

(2)唾液分泌　唾液pH为8.1，呈碱性，可中和瘤胃微生物发酵产生的有机酸，维持胃内稳定的pH。为适应消化粗饲料的需要，牛分泌大量富含缓冲盐类的腮腺唾液。唾液中含有黏蛋白、尿素及无机盐等，能维持瘤胃内环境稳定，浸泡软化粗饲料,对维持氮素循环起着重要的作用。

(3)瘤胃发酵及嗳气　瘤胃、网胃中寄生着大量的细菌和纤毛虫。这些微生物不断对进入瘤胃中的饲料营养物质进行发酵,产生挥发性脂肪酸及二氧化碳、甲烷、硫化氢、氨气、一氧化碳等气体。只有不断通过嗳气动作将这些气体排出体外,才能防止瘤胃胀气。当牛采食大量带露水的豆科牧草和富含淀粉的根茎类饲料时,瘤胃发酵作用迅速加强,产生大量气体而来不及嗳出时,会发生瘤胃胀气。发生瘤胃胀气的牛,需要立即采取机械放气和灌药止酵等措施,否则会引起窒息死亡。

(4)食管沟反射　食管沟始于贲门,延伸至网—瓣胃口,是食管的延续,收缩时形成管或沟,使食物穿过瘤胃和网胃,直接进入瓣胃。哺乳期的犊牛,食管沟可以通过吸吮乳汁而闭合,称食管沟反射。乳汁通过食管沟直接进入瓣胃和皱胃,防止进入瘤胃和网胃而引起细菌发酵及消化道疾病。用桶饮乳时,犊牛食管沟闭合不完全,一部分乳进入瘤胃,在瘤胃发酵腐败而引起疾病。

犊牛初生时,瘤胃和网胃发育较差,功能还不完善,微生物区系还未建立,消化主要靠皱胃和小肠。出生后瘤胃容积逐渐增大,到4月龄时已建立起较为完善的微生物区系,具有一定的发酵能力。生产中可通过早补干草、适量给予精料以及接种瘤胃微生物等办法,促使瘤胃及早发育并建立发酵功能。

3. 瘤胃微生物组成

瘤胃中有60多种细菌和纤毛虫,细菌绝大部分属厌氧菌。每毫升胃液中有细菌400亿~500亿个,纤毛虫20万~200万个。

(1)纤维分解菌　纤维分解菌是牛羊赖以生存的重要细菌,可将低劣的粗饲料分解利用,这是与单胃动物最根本的区别。纤维分解菌的基本要求是厌氧条件,溶液温度为39°C,pH在6.2以上。这类细菌对酸度很敏感,pH低于6.2时,其生长就会受到抑制。纤维分解菌发酵时产生大量乙酸,乙酸对形成乳脂十分重要,所以,奶牛日粮以粗饲料为主时乳脂率较高。

(2)淀粉分解菌　淀粉分解菌对酸度不敏感,在pH 5.5和7时同样起作用,可分解淀粉形成挥发性脂肪酸,瘤胃中约有90%的淀粉被分解。淀粉分解菌中有一类可分解淀粉形成乳酸,而其他几类则将淀粉先分解成乳酸再形成丙酸。日粮中精料突然增加时,分解乳酸的细菌数量不能随之增加,使乳酸积聚,牛吸收后发生酸中毒。淀粉发酵产生的丙酸,可降低乳脂率。但对肉牛来说,以丙酸为主产物的发酵,产生的甲烷少,能量利用率较高。日粮中有大量谷物(如玉米)时,瘤胃pH下降,原因是精料采食和反刍时间大大缩短,唾液分泌量减少。

日粮以粗饲料为主时,瘤胃纤维分解菌为优势菌;日粮以精饲料为主时,淀粉分解菌为优势菌。当日粮中粗饲料、精饲料各占一半(以干物质计)时,瘤胃中没有优势菌存在,消化率降低。生产中,若肉牛在一段时间内生长缓慢,与此有直接关系。因此,肉牛育肥后期,精料量须达到80%以上。

(3)蛋白质分解菌　蛋白质分解菌能降解饲料蛋白质,为其他细菌提供营养物质。饲料蛋白质降解率各不相同,可溶性蛋白质、氨基酸、多肽等很快被降解为氨,难溶的蛋白质和含高蛋白质的颗粒降解速度则慢。例如,酪蛋白降解率最高,鱼粉中蛋白降解率最低,干血粉几乎不降解。

(4)纤毛虫　瘤胃内大多数纤毛虫对淀粉和植物中的果胶具有分解作用。半纤维素等糖类被分解产生乙酸、丁酸、乳酸、丙酸、二氧化碳等。另外,纤毛虫具有水解脂类不饱和脂肪酸、降解蛋白质等能力,并能促使挥发性脂肪酸的产生。纤毛虫体蛋白质的生理价值与菌体蛋白相同,但消化率比菌体蛋白高。纤毛虫下行至皱胃、小肠,因生态环境改变而死亡后被机体分解吸收。纤毛虫的负面作用是吞食大量细菌和真菌,从而降低了纤维物质的消化率和利用率。所以有人认为应限制其数量,但在添加了纤毛虫抑制剂后,生产性能并未提高,甚至下降。说明纤毛虫与细菌是共生关系,相互制约,维持瘤胃内的微生态平衡。

瘤胃内微生物中还有厌氧真菌,有分解纤维素的作用。

二、牛羊常用饲料

(一)青粗饲料

青粗饲料是指粗纤维含量高的饲料,按干物质计,粗纤维含量在18%以上。粗饲料包括干草、青稞作物、稻草、半干青贮、青贮饲料、大麦皮、玉米秸秆和粗糠等。

青粗饲料具有维持瘤胃功能和消化的作用;促进瘤胃内微生物生长,提高产奶量和乳脂率;增加反刍动物的反刍次数,以维持瘤胃内适当的酸度;利用成本低,是低廉的营养素来源。粗饲料中的纤维素具有防止奶牛发生消化障碍、提高饲料效率、合成乳脂肪等作用。因此,为维持奶牛正常瘤胃功能,日粮中需要一定数量和质量的粗纤维。

泌乳期奶牛通过粗饲料摄取的干物质占40% ~60%,而干奶牛和育成牛则通过粗饲料摄取80%以上的干物质。劣质的粗饲料难以维持奶牛的体重需要,优质的粗饲料不仅能维持奶牛的体重需要,而且可以满足产奶20kg的营养需要。

1. 苜蓿

苜蓿营养价值高,鲜草中含粗蛋白质4%,优质干草含20% ~22%。据测定,苜蓿干物质中赖氨酸含量为1.05% ~1.38%,16kg苜蓿干草能量相当于1kg粮食的能量。按能量和蛋白质综合效能,1.2kg苜蓿干草可代替1kg粮食。苜蓿产量高,每公顷可产鲜草45 ~60t,属多年生长,长达6 ~7年,每年刈割2 ~3次。一般2 ~4年生长最茂盛,5年后生产力逐渐下降。饲用畜禽能显著提高生产性能。

苜蓿的利用以刈割青饲为主,在草量丰富时,可晒制干草以备乏草期饲用。幼嫩苜蓿是猪、禽和幼畜最好的蛋白质、维生素补充饲料,反刍家畜则应适量,饲喂过多会引起瘤胃臌气病。苜蓿最好在初花期刈割,作青饲料宜早,制干草可在盛花期刈割。青饲时，每天每头喂量为奶牛 25 ~ 40kg，成年羊不超过 7kg；干草喂量为奶牛每头每天 15 ~ 20kg。

2. 青贮玉米

青贮玉米产量高，品质好。每 667m² 青贮玉米能产青绿茎叶 5000kg，最高可达 10000kg。适期收割的青贮玉米，粗蛋白质含量高达 3.45%，且含有丰富的糖类物质，牛、羊、兔均喜食。用于青贮的玉米适宜在乳熟末期至蜡熟前期收割，即在玉米籽粒稍变硬时收割。过早收割不利于高产，晚收割则影响青贮质量。由于青贮玉米粗蛋白和糖类含量均高于普通玉米秸秆，全株乳熟期青贮可提高奶牛的乳脂率和产奶量。

(1)青贮玉米制作方法　青贮前将收割的玉米稍加晾晒，连秆带穗用铡草机铡短，装入准备好的青贮窖内，边装填，边压实，直至装满，然后用塑料布把青贮窖密封，保证不漏气。经过 40d 左右发酵即可开窖饲喂。奶牛每天喂 15 ~ 25kg，肉牛每天喂 10 ~ 15kg。

(2)制作青贮玉米的最佳含水量　全株玉米含水量在 65% ~ 70% 时制作的青贮玉米质量最佳，而且非常适合长期保存。如果收割时全株玉米的含水量在 70% 以上，由于汁液流失则易造成养分的损失，增加青贮玉米的酸度，造成奶牛干物质采食量下降。

(3)青贮玉米的营养价值　干物质含量在 30% ~ 40%，粗蛋白含量大于 7.0%，淀粉含量大于 28%，中性洗涤纤维含量小于 45%，酸性洗涤纤维含量小于 22%，木质素含量小于 3.0%。果穗一般含有较高的营养物质，选用多果穗玉米可以有效地提高青贮玉米的质量。

(4)饲喂青贮玉米的注意事项　4 ~ 6 个月龄以前的犊牛，不能饲喂青贮玉米饲料；干奶期奶牛，青贮玉米饲料喂量限制在 16 ~ 18kg；将青贮玉米饲料和豆科牧草以干物质计算，按 5:5 比例混合供给奶牛，可达到最佳的饲养效果。

3. 羊草

羊草在寒冷、干燥地区生长良好，我国适宜于东北和华北地区种植。羊草春季返青早，秋季枯黄晚，能在较长的时间内提供较多的青饲料。

(1)利用价值　羊草叶量多、营养丰富、适口性好。花期前羊草粗蛋白质含量一般占干物质的 11% 以上，分蘖期高达 18.53%，且矿物质、胡萝卜素含量丰富。每千克干物质中含胡萝卜素 49.5 ~ 85.87mg。羊草调制成干草后，粗蛋白质含量仍能保持在 10% 左右，且气味芳香、适口性好、耐贮藏。

(2)利用方法　羊草可放牧利用、青饲和青贮，主要供调制干草用。调制干草的方法：在孕穗至开花初期、根部养分蓄积量较多的时期刈割。割后晾晒 1d，先堆成松疏的小堆，使羊草慢慢阴干，待含水量降至 16% 左右，即可集成大堆，准备运回贮藏。绿色的羊草干草，每头奶牛日喂量可达 15 ~ 20kg。切短饲喂或整株饲喂效果均好。羊草干草也可制成草粉或草颗粒、草块、草砖、草饼，供作商品饲草。

4. 秸秆

秸秆粗纤维含量高，为25%～30%。消化率低，稻草为48%，豆秕壳为36%，大豆秸为21%，稻草为16%，花生壳为12%。蛋白质含量低，禾本科秸秆、秕壳为3%～5%。含钙量高，干甘薯蔓含钙量达2%以上，豆科秸秆、秕壳1.5%左右，禾本科秸秆0.2%～0.4%。含磷量低，各种秸秆多为0.1%以下。含钾量较高。属碱性饲料，适合喂牛。

5. 青干草

经收割、干燥和贮存，含干物质85%～90%的禾本科、豆科牧草及谷类作物。优质干草呈绿色，多叶、柔韧、适口性好，含较丰富的粗蛋白质、胡萝卜素、维生素D、维生素E及矿物质。豆科青干草粗蛋白质含量为14%～21%，禾本科为8%～11%。各类干草的消化能约为9623kJ/kg。

青干草对牛具有重要的营养作用，犊牛早期喂干草能促进瘤胃发育并防止贫血；高产奶牛喂干草不足时，酮病与皱胃变位的发病率增加，同时乳脂率下降。不同时期青干草营养价值有明显差异，初夏时蛋白质的生物学价值为70%～80%，秋季为60%～65%。青草期营养价值比枯草期高3～6倍，胡萝卜素高15～200倍。不同阶段刈割的青草消化率也有很大差异，孕穗到籽实成熟期，所含各种营养物质的消化率逐渐下降。

6. 多汁饲料

多汁饲料水分含量高，在自然状态下一般含量为75%～95%，具有轻泻与调养作用，对泌乳母牛还有催乳作用；干物质中富含淀粉和糖类，有利于乳糖和乳脂的形成，纤维素含量少，一般不超过10%，且不含木质素；粗蛋白质含量少，只有1%～2%，以薯类含量最少。在含氮化合物中，氨化物占一半。蛋白质含赖氨酸、色氨酸较多；钙、磷、钠含量低，而钾含量丰富；维生素含量因种类不同而差异很大；适口性好，能刺激牛羊食欲，有机物质消化率高；产量高，生长期短，生产成本低，但因含水量高，运输较困难，不易保存。

（1）甜菜　甜菜是奶牛的优良多汁饲料，根据甜菜中干物质含量的不同，可分为饲用甜菜和糖用甜菜两种。饲用甜菜中干物质含量较少，一般只有12%左右，总营养价值不高。糖用甜菜中干物质含量较多，而且富含糖分。甜菜叶中还含有大量草酸，不利于牛消化吸收饲料中的钙，所以需在每100kg鲜叶中补加125g磷酸钙，以中和草酸。最好与其他饲草饲料混喂，以防腹泻。

（2）胡萝卜　胡萝卜含有较多的糖分和大量的胡萝卜素（每千克含100～200mg），适口性强，具有调养作用，是牛羊维生素的最好来源，对生长和泌乳都具有良好的作用。胡萝卜一般采取生喂，但必须洗净切碎后再喂。

（3）甘薯　甘薯干物质含量约为30%，主要为淀粉和糖类，营养价值较高。红色或黄色的甘薯含有大量胡萝卜素（每千克含60～120mg），缺乏磷和钙。甘薯味甜美，适口性好，容易消化。喂牛前要将甘薯藤蔓铡短，喂量根据牛的粪便变化情况进行调整。牛过量饲喂时易拉稀便,产奶量降低。也可将甘薯蔓调成青贮饲料,冬春季节饲用。禁用黑斑病甘薯喂牛,以防中毒。

(二)精饲料

精饲料中可消化营养物质含量高,粗纤维含量少,体积小,是牛羊主要的能量和蛋白质饲料。

1. 玉米

玉米是禾本科籽实中淀粉含量较高的饲料,70% 为无氮浸出物,几乎全是淀粉。粗纤维含量极少,易被消化,有机物质消化率达 90% 。玉米的蛋白质含量较低,而且主要由生物学价值较低的玉米蛋白和谷蛋白构成。胡萝卜素含量也低。玉米是牛、羊、兔等草食动物的良好能量补充饲料。此外,黄玉米的色素为牛、羊奶油色素的重要来源。玉米用作牛、羊饲料时不应粉碎过细,宜磨碎或破碎。

2. 大麦

大麦蛋白质含量略高于玉米,品质也较玉米好,粗纤维含量为 5.2% ,但脂肪含量较低,所以总营养价值较玉米低。大麦含较多的粗纤维,质地疏松,用以喂奶牛能得到品质优良的牛奶和黄油。大麦是牛、羊、兔等草食动物的良好能量饲料。饲用时不应粉碎,宜压扁或磨碎。

3. 高粱

高粱营养价值稍低于玉米,无氮浸出物为 68% ,其中主要是淀粉。蛋白质含量稍高于玉米,但品质较差。粗纤维和脂肪含量比玉米低,具有与玉米相似的缺陷。高粱含有鞣酸,所以适口性较玉米差,且易引起牛便秘。

4. 小麦

小麦的粗蛋白质含量居谷实类之首,一般达 12% 以上,但必需氨基酸尤其是赖氨酸不足,因而小麦蛋白质品质较差。无氮浸出物多,可达干物质的 75% 以上。粗脂肪含量低(约 1.7%),这是小麦能值低于玉米的主要原因。小麦是牛、羊的良好能量饲料,但饲料中用量不能过多,应控制在 50% 以下,否则易引起瘤胃酸中毒。饲用前应破碎或压扁。

5. 燕麦

燕麦所含稃壳的比例较高,因而其粗纤维含量在 10% 以上,有效能明显低于玉米等谷实类。淀粉含量不足 60% ;蛋白质含量在 10% 左右,且品质较差;粗脂肪含量在 4.5% 以上,且不饱和脂肪酸含量高。燕麦是牛、羊等的良好能量饲料,适口性好,饲用价值较高。饲用前可磨碎,甚至可整粒饲喂。

6. 糠麸类

包括米糠、麸皮、玉米皮等。无氮浸出物含量比籽实少,为 40% ~62% 。粗蛋白质含量为 10% ~15% ,居豆科籽实与禾本科籽实之间。粗纤维占 10% 左右,比籽实稍高。米糠中含有较多的脂肪,可达 12.7% 左右。麸皮的营养价值随出粉率的高低而变化,出粉率越高,营养价值越低。麸皮粗纤维含量高,质地疏松,容积大,具有轻泻性,是母牛产前及产后的良好饲料。泌乳母牛由高产转低产时,日粮中精料的比例降低,可增加麸皮喂量,有利于牛的健康,是较理想的调养性饲料。

7. 大豆

大豆富含蛋白质(约36.2%)、脂肪(达16%),无氮浸出物含量也较高,所以含能量较高。大豆因含有丰富的具有完全价值的蛋白质,是牛生长发育和泌乳的最好的蛋白质饲料。大豆蛋白质中含蛋氨酸、色氨酸、胱氨酸较少,最好与禾本科籽实混合饲喂。

牛饲料中可使用生大豆,但不宜超过精料的50%,且需配合胡萝卜素含量高的粗料使用,否则会降低维生素A的利用率,造成牛乳中维生素A含量剧减。肉牛饲料中使用过高会影响采食量,且有软脂倾向。全脂大豆适口性高于生大豆,并具有较低的瘤胃蛋白质降解率。大豆熟喂效果最好,能增加适口性和提高蛋白质的消化利用率。生大豆不宜与尿素同用。

8. 大豆饼粕

大豆饼粕是以大豆为原料提取油脂后的副产物。由于制油工艺不同,通常将压榨法取油后的产品称为大豆饼,而将浸出法取油后的产品称为大豆粕。大豆饼粕粗蛋白质含量高,一般在40%~50%之间,氨基酸含量高,组成合理。粗纤维含量较低,主要来自大豆皮。色泽佳、风味好,加工适当的大豆饼粕仅含微量抗营养因子,不易变质,使用上无用量限制。

大豆粕和大豆饼相比,具有较低的脂肪含量,而蛋白质含量较高,且质量较稳定。大豆在加工过程中,先经去皮而加工获得的粕称去皮大豆粕。近年来,该产品有所增加,与大豆粕相比,去皮大豆粕粗纤维含量低,一般在3.3%以下,蛋白质含量为48%~50%,营养价值较高。

大豆饼粕是奶牛、肉牛的优质蛋白质原料,各阶段牛饲料中均可使用,适口性好,长期饲喂也不会厌食。采食过多会有软便现象,但不会下痢。牛可有效利用未经加热处理的大豆饼粕,含油脂较多的豆饼对奶牛有催乳效果,在人工代乳料和开食料中应加以限制。羊等动物也可使用,效果优于生大豆。目前,我国大豆饼粕用于饲喂牛羊的量逐渐下降,代之以非蛋白氮饲料和其他粗纤维含量高而价格低的饼粕类。

9. 棉籽饼粕

棉籽饼粕是棉籽经脱壳提取油脂后的副产品,因脱壳程度不同,通常又将去壳的称为棉仁饼粕。不去壳棉籽饼粕粗蛋白含量20%左右,粗纤维含量20%以上,氨基酸不平衡,胆碱含量高。棉籽粕中含有棉酚,一般棉籽粕中游离棉酚含量为0.08%~0.12%,棉酚含量在40mg/kg以下饲喂才安全。牛羊对棉酚耐受能力强,不易发生中毒问题,是反刍家畜良好的蛋白质来源。奶牛饲料中添加适当棉籽饼粕可提高乳脂率,但用量超过精料的50%则影响适口性,同时乳脂变硬。棉籽饼粕属便秘性饲料原料,需搭配芝麻饼粕等软便性饲料原料使用,一般用量以占精料的20%～35%为宜。喂幼牛时,以低于精料的20%为宜,且需搭配含胡萝卜素高的优质粗饲料。肉牛可以棉籽饼粕为主要蛋白质饲料,但应提供优质粗饲料,再补充胡萝卜素和钙,才能获得良好的增重效果,一般在精料中可占30%～40%。棉籽饼粕也可作为羊的主要蛋白质饲料来源,同样需要配合优质粗饲料。

10. 菜籽饼粕

菜籽饼粕含有较高的粗蛋白质,为34%～38%。氨基酸组成平衡,含硫氨基酸较多。粗纤维含量较高,为12%～13%,有效能值较低。菜籽饼粕含有硫葡萄糖甙、芥子碱、植酸、单宁等抗营养因子,影响其适口性。对牛适口性差,长期大量使用可引起甲状腺肿大,但影响程度小于单胃动物。肉牛精料中使用5%～10%,对胴体品质无不良影响。奶牛精料中使用10%以下,产奶量和乳脂率正常。低毒品种菜籽饼粕饲养效果明显优于普通品种,可提高用量,奶牛最高用量可达25%。

11. 花生(仁)饼粕

花生(仁)饼蛋白质含量约为44%,花生(仁)粕蛋白质含量约为47%。花生(仁)饼粕氨基酸组成不平衡,赖氨酸、蛋氨酸含量偏低;含有少量胰蛋白酶抑制因子;易感染黄曲霉,产生黄曲霉毒素,引起动物黄曲霉毒素中毒;对奶牛、肉牛的饲用价值与大豆饼粕相当;有通便作用,采食过多易导致软便。经高温处理的花生(仁)饼粕,蛋白质溶解度下降,可提高过瘤胃蛋白质数量,提高氮沉积量。

12. 芝麻饼粕

芝麻饼粕蛋白质含量较高,约为40%,氨基酸组成中蛋氨酸、色氨酸含量丰富,尤其蛋氨酸高达0.8%以上,为饼粕类之首。赖氨酸缺乏,精氨酸极高,比例严重失衡,配制饲料时要加以注意。粗纤维含量低于7%,代谢能低于花生、大豆饼粕,约为9.0 MJ/kg。是牛羊良好的蛋白质来源,可使被毛光泽良好,但过量采食可降低乳脂率,使体脂和乳脂变软,宜与其他蛋白质饲料配合使用。

13. 玉米蛋白粉

玉米蛋白粉是玉米淀粉厂的主要副产物之一,为玉米除去淀粉、胚芽、外皮后剩下的产品,粗蛋白质含量35%～60%,氨基酸组成不佳,蛋氨酸、精氨酸含量高,赖氨酸和色氨酸严重不足。粗纤维含量低,易消化,为高能饲料。叶黄素含量丰富,是较好的着色剂。可做奶牛、肉牛的部分蛋白质源,因其比重大,可配合比重小的原料使用,精料添加量以30%为宜,过高则影响生产性能。在使用玉米蛋白粉的过程中,应注意霉菌含量,尤其黄曲霉毒素含量。

14. 糟渣类

糟渣类饲料包括啤酒糟、酒糟、酒精糟、醋糟、酱油糟等。该类饲料粗蛋白质含量相当丰富,占干物质的1/4左右。由于经过发酵,增加了细菌蛋白,提高了生物学价值。无氮浸出物含量较低,为干物质的1/3左右。B族维生素的含量低于糠麸类,但含有维生素D及少量有利于动物生长的未知因素。粗纤维含量高,体积大。酒糟是育肥牛的良好饲料,但喂量不宜大,因酒糟含有一些残留酒精,饲喂过量会引起牛流产或产死胎、弱胎。酱油糟的营养价值较高,但盐分过多,也不宜多喂。酒精糟因发酵原料和加工工艺的不同其营养成分差异很大,除糖类减少外,其他成分为原料的2~3倍,而且增加了维生素和发酵产物,并含有未知生长因子,故其为蛋白质、脂肪、维生素和矿物质的良好来源。酒精糟气味芳香,是牛羊的良好饲料,可作为蛋白质及能量来源,在牛的精料中用量可达50%。

15. 非蛋白质含氮饲料

非蛋白质含氮饲料一般是指简单的含氮化合物,如尿素、缩二脲、铵盐等,可代替蛋白质饲料饲喂牛羊,以提供合成菌体蛋白所需要的氮,节省动植物性蛋白质饲料。以尿素为例,其含氮量为42%~46%,与大豆饼蛋白质含量43%相比,1kg尿素含氮量约相当于6kg大豆饼。充分发挥牛羊利用尿素类非蛋白质含氮化合物合成菌体蛋白的生物学特性,是节约天然动植物性蛋白质饲料的重要途径。

一般地说,尿素进入瘤胃后不超过2h即可被微生物尿素酶完全水解生成氨,导致瘤胃细菌来不及充分利用。如果氨量过大,超过微生物利用的能力,不仅造成浪费,甚至引起氨中毒。当日粮蛋白质含量较高时,不需要补充,而当日粮中蛋白质含量较低时,补充适量的尿素等非蛋白质含氮物,能发挥更好的经济效益。尿素虽然是一种很好的蛋白质补充饲料,可以为牛羊提供氮素,但却不能提供其他营养。因此,利用尿素补充蛋白质时,必须同时补充能量、矿物质和维生素,才能收到应有的效果。

以尿素为主的非蛋白质含氮化合物作为牛羊饲料时,需注意以下要求:

(1)延缓尿素类饲料在瘤胃中的分解速度,使微生物有充分的时间利用其分解产物——氨 通常采用以下方法:①选择分解较慢的非蛋白质含氮化合物做饲料,如缩二脲、三缩脲、异丁基二脲等。②用保护剂处理尿素,如制成凝胶淀粉尿素,将15%尿素、85%淀粉质饲料混匀,在一定的温度、湿度和压力下加工成凝胶颗粒。③利用金属离子(Na^+、K^+、Zn^{2+}、Cu^{2+}、Fe^{2+}、Co^{2+})或尿素衍生物(如羟基酸、苯脲、羟基尿素)抑制脲酶的活性。

(2)增加微生物的合成作用 如补充适量的淀粉质饲料,特别是糊化淀粉,以满足微生物合成菌体蛋白质对能量和碳架的需要。适量添加蛋白质、钴和硫(氮硫比应不少于15:1)等,均可促进微生物生长繁殖。

(3)正确使用尿素类饲料 ①尿素用量一般不应超过总氮需要量的1/3。在高产牛日粮蛋白质已足够时,不要再加喂尿素。②尿素安全用量不要超过日粮干物质的1%。500kg左右体重的成年牛,每天的尿素喂量150g左右,50kg体重的成年羊每天10~15g。③因尿素吸湿性强,易分解为氨,因此,不能单独饲喂或溶于水中饲喂。喂后2h不能饮水,以免尿素直接流入皱胃,引起中毒。④尿素适口性差,最好加在混合精料内饲喂,或与同淀粉类饲料、食盐等矿物质饲料制成尿素矿物质饲料砖,供牛羊舔食,或制成含尿素0.5%左右的青贮玉米料饲喂。⑤精料中添加尿素后,不能同时饲喂生豆饼,因豆饼中含有脲酶,在有水的情况下使尿素分解,造成损失。⑥每天饲喂的尿素总量分多次饲喂,以利于稳定瘤胃中氨的浓度,避免浪费或中毒。

（三）矿物质饲料

1. 钠源性饲料

（1）氯化钠　通常称为食盐，精制食盐含氯化钠99%以上，粗盐含氯化钠为95%。纯净的食盐含氯60.3%，含钠39.7%，此外尚有少量的钙、镁、硫等。食用盐为白色细粒，工业用盐为粗粒结晶。

植物性饲料含钠和氯较少，含钾丰富。为了保持生理上的平衡，对以植物性饲料为主的畜禽，应补饲食盐。食盐除了具有维持体液渗透压和酸碱平衡的作用外，还可刺激唾液分泌，提高饲料适口性，增强动物食欲，具有调味剂的作用。

草食家畜需要钠和氯较多，对食盐的耐受量较大，食盐的供给量要根据家畜的种类、体重、生产能力、季节和饲粮组成等来考虑。一般食盐在风干饲粮中的用量，牛、羊等约为1%。补饲食盐时，除了直接拌在饲料中外，也可以以食盐为载体，制成微量元素添加剂预混料。在缺硒、铜、锌地区，也可以分别制成含亚硒酸钠、硫酸铜、硫酸锌或氧化锌的食盐砖、食盐块，供家畜舔食。由于食盐吸湿性强，在相对湿度75%以上时开始潮解，作为载体的食盐必须保持含水量在0.5%以下，并妥善保管。

（2）碳酸氢钠　又名小苏打，为白色细小晶体，无臭，味咸，略具潮解性，其水溶液呈微碱性，受热易分解放出二氧化碳。碳酸氢钠含钠27%以上，生物利用率高，是优质的钠源性矿物质饲料之一。

碳酸氢钠不仅可以补充钠，更重要的是其具有缓冲作用，能够调节饲粮电解质平衡和胃肠道pH。研究证实，在奶牛和肉牛饲粮中添加碳酸氢钠，可以调节瘤胃pH，防止精料型饲粮引起的代谢性疾病，提高增重、产奶量和乳脂率。一般添加量为0.5%～2%，与氧化镁配合使用效果更佳。

2. 含钙、磷的矿物质饲料

钙和磷是一对相辅相成的矿物质元素，缺少其中任何一个，均对机体健康不利，比例不当时也会影响机体健康。牛羊常用钙、磷矿物质饲料如表3－24所示。

表3－24　牛羊几种常见含钙磷矿物质饲料

名称	钙/%	磷/%	备注
石粉	32.7	0.1	89%碳酸钙
贝壳粉	37.0	0	
碳酸钙	40.0	0	
蛋壳粉	38.7	0.47	
骨粉（生）	23.0	10.0	
骨粉（蒸）	31.6	14.6	
磷酸钙	33.0	14.0	
磷酸氢钙	23.0	20.0	

续表

名 称	钙/%	磷/%	备 注
脱氟磷灰石	38.0	20.0	
磷酸氢钠	0	25.8	含 Na 19.5%
磷酸氢二钠	0	21.98	含 Na 32.38%
磷酸	0	31.9	

3. 其他常量矿物质饲料

(1)含硫饲料　一般认为动物所需的硫为有机硫,如蛋白质中的含硫氨基酸等,因此蛋白质饲料是动物的主要硫源。但近年来研究认为,无机硫对动物也具有一定的营养意义。同位素试验表明,牛羊瘤胃中的微生物能有效地利用无机含硫化合物,如硫酸钠、硫酸钾、硫酸钙等,合成含硫氨基酸和维生素。硫元素能促使牛羊瘤胃内纤毛虫加速繁殖,积极参与蛋白质和脂肪的代谢及氧化过程,还可参与有害的酚化合物形成苯硫酸而起解毒的作用,促进含硫氨基酸的合成,增强机体的抵抗力,提高奶牛产奶量、乳蛋白和乳脂率。

硫的来源有蛋氨酸、胱氨酸、硫酸钠、硫酸钾、硫酸钙、硫酸镁等。对于牛羊,蛋氨酸中硫利用率为100%,硫酸钠中硫利用率为54%,元素硫的利用率为31%,硫的补充量不宜超过饲料干物质的0.05%。

(2)含镁饲料　饲料中含镁丰富,一般均在0.1%以上,因此不必另外添加。但早春牧草中镁的利用率很低,有时会使放牧家畜因缺镁而出现"草痉挛",故对放牧的牛羊以及用玉米作为主要饲料并补加非蛋白氮饲喂的牛,常需要补充镁。常用的含镁饲料多为氧化镁,也可选用硫酸镁、碳酸镁和磷酸镁等。

(四)牛羊饲料添加剂

饲料添加剂是指在饲料生产加工、使用过程中添加的少量或微量的物质,在饲料中用量很少但作用显著。饲料添加剂是现代饲料工业必然使用的原料,在强化基础饲料营养价值、提高动物生产性能、保证动物健康、节省饲料成本、改善畜产品品质等方面有明显的效果。牛羊饲料添加剂对于提高产奶量、改善乳成分和减少产奶应激、提高增重和饲料报酬等具有明显作用。

1. 微量元素添加剂

为动物提供微量元素的矿物质饲料称作微量元素添加剂。在饲料添加剂中应用最多的微量元素是铁、铜、锌、钴、锰、碘和硒,这些微量元素除为动物提供必需的养分外,还能激活或抑制某些维生素、激素和酶,对保证动物的正常生理功能和物质代谢有着极其重要的作用。

由于动物对微量元素的需要量极微,其添加剂的生产必须进行预混合加工。我国当前生产和使用的微量元素添加剂品种大部分为硫酸盐,而碳酸盐、氯化物和氧化物较少。硫酸盐的生物利用率较高,但因其含有结晶水,易使添加剂加工设备腐蚀。由于化学形式、产品类型、规格以及原料细度不同，饲料中补充微量元素的生物利用率差异很大。为了提高微量元素吸收率，近年来也使用有机酸盐类和微量元素——氨基酸螯合物。常用微量元素添加剂及其元素含量如表 3－25 所示。

表 3－25　　常用微量元素添加剂

元素	添加剂名称	化学式	元素含量/%
铁(Fe)	硫酸亚铁	$FeSO_4 \cdot 7H_2O$	20.1
	硫酸亚铁	$FeSO_4 \cdot H_2O$	32.9
	碳酸亚铁	$FeCO_3 \cdot H_2O$	41.7
铜(Cu)	硫酸铜	$CuSO_4 \cdot 5H_2O$	25.5
	硫酸铜	$CuSO_4 \cdot H_2O$	35.8
	碳酸铜	$CuCO_3$	51.4
锌(Zn)	硫酸锌	$ZnSO_4 \cdot 5H_2O$	22.75
	氧化锌	ZnO	80.3
	碳酸锌	$ZnCO_3$	52.15
锰(Mn)	硫酸锰	$MnSO_4 \cdot 5H_2O$	22.8
	氧化锰	MnO	77.4
	碳酸锰	$MnCO_3$	47.8
硒(Se)	亚硒酸钠	Na_2SeO_3	45.6
	硒酸钠	Na_2SeO_4	41.77
碘(I)	碘化钾	KI	76.45
	碘酸钙	$Ca(IO_3)_2$	65.1
钴(Co)	硫酸钴	$CoSO_4 \cdot 7H_2O$	21.3
	氯化钴	$CoCl_2 \cdot 6H_2O$	25.1

2. 维生素类添加剂

维生素是最常用的一类重要的饲料添加剂。维生素添加剂主要用于对天然饲料中某种维生素的营养补充、提高动物抗病或抗应激能力、促进生长以及提高畜产品的产量和质量等。各国饲养标准所确定的需要量为畜禽对维生素的最低需要量，是设计生产添加剂的基本依据。考虑到实际生产应用中许多因素的影响，饲粮中维生素的添加量都要在饲养标准所列需要量的基础上加"安全系数"。在某些维生素单体的供给量上常常以 2～10 倍设计添加量，以保证满足畜禽生长发育的需要。

牛羊可以通过瘤胃合成 B 族维生素、维生素 K 和维生素 C，因此，在其饲料中一般不用添加这几种维生素。而脂溶性的维生素 A、维生素 D、维生素 E 在奶牛饲料中必须添加。对于高产奶牛，烟酸、胆碱和硫胺素等的合成量不足，需要考虑适量添加。

3. 瘤胃缓冲剂

牛羊借助复杂的酸碱平衡系统，维持瘤胃 pH 在 5.5 ~ 7.0 之间，而瘤胃 pH 是奶牛保持正常消化功能的一个基本标志。在饲料中加入缓冲剂可以有效保持瘤胃 pH 稳定，从而有利于维生素、淀粉的充分利用和菌体蛋白的合成，也有助于提高采食量、增加产奶量和维持正常的乳成分，避免奶牛因代谢紊乱导致的酮病和酸中毒。生产中常用的缓冲剂有碳酸氢钠和氧化镁等。

(1) 碳酸氢钠　碳酸氢钠可调节奶牛瘤胃 pH，增进食欲，减缓对饲料营养成分的降解速度，加强菌体蛋白在瘤胃的合成，提高机体对营养素的消化吸收，从而提高奶牛的生产性能，增强机体的免疫力。尤其是对常年饲喂青贮饲料和精料量偏高的高产奶牛效果更好。适宜添加量为每天每头 150g。

(2) 氧化镁　氧化镁是畜禽代谢的一种缓冲剂，能促进血液中乙酸盐和硬脂酸盐向乳腺的输送和提高脂蛋白酶活性，提高乳脂率；还可作为镁源，用于牛羊的饲料。研究者在奶牛基础日粮中添加 1.5% 的碳酸氢钠和 0.8% 的氧化镁，可使每头牛日产奶量提高 2.3kg，乳脂率提高 0.41%。

4. 乙酸盐

乙酸是合成牛乳脂肪的前体，乳中 50% 的脂肪酸由乙酸合成。日粮中添加的乙酸盐进入奶牛机体消化道后，分解成乙酸根和钠离子，从而增加了体内乙酸的含量，有利于乳中短链脂肪酸的合成，提高乳脂率。同时，乙酸盐可改善瘤胃环境的酸碱度，为有益微生物的繁殖创造条件，促进对各种营养物质的分解、消化和吸收，提高产奶量。此外，乙酸盐具有防霉、防腐的作用，可保证饲料的良好品质。

5. 过瘤胃氨基酸

目前，研究较多的是蛋氨酸，因为蛋氨酸为第一限制性氨基酸，而且在微生物蛋白中较缺乏。对氨基酸实行过瘤胃保护后，可避免其在瘤胃中降解，到达小肠后才被机体吸收。在奶牛日粮中添加过瘤胃氨基酸，可增加瘤胃中微生物的数量，提高纤维素的消化吸收率，从而提高乙酸和丙酸的比例，提高产奶性能。

(1) 蛋氨酸锌　蛋氨酸锌是蛋氨酸和锌的螯合物，具有抵制瘤胃微生物降解的作用。与氧化锌相比，蛋氨酸锌中的锌具有相似的吸收率，而且吸收后代谢率不同，从尿中的排出量更低，血浆锌的下降速度更慢。在奶牛日粮中添加蛋氨酸锌能够提高产奶量，并降低奶中体细胞数。在生产实践中，蛋氨酸锌还具有硬化蹄面和减少蹄病的作用。蛋氨酸锌的添加量一般为每头每天 5 ~ 10g，或占日粮干物质的 0.03% ~ 0.08%。

(2) 蛋氨酸羟基类似物(MHA)　蛋氨酸羟基类似物在化学性质上与蛋氨酸一样，但能抵抗瘤胃微生物的降解，促进脂蛋白合成，提高纤维素消化率，提高丙酸和乙酸的比例等。多数研究结果认为，添加 MHA 虽然对提高产奶量的效果不明显，但能够增加乳脂率和提高校正奶的产量。在奶牛日产奶平均水平高于23kg、精料比例高于50%、日粮蛋白质水平低于15%的情况下，每头奶牛每天添加量为20～30g或占日粮干物质的0.15%，效果良好。

6. 莫能菌素

莫能菌素可抑制瘤胃革兰阳性菌的生长，减少瘤胃中乙酸、丁酸的产生，而增加丙酸的含量和比例，抑制乳酸的产生，提高瘤胃pH，降低饲料中蛋白质在瘤胃中的降解，提高饲料转化率，改变瘤胃充满度和瘤胃食糜外流速度，减少甲烷和氨气等有害气体的产生。在奶牛日粮中添加莫能霉素可以明显提高产奶量，肉牛饲料中添加莫能菌素可以提高肥育效果。

7. 酶制剂

酶制剂可破坏植物性饲料的细胞壁，使营养物质释放出来，提高营养成分尤其是粗纤维的利用率。此外，酶制剂还可消除抗营养因子。国外学者通过糖基化方法制成了瘤胃中稳定的纤维素酶制剂，使外源纤维素酶在牛羊饲料中的使用成为可能。研究结果表明，添加瘤胃稳定的酶制剂，可使干物质和六碳糖的活体外消化率提高，挥发性脂肪酸产生量增加。给奶牛每天喂15g瘤胃稳定纤维素酶，可使产奶量提高7%～14%，乳蛋白含量没有改变。

8. 脲酶抑制剂

脲酶抑制剂是目前奶牛饲料调控剂中一种比较理想的非营养性添加剂。它主要能抑制瘤胃内微生物脲酶的活性，降低瘤胃中氨的浓度，而且可使氨的释放速度保持平稳，有利于控制尿素的分解速度，避免牛羊氨中毒，从而提高饲料中纤维素的利用率和家畜对蛋白质及尿素的利用。有报道称，在奶牛日粮中每千克添加25mg的脲酶抑制剂，可使瘤胃中尿素分解速度降低56%，粗蛋白利用率提高16.7%，微生物蛋白的合成量增加25%，产奶量提高16.7%，环境中氨的释放量减少51.4%。

9. 脂肪酸钙

饲料中的脂肪被瘤胃微生物分解，产生甘油和各种脂肪酸，其中包括饱和脂肪酸和不饱和脂肪酸。不饱和脂肪酸在瘤胃中经过氢化作用变为饱和脂肪酸。甘油很快被微生物分解成挥发性脂肪酸。脂肪酸进入小肠后被消化吸收，随血液运送至体组织，变成体脂肪贮存于脂肪组织中。在生产中，牛羊的饲料常添加脂肪酸与钙盐结合的保护油脂——脂肪酸钙，以减少饲料脂肪在瘤胃中分解。脂肪酸钙具有增加产奶量、改善奶品质、延长泌乳高峰、减少热应激的作用。脂肪酸钙稍有异味，饲喂时必须同其他饲料混合，保持5～7d的过渡期。

10. 异构酸

异构酸包括异丁酸、异戊酸和2－甲基丁酸，为瘤胃纤维素分解菌生长所必需。瘤胃发酵过程产生的异构酸数量可能不足，所以，在奶牛日粮中添加异构酸能提高瘤胃纤维素分解菌的数量，提高纤维素消化率和氮沉积量，进而提高产奶量和乳脂率。有报道指出，给奶牛每日添加85g异构酸，可以提高产奶量2.7kg。在产犊前2周至产后225d期间，添加异构酸效果较好。另据国外研究报道，在奶牛饲料中添加异构酸，可使奶牛泌乳期的产奶量平均每天增加0.5~2.3kg，泌乳初期的产奶量提高10.6%，乳脂率提高0.05%。异构酸的推荐用量为产奶前2周每头每天45g，产奶后每头每天86g。

11. 阴离子盐

生产中奶牛产后瘫痪的发生较为普遍。根据阴-阳离子平衡原理，给产前奶牛饲喂阴离子盐是防止产后瘫痪发生的有效方法。添加阴离子盐（酸性），可以有效地增加血液中游离钙的浓度，从而减少低血钙的发生。对于饲养管理条件良好、产后瘫痪和酮病发病率低的牛群，添加阴离子盐可以减少亚急性低血钙，使泌乳期的产奶量提高3.6%~7.3%。阴离子盐主要包括氯化铵、硫酸铵、硫酸铝、硫酸镁和氯化钙等。阴离子盐的适口性差，通过与适口性好的酒精糟、糖蜜或热处理大豆粕等载体混合后制粒，可以提高适口性，并防止分离。生产上通常按200g阴离子盐与454g载体进行混合，喂给干奶后期或产前21d的经产奶牛。阴离子盐建议添加量为每头每天200g。

三、影响奶牛泌乳的因素

影响奶牛泌乳的因素很多，概括起来有遗传因素、生理因素和环境因素三个方面。

（一）遗传因素

1. 品种

不同品种牛的产奶量和乳脂率有很大的差异。一般乳用牛的产奶量高于肉用牛和役用牛；乳用牛品种间也有明显差别，如英国爱尔夏牛平均产奶量为5000kg以上，而娟姗牛仅4024kg。乳用牛当中，经过高度培育的品种，其产奶量显著高于地方品种。一般而言产奶量较高的品种，其乳脂率相应较低。

2. 个体

同一品种内的不同个体，其产奶量和乳脂率仍有差异。如荷斯坦牛的产奶量变异范围在3000~12000kg之间，乳脂率为2.6%~6.0%。另外，一般体重大的奶牛其绝对产奶量比体重小者要高。通常情况下，奶牛体重以550~650kg为宜。

（二）生理因素

1. 年龄和胎次

奶牛泌乳能力随年龄和胎次的增加产奶量逐渐增加。初产母牛的年龄在2.5岁左右，由于本身尚处于生长发育阶段，所以产奶量较低。待到6~9岁，即第4~7胎时，产奶量达到一生中的最高峰。10岁以后，由于机体逐渐衰老，产奶量又逐渐下降。但饲养条件良好、体质健壮的母牛，年龄到13~14岁时仍然保持较高的产奶水平。奶牛不同胎次产奶量变化情况如表3-26所示。

表 3－26　　奶牛不同胎次产奶量变化情况

泌乳胎次	中国荷斯坦牛		三河牛	
	产奶量/kg	与最高胎次产量比/%	产奶量/kg	与最高胎次产量比/%
1	3710	66.5	2257	61.4
2	4410	79.2	3055	83.1
3	4928	88.5	3245	88.3
4	5360	96.3	3370	91.7
5	5568	100.0	3584	97.6
6	5458	98.0	3676	100.0
7	5390	96.8	3655	99.4
8	5284	94.9	3535	96.2
9	5022	90.2	3429	93.3
10	–	–	3576	97.3
11	–	–	3131	85.2

2. 泌乳期

母牛从产犊后开始泌乳到泌乳停止的这段时期称为泌乳期。奶牛在一个泌乳期中产奶量呈规律性变化：分娩后最初几天产奶量较低，随着身体逐渐恢复，日产奶量逐渐增加，在产后 20～60d 达到泌乳期的最高峰，一般低产母牛在产后 20～30d，高产母牛在产后 40～60d。维持一段时间后，从泌乳 4 个月开始又逐渐下降。泌乳 7 个月之后，迅速下降。泌乳 10 个月左右停止泌乳。全期每日产奶量形成一个动态曲线，称为泌乳曲线（如图 3－1 所示）。该曲线反映了奶牛泌乳的一般规律，在生产实践中，可按照这一规律来掌握生产周期，安排生产作业。

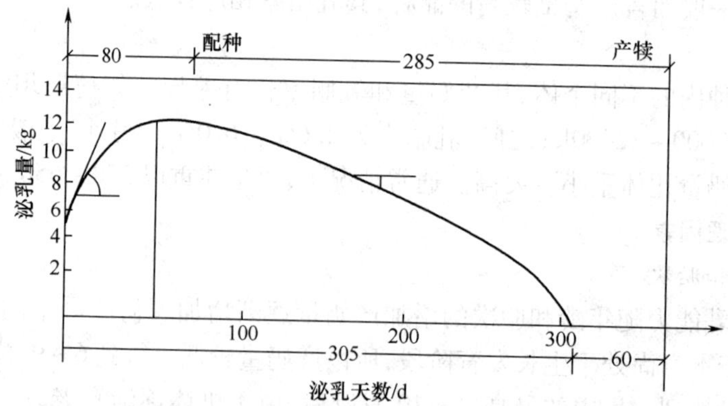

图 3－1　奶牛的泌乳曲线

在同一牛群中，虽然环境条件相同，但因个体差异，泌乳曲线出现三种类型：第一类是高度稳定型，其逐月产奶量的下降速率平均维持在6%以内，这类个体具有优异的育种价值；第二类是比较平稳型，其逐月产奶量的下降速率为6%～7%，这类个体在牛群中较为常见，全泌乳期产奶量高，可以选入育种核心群；第三类是急剧下降型，其逐月产奶量的下降速率平均在8%以上，这类个体的产奶量低，泌乳期短，不宜留作种用。

不同的泌乳时期，乳中含脂率也有变化：初乳期内的乳脂率很高，大约超过常乳的1倍；产后2～8周，乳脂率最低；产后3个月开始，乳脂率又逐渐上升。

3. 干奶期

从停止挤乳到分娩的这段时间称为干奶期。干奶期长短，应根据每头母牛的具体情况来决定，一般为50～60d。干奶期过短不利于母牛机体的恢复，过长又缩短了牛的产奶期，都不利于提高养牛经济效益。另外，干奶期正值下次产犊前的60d左右，是犊牛出生前快速发育的关键时期。该期的长短和饲养管理水平，不仅对母牛下一泌乳期产奶能力的发挥很有意义，而且对胎儿正常发育影响很大。

4. 发情与妊娠

母牛发情期间，由于性激素的作用，产奶量会出现暂时性的下降，其下降幅度为10%～12%。在此期间，乳脂率略有上升。母牛妊娠对产奶量的影响明显而持续。妊娠初期影响极微，妊娠5个月开始，产奶量显著下降，妊娠8个月则迅速下降，直至干奶。

5. 初产年龄与产犊间隔

初产年龄过早不利于母牛发育，过晚则缩短利用年限，减少产犊胎次，影响终生产奶量。产犊间隔是指连续两次产犊日间的天数。最理想的产犊间隔是365d，即305d泌乳期，60d干奶期。据国内外经验，这样的安排总体效益最高，对母牛的机体健康有利。为了保证母牛理想的产犊间隔，要加强母牛的保健工作，提高人工授精技术水平。

（三）环境因素

1. 饲养管理

奶牛的饲养方式、饲养种类和饲喂方法等，都对产奶量有影响。营养物质的供给，对产奶量的影响最为明显。日粮中给予一定量的青绿多汁饲料和青贮饲料，并注意各种营养物质的合理搭配，根据泌乳母牛的营养需要实行全价饲养，能充分发挥奶牛的泌乳性能。

适当的运动，经常刷拭牛体，牛舍内保持通风良好、清洁干燥，合理安排工作日程，定期进行防检疫等，对提高产奶量有良好的作用。

2. 日挤奶次数与间隔

我国奶牛场普遍实行日挤奶3次，分别相隔8h或7h，也有许多牛场实行日挤奶2次。欧美许多国家实行每日2次挤奶制度，两次相隔9h。据试验，同一头牛日挤奶3次比日挤2次可增加产奶量16%～20%，而4次挤奶又比3次挤奶多10%～12%。尽管如此，为了生产操作的方便，具体日挤奶次数可根据实际情况酌情安排。一旦形成制度，则要坚持执行，不可轻易打乱。无稳定规律的日挤奶安排，不利于奶牛产奶性能的发挥。

3. 挤奶技术

无论手工挤奶还是机器挤奶，在挤奶之前都要擦洗乳房。奶牛的神经比较灵敏，易养成条件反射。当擦洗乳房时，会引起机体反射，在催乳素作用下，乳腺血管扩张，乳腺泡管壁收缩，挤出其中的大量乳汁，使整个乳房膨胀，乳头管肌肉放松。这种反射在擦洗乳房开始后的50s左右即可出现，通常称为放乳。维持放乳的时间为5～7min，超过这个时间则乳头扩约肌肉收缩，停止放乳，称为收乳。据试验，擦洗和按摩乳房，可提高产奶量10%～20%，使乳脂率增加0.2～0.4个百分点。挤奶前，不擦洗和按摩乳房，乳腺泡内的乳只有10%～25%进入乳池；而充分擦洗和按摩乳房时，则乳腺泡内的乳有70%～90%进入乳池。挤奶前，乳房内不同部位乳的含脂率差别较大，乳腺泡内乳的乳脂率高达10%～12%，而输乳管内乳脂率为1.0%～1.8%，乳池内乳脂率为0.8%～1.2%。总之，挤奶前充分擦洗按摩乳房，在5～6min内完成挤奶过程，挤净乳汁，对于获得数量多而质量高的牛奶十分重要，而且对于牛体与乳房健康有利。

不少牛场采用机器挤奶，其挤乳基本原理一样，即奶牛的放乳、收乳反射一致。挤奶机的脉动频率要保持在50～60次/min，不可过快，否则，容易造成乳头伤害，从而引发乳房炎症。

4. 产犊季节

在我国目前条件下，母牛最适宜的产犊季节是冬季和春季。因为母牛在分娩后的泌乳盛期，恰好在青绿饲料丰富和气候温和的季节，母牛体内催乳素分泌旺盛，又无蚊蝇侵袭，有利于产奶量的提高。夏季虽然饲料条件好，但由于气候炎热，母牛食欲不佳，影响泌乳性能发挥。实践证明，在12、1、2、3月份产犊的母牛全期产奶量较高，在7、8月份产犊的母牛全期产奶量较低。

5. 外界气温

荷斯坦牛对温度的适应范围是0～20℃，最适宜的温度是10～16℃。当外界温度升高到25℃以上时，奶牛呼吸频率加快，食欲不振，产奶量开始下降。因此，夏季应做好防暑降温工作。相对而言，奶牛怕热不怕冷，据国外资料介绍，奶牛在外界气温-13℃时产奶量才开始下降。冬季只要保证供应足够的青贮饲料、多汁饲料和蛋白质饲料，一般对产奶量不会有很大影响。

6. 疾病

母牛在患病和损害健康的情况下，产奶量随之降低，尤其是当母牛的泌乳器官发生疾病，如乳房炎、乳头损伤时，产奶量下降更为显著。其他如结核病、布鲁氏菌病、口蹄疫等，均可使产奶量下降。

技能训练

实训一 犊牛培育方案的制定

【目标要求】

通过犊牛培育方案实例分析，掌握犊牛培育方案设计方法，能设计犊牛培育方案。

【实训条件】

犊牛培育方案表格。

【实训内容与方法】

1. 分析供参考的犊牛培育方案实例，如表 3－27 所示

表 3－27 犊牛培育方案实例

初生体重：35kg 日平均增重指标：600～800g

日龄	日增重/g	每头昼夜给予量/kg 全乳	脱脂乳	麦芽	混合精料	块根饲料	青贮料	干草	鱼粉/g	食盐/g	日给饲次数 全乳	脱脂乳	植物性饲料
1～5	700	6～8									3～4		
6～10	600	6									3		
11～20	600	6						0.1			3		2
21～30	600	6	3	0.1				0.2	6		2	1	2
31～40	600	3	6	0.2		1		0.4	9	5	1	2	2
41～50	600		8	0.4		1		0.6	9	8		2	2
51～60	600		6	0.7		2		0.8	9	13		2	2
61～70	700		6		0.8	3		1.0	12	16		2	2
71～80	700		6		1.0	3		1.2	12	18		2	2
81～90	700		6		1.2	3	1	1.4	12	22		2	2
91～100	700		6		1.4	4	2	1.6	15	26		2	2
101～110	800		3		1.6	4	2	1.8	15	30		1	2
111～120	800		3		1.8	4	2	2.0	15	32		1	2
121～130	800				2.0	5	4	2.2	18	38			2
131～140	900				2.0	5	4	2.4	18	40			2

续表

日龄	日增重/g	每头昼夜给予量/kg									日给饲次数		
		全乳	脱脂乳	麦芽	混合精料	块根饲料	青贮料	干草	鱼粉/g	食盐/g	全乳	脱脂乳	植物性饲料
141～150	900				2.0	5	4	2.6	18	40			2
151～160	900				2.0	6	5	2.8	18	40			2
161～170	900				2.0	6	5	3.0	18	40			2
171～180	900				2.0	6	5	3.2	18	40			2
合计		210	530	14	198	580	340	273	2200	4100			

2. 设计犊牛培育方案，具体条件如下

（1）犊牛初生重为30kg。

（2）要求在6个月内平均日增重550～750g。

（3）喂全乳160～180kg，脱脂乳400～500kg。其他饲料根据犊牛生长发育需要进行安排。

【实训作业】

设计犊牛培育方案，格式如表3－28所示。

表3－28　犊牛培育方案

初生体重：　　　　日平均增重指标：

日龄	日增重/g	每头昼夜给予量/kg									日给饲次数		
		全乳	脱脂乳	麦芽	混合精料	块根饲料	青贮料	干草	鱼粉/g	食盐/g	全乳	脱脂乳	植物性饲料
合计													

实训二　奶牛日粮配合与评价

【目标要求】

根据奶牛饲养标准和饲料营养成分表，能够按照奶牛日粮配合的原则及方法，设计出实用的奶牛日粮配方。

【实训条件】

奶牛饲养标准、奶牛常用饲料营养成分表、计算器。

【实训内容与方法】

1. 奶牛日粮配合的原则和要求

(1)必须满足奶牛营养需要,包括以下几项

①维持需要:根据体重确定。

②产奶需要:根据产奶量及乳脂率确定,并考虑产奶潜力的发挥。

③妊娠需要:对妊娠 6 个月以上的牛,要考虑其妊娠的营养需要。

④生长需要:对第一、第二胎母牛,要考虑其生长的营养需要。第一胎母牛生长需要按维持需要的 20% 计算,第二胎母牛生长需要按维持需要的 10% 计算。

(2)日粮的组成应符合奶牛的适口性,力求多样,日粮结构要求合理。粗料(干草)应按牛体重的 1% ~2% 喂给。如喂青贮饲料要考虑其相当于干草的干物质的量。总之,日粮干物质量要按每 100kg 体重 2.5 ~3.5kg 供给。

(3)配制的日粮既要满足营养需要,又要力求成本合理,充分利用当地饲料资源。

2. 方法步骤

(1)计算奶牛营养需要量　根据体重、产乳量、乳脂率查阅饲养标准,计算营养需要量。

(2)选择拟用饲料　查阅饲料营养成分表,先用粗饲料满足部分营养需要,再用精饲料补足所缺营养成分。

(3)最后确定日粮的组成并计算各种饲料用量

例如:某奶牛场成年奶牛平均体重为 600kg,日平均产奶量 20kg,乳脂率 3.5%。该场有苜蓿干草、东北羊草、玉米青贮、玉米、麸皮、菜籽饼和豆饼等饲料,试配制平衡日粮。

第一步,查奶牛饲养标准,计算奶牛营养需要如表 3 -29 所示。

表 3 -29　奶牛营养需要

项　　目	日粮干物质/kg	奶牛能量单位/NND	可消化粗蛋白/g	钙/g	磷/g
体重 600kg 维持的需要	7.52	13.73	364	36	27
日产奶 20kg 乳脂率 3.5% 的需要	7.4 ~8.2	18.6	1060	84	56
合　　计	14.92 ~15.73	32.33	1424	120	83

第二步,查饲料成分及营养价值表,现有饲料营养成分表如表 3 -30 所示。

表 3－30 饲料营养成分表(每千克饲料含量)

饲料种类	干物质/kg	奶牛能量单位/NND	可消化粗蛋白/g	钙/g	磷/g
苜蓿干草	0.884	1.58	93	11.0	2.2
羊草	0.883	1.15	19	2.5	1.8
玉米青贮	0.227	0.36	10	1.0	0.6
玉米	0.884	2.28	56	0.8	2.1
小麦麸	0.886	1.91	86	1.8	7.8
豆饼	0.906	2.64	280	3.2	5.0
菜籽饼	0.922	2.33	222	7.3	9.5
磷酸钙				279.1	143.8

第三步,先确定奶牛青粗饲料用量,按奶牛体重的 1% ～2% 计算,每日可给 6～12kg干草或相当于一定数量的其他粗饲料,现取中等用量 9kg。用苜蓿干草 2.5kg,东北羊草 1.5kg,玉米青贮 18kg(约 3.5kg 玉米青贮折合 1kg 干草)。其营养成分含量如表 3－31 所示。

表 3－31 粗饲料营养成分

饲料种类	数量/kg	干物质/kg	奶牛能量单位/NND	可消化粗蛋白/g	钙/g	磷/g
苜蓿干草	2.5	2.21	3.95	232.5	27.5	5.5
东北羊草	1.5	1.32	1.725	28.5	3.75	2.7
玉米青贮	18	4.09	6.48	180	18.0	10.8
合计	22	7.62	12.155	441	49.25	19.0
与需要相差		7.3～8.11	20.175	983	70.75	64

第四步,再用精料满足所差营养需要。用 65% 玉米、25% 小麦麸、10% 菜籽饼组成混合精料,则每千克含 2.2 个 NND,满足能量需要应补充混合精料量为 20.175 ÷ 2.2 =9.17(kg),其中玉米为 9.17 ×65% =6(kg),小麦麸为 9.17 ×25% =2.3(kg),菜籽饼为 9.17 ×10% =0.9(kg)。混合精料营养含量如表 3－32 所示。

表 3－32 混合精料营养含量

饲料种类	数量/kg	干物质/kg	奶牛能量单位/NND	可消化粗蛋白/g	钙/g	磷/g
玉米	5.9	5.22	13.45	330.4	4.72	12.39
小麦麸	2.3	2.03	4.93	197.8	4.14	17.94
菜籽饼	0.9	0.83	2.10	199.8	6.57	8.55
合计	9.2	8.08	20.48	728.0	15.43	38.88

至此,奶牛日粮中能量已满足需要,但可消化粗蛋白、钙和磷还分别缺少255g、55.32g和25.12g。

第五步,补充可消化粗蛋白需要量,用豆饼代替部分玉米。每千克豆饼与玉米可消化粗蛋白相差为280－56＝224(g),因此,豆饼代替玉米的量为255÷224＝1.1(kg)。这样,混合精料提供的可消化粗蛋白、钙、磷分别为974.4g、17.71g和42.07g。蛋白质也满足需要,还缺钙53.04g和磷21.93g。

第六步,补充钙、磷和食盐。钙、磷可用磷酸钙53.04÷279.1＝0.19(kg)补充。食盐按饲养标准规定,每100kg体重补充3g,每产1kg标准乳补1.2g,共计为6×3＋18.5×1.2＝40.2(g)。最后,该牛场奶牛日粮的组成及营养含量如表3－33所示。

表3－33　　该牛场奶牛日粮的组成及营养含量

饲料种类	数量/kg	百分含量/%	干物质/kg	奶牛能量单位/NND	可消化粗蛋白/g	钙/g	磷/g
苜蓿干草	2.5	7.98	2.21	3.95	232.5	27.50	5.50
东北羊草	1.5	4.79	1.32	1.73	28.5	3.75	2.70
玉米青贮	18.0	57.45	4.09	6.48	180.0	18.00	10.80
玉米	4.8	15.32	4.24	10.94	268.8	3.48	10.08
小麦麸	2.3	7.34	2.03	4.93	197.8	4.14	17.94
菜籽饼	0.9	2.87	0.83	2.10	199.8	6.57	8.55
豆饼	1.1	3.51	0.99	2.90	308.0	3.52	5.50
磷酸钙	0.19	0.61	0.19			53.03	27.32
食盐	0.04	0.13	0.04				
合计	31.33	100	15.94	33.03	1415.4	119.99	88.39

【实训作业】

选择本地区常用的6种饲料,为体重550kg、日产奶20kg、乳脂率3.5%的产奶牛设计日粮配方并进行评价。

实训三　奶牛泌乳曲线的绘制与分析

【目标要求】

根据提供的材料,正确绘制奶牛泌乳曲线,准确分析奶牛生产性能水平。

【实训条件】

1. 两头产奶母牛各一个泌乳期的产奶量原始记录

(1)06021号母牛第四个泌乳期的日产奶量记录表,如表3－36所示。

(2)08033号母牛第二个泌乳期的日产奶量记录表,如表3－37所示。

2. 计算器

【实训内容与方法】

1. 根据日产奶量记录表计算出全期实际产奶天数、实际产奶量、全期平均日产奶量，并查出全期最高日产奶量，填入泌乳性能表(如表3－34所示)。

表3－34　　乳牛泌乳性能分析表　　年　月　日

场　别		品　种		牛　号		年　龄	岁
产　次	第　产	产犊日期		年　月　日		干乳日期	年　月　日
全期实际产乳天数		d		全期实际产奶量		kg	
全期平均日产奶量		kg		全期最高日产奶量		kg	

2. 累计各泌乳月的产奶量(自产犊开始，每30d为一个泌乳月)，并计算出各泌乳月的日平均产奶量(最后一个泌乳月不足30d按实际天数计算平均值)，填入各泌乳月产奶量表(如表3－35所示)。

表3－35　　各泌乳月份产奶量累计　　单位:kg

泌乳月份	1	2	3	4	5	6	7	8	9	10	11	12
月累计												
日平均												

3. 用曲线法绘制成图，如图3－2所示。

4. 分析比较泌乳母牛的泌乳曲线、各项有关数据、不同特点及具体的优缺点，以确定其生产力水平。

【实训作业】

1. 填写06021号和08033号奶牛泌乳性能分析表(如表3－34所示)。

2. 绘制两头奶牛泌乳曲线图(如图3－2所示)。

3. 根据泌乳性能分析表和泌乳曲线，分析两头奶牛生产性能。

表3－36　　日产奶量记录表　　单位:kg

牛号:06021(荷斯坦)第四个泌乳期

日＼月	3	4	5	6	7	8	9	10	11	12
1		27.0	16.0	20.5	12.0	9.0	6.5	5.0	4.0	1.5
2		26.5	20.0	20.0	12.0	9.0	6.5	4.5	3.5	2.0
3	16.0	26.0	19.0	19.0	11.5	9.0	6.0	4.5	3.0	1.5
4	16.0	26.0	19.5	19.0	11.5	9.0	6.0	5.0	3.0	1.5

续表

日＼月	3	4	5	6	7	8	9	10	11	12
5	18.0	26.0	21.0	19.0	11.5	9.0	6.0	5.0	3.5	1.5
6	18.5	26.5	22.0	18.5	11.5	8.0	6.0	4.5	3.0	1.5
7	19.0	26.5	22.0	18.5	11.5	8.0	6.0	5.0	3.5	1.0
8	19.0	26.0	22.0	18.5	11.5	8.0	6.0	5.0	3.0	1.0
9	20.0	26.0	23.0	18.5	11.0	8.0	6.0	5.0	3.0	1.0
10	20.0	25.0	23.0	18.0	11.0	8.0	6.0	4.5	3.0	
11	20.0	24.5	23.5	17.0	11.0	7.5	6.0	4.5	3.0	
12	21.0	24.0	24.0	17.5	11.0	7.5	6.0	4.5	3.0	
13	21.5	20.0	24.5	17.0	11.0	7.0	5.5	4.0	3.0	
14	22.0	20.0	25.5	17.0	11.0	7.5	5.5	4.5	2.5	
15	23.0	12.0	25.5	16.0	11.0	7.0	5.5	4.5	2.5	
16	23.0	12.0	24.0	16.0	11.0	7.5	5.5	4.5	2.5	
17	23.0	12.5	24.0	16.5	10.0	7.0	6.0	4.0	2.5	
18	23.0	12.0	23.5	16.0	10.0	7.0	5.0	4.0	2.0	
19	23.0	10.0	23.0	15.5	9.5	7.0	5.0	4.0	2.0	
20	23.0	10.0	23.0	15.5	10.0	7.0	5.0	4.0	2.0	
21	24.0	11.0	22.5	15.5	10.0	7.0	5.0	4.5	1.5	
22	23.5	10.0	22.0	15.0	9.5	6.5	5.0	4.0	1.5	
23	24.5	12.0	22.0	15.0	9.5	7.0	5.0	4.5	2.0	
24	24.5	12.0	22.0	14.0	9.5	6.5	5.0	4.5	1.5	
25	25.0	13.0	22.0	14.0	9.0	7.0	5.0	4.0	2.0	
26	25.5	14.0	21.5	13.0	9.0	6.5	5.0	4.0	1.5	
27	26.0	14.5	21.0	13.0	9.0	6.5	5.0	4.0	1.5	
28	26.0	14.0	21.0	13.0	9.0	6.5	5.0	4.0	1.5	
29	26.0	13.5	21.0	12.0	9.0	6.5	5.0	4.0		
30	26.0	15.0	21.0	12.0	9.0	6.5	4.5			
31	26.5		20.5		9.0	6.5				

表 3 - 37　　日产奶量记录表　　单位:kg

牛号:08033(荷斯坦)第二个泌乳期

日＼月	3	4	5	6	7	8	9	10	11	12	1
1		23.0	25.5	21.0	16.0	12.0	10.0	7.0	6.0	5.0	4.0
2		23.0	25.5	21.0	16.0	11.5	10.0	7.0	6.0	5.0	4.0
3		24.0	25.5	21.0	16.0	11.5	10.0	7.0	6.0	5.0	4.0
4		24.0	25.5	21.0	16.0	11.5	9.0	7.0	6.0	5.0	4.0
5		24.0	25.0	21.0	16.0	11.0	9.0	7.0	6.0	5.0	4.0
6		24.0	25.0	21.5	15.0	11.0	9.0	7.0	6.0	4.5	4.0
7		25.5	24.5	21.0	15.5	11.0	9.0	7.0	6.0	4.5	4.0
8		26.5	24.5	20.5	15.0	11.0	9.0	7.0	6.0	4.5	3.0
9		27.0	24.5	20.5	15.0	11.0	9.0	7.0	5.5	4.5	3.0
10		27.0	24.5	20.0	15.0	11.0	8.0	7.0	5.5	4.5	3.0
11		27.0	24.5	21.0	14.0	10.0	7.5	6.5	5.5	4.0	3.0
12		27.0	24.5	21.0	15.0	11.0	8.0	6.5	5.5	4.0	2.5
13		28.0	23.5	20.0	15.0	10.5	7.5	6.5	6.0	4.0	2.5
14		28.5	23.0	20.0	14.0	10.5	7.0	6.5	5.5	4.0	2.0
15		28.5	23.0	20.0	14.5	11.0	7.0	7.0	6.0	4.0	1.5
16		28.5	23.0	19.5	14.5	11.0	7.0	6.5	5.0	4.0	
17		28.0	23.0	19.5	14.5	11.0	7.0	6.5	5.0	4.0	
18		28.0	23.0	19.0	14.0	10.5	7.0	6.0	5.5	4.0	
19		28.0	23.0	19.0	14.0	10.5	7.0	6.0	5.5	4.0	
20	13.0	28.0	23.0	17.0	14.0	10.5	7.0	6.0	5.5	4.0	
21	13.0	28.0	23.0	16.0	14.0	10.0	7.0	6.0	5.5	4.0	
22	15.5	28.0	22.0	16.0	14.0	10.0	7.0	6.0	5.5	4.0	
23	16.5	28.0	23.0	17.0	13.0	10.0	7.0	6.0	5.5	4.0	
24	17.5	27.0	21.5	18.0	13.0	10.0	7.0	6.0	5.5	4.0	
25	18.5	27.0	21.5	16.0	12.5	10.0	7.0	6.0	5.0	4.0	
26	20.0	27.0	22.0	16.0	12.5	10.0	7.0	6.0	5.5	4.0	
27	21.0	27.0	22.0	15.5	12.0	10.0	7.0	6.0	5.0	4.0	
28	22.0	26.0	21.0	16.0	12.0	10.0	7.0	6.0	5.0	4.0	
29	22.5	26.0	21.0	16.0	12.0	10.0	7.5	6.0	5.0	4.0	
30	23.5	25.5	21.0	16.0	12.5	10.0	7.0	6.0	5.0	4.0	
31	23.0		21.0		12.0	10.0		6.0		4.0	

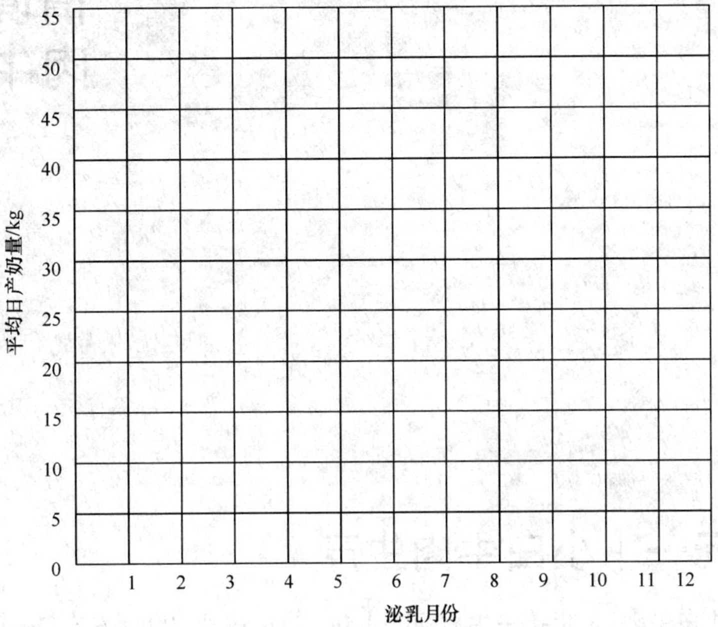

图 3-2 泌乳曲线

情境四 肉牛育肥

单元一 小白牛肉生产

所谓小白牛肉，是指犊牛生后90~100d，体重达到100kg左右，完全由乳或代用乳培育所产的牛肉。因饲料含铁量极少，故其肉为白色，肉质细嫩，味道鲜美。由于生产白牛肉不喂任何饲料，甚至连干草也不喂，因此饲喂成本高。小白牛肉商品价格高，是一般牛肉的8~10倍。

（一）犊牛选择

选择初生重40kg以上，健康无病，表现头大嘴大，管围粗，身腰长，后躯方，无任何生理缺陷的犊牛。

（二）肥育技术

犊牛出生后喂足初乳，以后实行人工哺乳，每日哺喂3次。喂完初乳后喂全乳或代乳粉，喂量随日龄增长而逐渐增加。平均日增重0.80~1.00kg，每增重1kg消耗全乳10~11kg，成本很高。所以，近年来用与全乳营养相当的代乳粉饲喂，每千克增重需1.3~1.5kg。严格限制代乳粉中的含铁量，强迫犊牛在缺铁条件下生长，这是小白牛肉生产的关键技术。

管理上采用圈养或犊牛栏饲养，每圈10头，每头占地2.5~3.0m^2。犊牛栏全用木制，长140cm，高180cm，宽45cm，地板离地高50cm。舍内要求光照充足、通风良好、保持干燥，温度15~20℃。小白牛肉生产方案如表4-1所示。

表4-1　小白牛肉生产方案　单位：kg

日龄	日喂乳量	日增重	需乳总量	期末重
1~30	6.40	0.80	192.0	40.0
31~45	8.30	1.07	133.0	56.1
46~100	9.50	0.84	513.0	103.0

单元二 | 小牛肉生产

小牛肉是犊牛出生后饲养至1周岁之内屠宰所生产的牛肉。小牛肉富含水分,鲜嫩多汁,蛋白质量高而脂肪含量低,营养丰富,是一种自然的理想高档牛肉。犊牛在1周岁内屠宰,生长时间短,因此,为了提高小牛肉的生产率,对犊牛的饲养和育肥应尽量按照营养需要和饲养标准进行。

(一)牛种选择

生产小牛肉应尽量选择早期生长发育速度快的品种,肉用牛的公犊和淘汰母犊是生产小牛肉的最好选材。在国外,奶牛公犊也被广泛利用生产小牛肉。目前,在我国还没有专门化肉牛品种的条件下,应以选择荷斯坦奶牛公犊和西门塔尔牛高代杂种公犊为主,利用公犊牛前期生长快、育肥成本低的优势组织生产。

(二)牛年龄的选择

小牛肉生产实际是育肥与生长同期进行。犊牛出生后3d内可以随母哺乳,也可采用人工哺乳。但出生3d后必须改由人工哺乳,1月龄内按体重的8%~9%喂给牛奶。在国外,为了节省牛奶,广泛采用代乳料。

精料给量从7~10日龄开始,逐渐增加到0.5~0.6kg,任其自由采食青干草和青草。1月龄后喂奶量保持不变,精料和青干草则继续增加,直至育肥到6月龄为止,也可继续育肥至7~8月龄或1周岁出栏。出栏时间应根据消费者对小牛肉口味喜好的要求而定,不同国家之间并不相同。

(三)犊牛性别和体重

生产小牛肉牛以选择公牛犊为好,因为公犊牛生长快,可以提高牛肉生产率和经济效益。体重一般要求初生重在35kg以上,健康无病,无残疾。

(四)育肥精料与饲养要点

为了保证犊牛充分生长发育,代乳品和育肥精料一定要喂量充足,质量可靠。国外采用代乳品喂养主要是为了节省用奶,降低育肥成本。实践证明,采用全乳比用代用乳品喂养日增重高。国内可根据综合支出的成本高低情况,决定是采用全乳还是代用乳饲喂。代乳品或人工乳如果不采用工厂化批量生产,其成本反而高于全乳。所以,在小规模生产中,使用全乳喂养可能效益更好。

1月龄后,犊牛随着月龄的增长,日增重逐渐提高,营养的需求也逐渐由以奶为主向以草料为主过渡。因此,为了提高增重效果,减少疾病发生,育肥精料应具有高热能、易消化的特点,并加入少量抑菌促生长药物。犊牛初生至1月龄的代乳品配方如表4-2所示。

表4-2　犊牛初生至1月龄的代乳品配方

序号	类别	代乳品配方	采用国家
1	代乳品	脱脂奶粉60%~70%,玉米粉1%~10%,猪油15%~20%,乳清15%~20%,矿物质+维生素2%	丹麦
2	代乳品	脱脂奶粉10%,优质鱼粉5%,大豆粉12%,动物性脂肪71%,矿物质、维生素2%	日本
3	前期人工乳	玉米55%,优质鱼粉5%,大豆粉38%,矿物质+维生素2%	日本
	后期人工乳	玉米42%,高粱10%,优质鱼粉4%,大豆粉20%,麦麸12%,苜蓿粉5%,糖蜜4%,矿物质+维生素3%	
	人工乳	玉米+高粱40%~50%,鱼粉5%~10%,麦麸+米糠5%~10%,亚麻粉20%~30%,油脂5%~10%	

表中配方可每千克加土霉素22mg做抗菌剂,冬春季节因青绿饲料缺乏,可每千克精料加10~20 IU的维生素A,以补充营养不足。

小牛肉生产应避免犊牛接触泥土,育肥牛栏多采用漏粪地板。育肥期内,夏季可饮凉水。犊牛发生软便时,不必减食,可饮温开水,但给水量不能太多,以免造成"水腹"。若出现消化不良,可酌情减喂精料,并用药物治疗。

(五)小牛肉生产指标

小牛肉分大胴体和小胴体。犊牛育肥至6~8月龄,体重达到250~300kg,屠宰率58%~62%,胴体重130~150kg称为小胴体。如果育肥至8~12月龄,屠宰体重达到350kg以上,胴体重200kg以上,则称为大胴体。西方国家目前市场上大胴体比小胴体的销路好。

牛肉品质要求多汁,肉质呈淡红色,胴体表面均匀覆盖一层白色脂肪。为了使小牛肉肉色发红,许多育肥场在全乳或代用乳中补加铁和铜,可以提高肉质和减少犊牛疾病的发生。如同时再添加鱼粉或豆饼,则肉色更加深红。

单元三 | 架子牛育肥

一般认为,12月龄以后的牛为架子牛。体重250~300kg为小架子牛,300~400kg为大架子牛。小架子牛的育肥期为5~6个月,大架子牛的育肥期为3~4个月。架子牛的快速育肥是指犊牛断奶后,在较粗放的饲养条件下喂养到一定的年龄时,采用强度育肥方式,充分利用牛的补偿生长能力,以求达到理想体重和膘情。这种育肥方式成本低,精料用量少,经济效益较高,目前在我国应用比较普遍。

一、架子牛的选择

获得较高的日增重和取得较好的经济效益是架子牛育肥的目的。因此,要选择有育肥潜力的架子牛入栏。要求健康无病,后躯发育良好,性情温顺,皮松毛细。具体操作时要考虑品种、年龄、体重、性别和体型外貌等。

1. 品种

应选择杂种牛,在相同的饲养条件下,杂种牛的增重、饲料利用效率和产肉性能都优于我国地方黄牛。研究表明,西门塔尔牛、利木赞牛和夏洛莱牛杂交改良本地黄牛,18 月龄体重西杂牛平均提高 29.0%,利杂牛提高 34.0%,夏杂牛提高 39.4%;18~24 月龄肉牛育肥日增重平均提高 41.9%。

2. 性别

公牛的生长速度和饲料利用效率明显高于阉牛和母牛。一般认为,公牛的日增重高于阉牛 10%~15%,阉牛日增重高于母牛 10%。因此,在短期快速育肥选择架子牛时,首先应选公牛,而后才选阉牛和母牛。

3. 年龄和体重

应根据生产计划和架子牛来源而定。目前,在我国农牧区较粗放的饲养管理条件下,1.5~2 岁肉用杂种牛体重多在 250~300kg,2~3 岁牛体重多在 300~400kg,3~5 岁牛体重多在 350~400kg。因此,3 个月短期快速育肥最好选体重 350~400kg 的架子牛。而采用 6 个月育肥期,则以选择年龄 1.5~2.5 岁、体重 300kg 左右的架子牛为佳。高档牛肉的生产选择 12~24 月龄的架子牛,一般牛年龄超过 3 岁就不具备生产高档牛肉的条件,因为牛肉品质下降,而且优质牛肉块比例也会降低。

另外,选择架子牛时还要注意牛的体型外貌和健康状况。应选体型大、脊背宽、肋间宽且张开良好、生长发育好、健康无病的架子牛。牛被皮要松软、有弹性,用拇指与食指捏起可拉起较大,后裆部被皮尤为明显,这样的牛易育肥、增重快。而对于被毛粗糙、膘情不好的牛,则要仔细观察其反刍及粪便等是否正常,并通过与畜主交谈了解膘情不佳的原因。因饲养管理不当或患某种寄生虫疾病造成膘情不佳的架子牛,只要反刍正常可以选购,这种牛通过驱虫和健胃即可治愈,育肥后可以得到较好的经济效益。

二、架子牛的快速育肥

一般架子牛快速育肥需 120d 左右,分为 3 个阶段,即过渡驱虫期,约 15d;育肥前期,约 45d;育肥后期,约 60d。

1. 过渡驱虫期

这一时期主要是让牛熟悉新的环境,适应新的草料条件,消除运输过程中造成的应激反应,恢复牛的体力和体重,观察牛只健康,健胃、驱虫,决定公牛去势与否等。日粮以品质较好的粗料为主,不喂或少喂精料。随着牛只体力的恢复,逐渐增加精料,精、粗料的比例为30:70,日粮蛋白质水平12%。如果购买的架子牛膘情较差,可能出现补偿生长,日增重可达到800~1000g。

2. 育肥前期

这一时期日粮中精料比例由30%增加到60%。具体操作时,可按牛只的实际体重每100kg喂给含蛋白质水平11%的配合精料1kg。粗饲料自由采食,在日粮中的比例由70%降到40%。这一时期的任务主要是让牛逐步适应精料型日粮,防止发生膨胀病、拉稀和酸中毒等疾病,防止精、粗料比例相近的情况出现,避免因淀粉和纤维素之间的相互作用而降低消化率。此期日增重可以达1000g以上。

3. 育肥后期

这一时期日粮中精料比例可进一步增加到70%~85%,生产中可按牛只的实际体重每100kg体重喂给含蛋白质9.5%~10%的配合精料1.1~1.2kg。粗饲料自由采食,日粮中比例由40%降到15%~30%,日增重可达到1200~1500g。这一时期的育肥常称为强度育肥。为了让牛能够大量吃掉精料,可以增加饲喂次数,并且要保证充足饮水。不同体重育肥牛日粮参考配方如表4-3、表4-4、表4-5所示。

表4-3　　育肥肉牛体重300kg以下典型日粮配方　　单位:%

饲料	1	2	3	4	5
黄玉米	17.1	15.0	19.0	10.0	15.0
棉籽饼	19.7			12.0	22.9
胡麻饼		13.6	13.0		
玉米秸				3.0	
鸡粪(经处理)	8.2				8.0
玉米青贮	17.1			44.6	17.9
玉米黄贮		35.0	17.6		
小麦秸	36.6				35.0
干草粉		5.0	5.0		
白酒糟		31.0	45.0	30.0	
石粉	1.0				1.0
食盐	0.3	0.4	0.4	0.4	0.2

注:以上各配方,每头日干物质采食量均为7.2kg,预计日增重均为0.90kg。

表4-4 育肥肉牛体重300~400kg的典型日粮配方 单位:%

饲料	1	2	3	4	5	6	7
黄玉米	10.4	8.6	11.0	9.0	25.0	19.0	37.6
棉籽饼	32.2			11.0	13.0		
胡麻饼		7.0	8.6			13.0	10.0
鸡粪	4.1						
玉米秸	9.1		5.0	3.0	3.0		
玉米青贮	13.4			51.0	37.0		
玉米黄贮		36.0	25.0			17.6	19.0
干草粉						5.0	5.0
白酒糟	30.0	48.0	50.0	25.6	21.1	45.0	28.0
石粉	0.5				0.5		
食盐	0.3	0.4	0.4	0.4	0.4	0.4	0.4

注:以上各配方,每头日干物质采食量均为8.5kg,预计日增重均为1.10kg。

表4-5 育肥肉牛体重400~500kg典型日粮配方 单位:%

饲料	1	2	3	4	5	6	7
黄玉米	16.7	21.1	38.6	18.6	16.0	25.0	25.8
棉籽饼	24.7	29.2				13.0	13.0
胡麻饼			9.0	7.0	6.6		
玉米秸	9.5	9.1		5.0		3.0	3.0
玉米青贮	37.4	34.5				37.0	37.0
玉米黄贮			22.0	22.0	32.0		
干草粉			4.0				
白酒糟	10.0	4.0	26.0	47.0	45.0	21.1	20.3
石粉	1.0	1.5				0.5	0.5
食盐	0.7	0.6	0.4	0.4	0.4	0.4	0.4

注:以上各配方,每头日干物质采食量均为9.8kg,预计日增重均为1.00kg。

三、架子牛育肥注意事项

1. 加强运输管理,减少掉膘和死亡

架子牛在运输过程中,由于生活环境的变化,导致生理活动改变,造成运输应激反应。肉牛所受到的应激越大,损失越大,掉膘越多。运输中的体重损失包括牛的排泄物损失和体组织损失两部分。据研究,减重中排泄物和体组织的两部分损失约各占一半。运输后体重的恢复所需平均时间,犊牛为13d,1岁牛为16d。运输过程中如过度拥挤、气温过高或过低、风、雨等,都会引起减重增加。因此,要尽可能减少运输应激反应,以减少掉膘。

常用的方法如下:①合理装载,避免超量或装运不足;②运输过程中忌对牛粗暴鞭打;③装运前3~4h停喂具有轻泻性的青贮饲料、麸皮、鲜草等,装运前2~3h不能超量饮水;④运输前2~3d,每日每头牛口服或注射维生素A 25万~100万IU;⑤装车前0.5h注射镇静剂,此法在短途运输时效果更好;⑥长途运输时,每千克日粮中添加溴化钠3.5g,或在运输前3~4d,每千克日粮添加5~10mg利血平;⑦运输前2h及运输后进食前2h饮补液盐溶液,每头牛2000~3000mL,配方为:氯化钠3.5g、氯化钾1.5g、碳酸氢钠2.5g、葡萄糖20g,加凉开水至1000mL。

2.加强新到架子牛的管理

①新到架子牛应在干净、干燥的地方休息;②肌肉注射维生素A、维生素D、维生素E和1g土霉素;③提供清洁饮水;④提供适口性好的饲料。

3.把握好饲料用量与饲喂方式

目前有两种方法:一种方法是架子牛到育肥场后就以精料自由采食为主直到屠宰;另一种方法是架子牛到育肥场后前期限制饲养,后期用精料育肥。

4.架子牛育肥的科学管理

(1)牛舍消毒　将引进育肥的架子牛饲养在固定的牛舍内,冬季使舍内温度保持在5℃以上,夏季应保持通风良好,并搭凉棚。架子牛入舍前,用2%氢氧化钠溶液对牛舍消毒,器具用0.1%高锰酸钾溶液洗刷,然后再用清水冲洗。

(2)坚持“四定”　整个饲养期,育肥牛坚持定时上下槽、精粗饲料定量、定位(室内、外都要拴在固定的位置限制牛运动)、定刷(每天喂牛后,把牛拴在背风向阳处,由专人刷拭牛体一次,促进血液循环,增进食欲)。

(3)驱虫与健胃　对购进的架子牛要用驱虫药物驱除体内外寄生虫,在驱虫3d后对架子牛灌服健胃药。

(4)称重　每月底定时称重,填表记录,以便了解掌握每头肉牛的生长情况。

(5)防疫和治病　制订免疫程序,做到无病早防。对牛舍每天打扫一次,保持槽净、舍净。要注意观察肉牛的采食、饮水、反刍情况,发现病情及时治疗。

(6)注意安全　公牛记忆力强,防御反射力强,饲养人员要通过喂饲、饮水、刷拭等途径培养人畜亲和力,确保饲养人员的安全。

(7)根据季节采取不同的饲养方法　夏季气温高,肉牛食欲下降,增重缓慢。在环境温度8~20℃条件下,牛的增重速度较快。因此,夏季育肥时要注意采取适当提高日粮的营养水平、饲喂粥样饲料、延长饲喂时间等措施。气温在30℃以上时,要采取防暑降温措施。冬季要给牛加喂高能量饲料,以提高肉牛的防寒能力。饲料适当加温,减少能量消耗,防止饲喂带冰的饲料和饮冰冷的水。

5. 及时出栏或屠宰

肉牛超过500kg后,虽然采食量增加,但增重速度明显减慢,继续饲养不会增加收益,要及时出栏。

单元四 | 高档牛肉生产

高档牛肉是指对肥育达标的优质肉牛,经特定的屠宰和嫩化处理及部位分割加工后,生产出的特定优质部位牛肉,最高占胴体重的12%。在生产高档牛肉的同时,还可分割出优质切块,二者共占胴体比例为45%~50%。由于各国传统饮食习惯不同,高档牛肉的标准各异,但通常是指优质牛肉中的精选部分。随着我国人民生活水平的不断提高,人们食物结构的不断改善,特别是在加入WTO后,我国国际交往日益增多,涉外宾馆、饭店及旅游行业蓬勃发展,对高档牛肉的需求越来越多,我国肉牛业优质高档牛肉的生产将会越来越受到重视。

(一)高档牛肉的标准

目前,我国肉牛和牛肉等级尚未统一规定,综合国内外研究结果,高档牛肉至少应具备以下标准。

1. 活牛

健康无病的各类杂交牛或良种黄牛。年龄30月龄以内,宰前活重550kg以上。膘情满膘(看不到骨头突出点);尾根下平坦无沟、背平宽;手触摸肩部、胸垂部、背腰部、上腹部、臀部有较厚的脂肪层。

2. 胴体评估

胴体外观完整,无损伤;胴体体表脂肪色泽洁白而有光泽,质地坚硬;脂肪覆盖率80%以上,12~13肋骨处脂肪厚度10~20mm,净肉率52%以上。

3. 肉质评估

大理石花纹丰富;肌肉剪切值3.62kg以下,出现次数应在65%以上;易咀嚼,不留残渣,不塞牙;完全解冻的肉块,用手触摸时,手指易插进肉块深部。牛肉质地松软多汁。每条牛柳重2.0kg以上,每条西冷重5.0kg以上,每条眼肉重6.0kg以上。

(二)肥育牛的条件

生产高档牛肉,对肥育牛的要求非常严格。

1. 品种

品种的选择是高档牛肉生产的关键之一。大量研究证明,生产高档牛肉最好是安格斯、利木赞、夏洛莱、皮埃蒙特等引入的国外专门化肉用品种与本地黄牛的杂交后代。如果用我国地方良种作母本,牛肉品质和经济效益更好。秦川牛、南阳牛、鲁西牛、晋南牛也可用来生产高档牛肉。

2. 年龄与性别

生产高档牛肉最佳的开始肥育年龄为12~16月龄,30月龄以上不宜肥育生产高档牛肉。阉牛虽然不如公牛生长快,但其脂肪含量高,胴体等级高于公牛,而又比母牛生长快,因此生产高档牛肉以阉牛育肥最好。其他方面的要求以达到一般肥育肉牛的最高标准即可。

(三)肥育期和出栏体重

生产高档牛肉的牛,肥育期不能过短。一般肥育期12月龄牛为8~9个月,18月龄牛为6~8个月,24月龄牛为5~6个月。出栏体重应达500~600kg,否则胴体质量达不到应有的级别,牛肉达不到优等或精选等级,故既要求适当的月龄,又要求一定的出栏体重,二者缺一不可。

(四)饲养方法

高档牛肉生产对饲料营养和饲养管理的要求较高。1岁左右的架子牛阶段可多用青贮、干草和切碎的秸秆,当体重300kg以上时逐渐加大混合精料的比例。肥育期必须采用高营养平衡日粮,以粗饲料为主的日粮难以生产出高档牛肉。所用饲料必须优质,不能潮湿发霉,也不允许虫蛀鼠咬。籽实类精料不能粉碎过细,青干草、青贮饲料必须正确调制,秸秆类必须氨化、揉碎。

如选择12月龄、体重300kg的牛进行肥育,按日增重1kg的日粮饲喂,肥育到18月龄以后,应酌情增加喂料量10%左右。每天饲喂2~3次,饮水3~4次。最后2个月要调整日粮,不喂含各种能加重脂肪组织颜色的草料,如大豆饼粕、黄玉米、南瓜、胡萝卜、青草等。多喂能使脂肪白而坚硬的饲料,如麦类、麸皮、麦糠、马铃薯和淀粉渣等。粗料最好用含叶绿素、叶黄素较少的饲草,如玉米秸、谷草、干草等。注意提高营养水平,增加饲喂次数,使日增重达到1.3kg以上。高精料肥育时,应防止发生酸中毒。到22月龄时,体重达到600kg,此时膘情为满膘,脂肪已充分沉积到肌肉纤维之间,使眼肌切面上呈现理想的大理石花纹。下面列举几例典型日粮参考配方。

配方1(适用于体重300kg):精料4~5kg/(d·头)(玉米50.8%、麸皮24.7%、棉粕22.0%、磷酸氢钙0.3%、石粉0.2%、食盐1.5%、碳酸氢钠0.5%,预混料适量);谷草或玉米秸3~4kg/(d·头)。

配方2(适用于体重400kg):精料5~7kg/(d·头)(玉米51.3%、大麦21.3%、麸皮14.7%、棉粕10.3%、磷酸氢钙0.14%、石粉0.26%、食盐1.5%、碳酸氢钠0.5%,预混料适量);谷草或玉米秸5~6kg/(d·头)。

配方3(适用于体重450kg):精料6~8kg/(d·头)(玉米56.6%、大麦20.7%、麸皮14.2%、棉粕6.3%、石粉0.2%、食盐1.5%、碳酸氢钠0.5%,预混料适量),谷草或玉米秸5~6kg/(d·头)。

管理上要特别注意卫生保健,饲料安全,防寒防暑和牛体刷拭。

(五)屠宰工艺

屠宰前应先进行检疫,并停食24h,停水8h,称重。然后用清水冲淋洗净牛体,冬季要用20～25℃的温水冲淋。

将经过宰前处理的牛牵到屠宰点，按规定程序屠宰。屠宰的工艺流程是：电麻击昏－屠宰间倒吊－刺杀放血－剥皮（去头、蹄和尾）－去内脏－胴体劈半－冲洗、修整、称重－检验－胴体分级编号。测定相关屠宰指标后，进入下道工序。

（六）胴体嫩化

牛肉嫩度是高档和优质牛肉的重要质量指标。嫩化处理又称排酸或成熟，是提高嫩度的重要措施，方法是在专用嫩化间，温度0～4℃、相对湿度80%～85%条件下，吊挂7～9d（称吊挂排酸）。嫩化后的胴体表面形成一层"干燥膜"，羊皮纸样感觉，pH 5.4～5.8，肉的横断面有汁液，切面湿润，有特殊香味，剪切值可达到平均3.62kg以下的标准。也可采用电刺激嫩化或酶处理嫩化的方法。

（七）胴体分割包装

严格按照操作规程和程序，将胴体按不同档次和部位进行切块分割，精细修整。高档部位肉有牛柳、西冷和眼肉三块，均采用快速真空包装，每箱重量为15kg，然后入库速冻，也可在0～4℃冷藏柜中保存销售。

近年来，国内有关高档牛肉生产技术不断提高，如西北农业大学黄牛研究室研究制定了"秦川牛高档牛肉生产技术规范"，北京市农林科学院综合所肉牛研究室创建了"望楚高档牛肉生产实践模式"等，相继建立了高档牛肉生产线，推动了我国高档牛肉的生产进程。

单元五 | 提高肉牛肥育效果的技术措施

一、一般措施

1. 选好品种

我国没有专用肉牛品种，所以，肥育牛应选择国外优良肉用公牛与我国地方品种母牛的杂交后代，三元杂交后代效果更好。也可选择我国优良的地方品种及杂交后代，利用其杂种优势提高肥育的效果。

2. 利用公牛肥育

研究表明，公牛的生长速度和饲料转化率明显高于阉牛，并且胴体瘦肉率高，脂肪少。一般公牛的日增重比阉牛高14.4%，饲料利用率高11.7%。因此，2岁内出栏的肉牛以不去势为好。

3. 注意牛的体形选择

按照前述架子牛和犊牛的选择要求，选好肥育牛，对提高肥育效果和经济效益非常重要。如选去势牛，以3～6月龄早去势的牛为好，可减少应激，加速骨骼钙化，出栏时出肉率高且肉质好。

4. 选择适龄牛肥育

应选1～2岁牛进行肥育，此类牛生长快，肉质好，效益高。

5. 抓住肥育季节

在四季分明的地区，春秋季肥育效果最好，此时气候温和，牛采食量大，生长快。夏季炎热，不利于牛增重。牧区肉牛出栏以秋末为最佳。冬季肥育要注意防寒，为肉牛创造良好生活环境。

6. 合理搭配饲料

按照肉牛生长发育的生理阶段，合理确定日粮营养含量。肌肉生长快的阶段增加蛋白质的供应，脂肪生长快的阶段多供应能量饲料，使其体重和各组织的增长与营养供应同步。

7. 注意饲料形态和调制

秸秆类饲料在喂前应用揉搓机揉搓成0.5～1cm的丝状，或先铡短再粉碎成0.5～0.7cm长，然后氨化处理。干草可制粒，无制粒条件可粉碎。青贮原料切成0.8～1.5cm后青贮。饲喂前将所用各类饲料充分拌匀，以看不到各类饲料层次为准。理想的肥育牛饲料，应当有青贮料或糟渣类饲料，可将这类饲料与其他饲料均匀拌成半湿状（含水量40%～50%）饲喂，效果最好。肥育牛不宜采食干粉状料。

8. 精心管理

肥育前要驱虫健胃，预防疾病。平时要勤检查，细观察，发现异常及时处理。严禁饲喂发霉变质的饲料，饮水要卫生。勤刷拭，少运动，圈舍要勤换垫草，勤清粪便，勤消毒，保证肥育安全。

二、特殊措施

1. 调控瘤胃发酵，增加采食量

单位时间内牛采食饲料多，则用于转化为产品的进食部分增加，用于维持的部分相对减少，饲料转换率提高，肥育速度加快。瘤胃发酵在反刍动物营养上占有举足轻重的地位，而调控瘤胃发酵以使微生物的生长和瘤胃发酵达到最佳状态，是增加采食量、提高肉牛生产性能的关键。

（1）早期锻炼，定向培育　哺乳期犊牛早期补饲草料，肥育初期日粮组成中粗纤维比例在50%以上，可以锻炼胃肠，增大胃的容积。

（2）饲养方式调控　坚持先粗后精的饲喂程序，少喂勤添、增加饲喂次数能降低瘤胃的代谢波动，维持氨的稳定释放，提高非蛋白氮利用率。

（3）饲料添加剂调控　在日粮中添加有助于消化的药物、诱食剂。

（4）日粮组成调控　适当增加并相对稳定精料比例，可增加丙酸产量，降低乙酸、丁酸的产生，进而提高饲料利用率和肉牛生产性能。

（5）防止酸中毒　高饲养水平肥育效果好，但容易发生酸中毒。日粮中要保持适当比例的粗饲料，并适当添加瘤胃素或碳酸氢钠，以预防酸中毒发生。

2. 非蛋白氮利用

（1）影响牛利用尿素效果的因素　初生犊牛瘤胃容积小，功能尚不健全，微生物菌落尚未建立，不能利用非蛋白氮。犊牛6周龄时瘤胃中已建立一部分微生物菌落，到9～12月龄才具有成年牛的瘤胃微生物功能。因此，从12月龄开始在日粮中补加尿素为好。

严格控制尿素用量，尿素的一般喂量为饲料中总干物质的1%；或不超过精料的3%，不超过日粮中蛋白质总量的20%～25%；或每100kg体重喂20～30g。通常育成牛日喂30g，肥育牛日喂80～100g。饲料中蛋白质为9%～12%时，用尿素将蛋白质提高到16%～18%时效果最好。

日粮中应有一定量糖类，为微生物利用氨提供可利用的碳架和能源。日粮中糖类的种类直接影响非蛋白质氨的利用。据测定，纤维素提供营养的速度太慢，糖则过快，以淀粉效果为最好。

（2）尿素的饲喂方法　按饲喂量把尿素均匀地混合在精料或切碎的粗饲料中拌匀饲喂，严禁将尿素的日喂量一次集中喂给，以免尿素在胃中浓度过大，分解氨过多；严禁将尿素溶于水中饮用，以免造成尿素分解快，利用率低。

尿素加入由秸秆、能量饲料和矿物质饲料组成的颗粒饲料，可延缓尿素在胃中水解速度，便于微生物更好地利用氨态氮。制作尿素青贮料时，每100kg青贮原料中加0.5～0.6kg溶解后的尿素，充分搅匀；或者每吨饲料中添加5～6kg尿素，制作时先把尿素溶于水，再喷洒在青贮原料中，拌匀装窖即可。

3. 饲料添加剂的利用

添加的目的在于完善日粮全价性，提高饲料利用率，促进家畜生长，防止疾病发生，改进畜产品品质。

使用的饲料添加剂必须有确实的生产效果与经济效益；对家畜不产生急性或慢性中毒和不良影响；不影响饲料的适口性和采食性；不影响畜产品质量和人体健康。使用时应先在少量饲料中进行预混，并充分拌匀，不能混入水中贮存和加入发酵过程的饲料中，更不能与饲料一起煮沸后食用。长期使用一种抗生素添加剂会使家畜消化道微生物产生抗药性，因此，几种抗生素添加剂应交替使用。

肉牛饲料中常加的添加剂有以下几种。

（1）抗生素　抗生素对6月龄前的犊牛有促进生长发育的作用，主要是抑制或排除不利于牛体发育的微生物，维持正常的消化功能，提高对传染病的抵抗力。对6月龄以后的育成牛作用不显著，一般不使用。使用剂量：青霉素每千克饲料加入5～10mg，链霉素、合霉素、土霉素每千克饲料加入5～20mg。

（2）瘤胃素　瘤胃素是一种促进肉牛增重的生物活性化合物。在饲喂高精料日粮时，能抑制瘤胃内乙酸、丁酸的产生，增加丙酸的比例，从而缓解酸中毒的发生;能减少瘤胃中蛋白质降解,以增加过瘤胃蛋白质数量;降低饲料干物质的消耗,改善营养成分的利用率,从而提高家畜增重和饲料转化率,可提高肉牛日增重2% ~23%,提高饲料利用率8% ~15%。以纯品计算,每头牛每日可喂50 ~360mg,直至出栏。由于瘤胃素用量很少,饲喂前要先制成预混料,再加入日粮中充分拌匀。方法是取商品瘤胃素(1kg商品瘤胃素含纯品瘤胃素60g)1.0kg,加入载体200kg,放入混合机内充分搅拌。1kg预混料内含纯品瘤胃素0.3g,根据每头牛的需要量加入日粮内,再充分拌匀即可。

(3)碳酸氢钠　碳酸氢钠是一种常用的缓冲剂,能中和瘤胃中的酸性物质,使胃中pH升高,增加采食量,提高饲料消化率,并能促进胃肠蠕动。饲喂量一般为混合精料的1% ~2%。

单元六 | 肉牛产肉性能评定

一、初生重和日增重

1. 初生重

初生重是指犊牛出生后被毛已擦干首次哺乳前实际称量的体重,是衡量胚胎期生长发育的重要标志。初生重具有中等的遗传力,也是选种的一个重要指标。影响初生重的主要因素是牛的品种及母牛的年龄、体重、体况。早熟品种的初生重占成年母牛体重的5% ~5.4%,大型品种为5.5% ~6.0%。

2. 断奶重

断奶重是肉牛生产中重要指标之一,不仅反映母牛的泌乳性能、母性强弱,而且在某种程度上决定犊牛的增重速度。由于犊牛断奶时间不一致,断奶前的增重速度受母牛年龄和犊牛性别的影响,因此,在比较犊牛断奶重时必须进行校正。其公式为:

校正断奶体重 =〔(断奶重 - 初生重)/实际断奶日龄 × 校正的断奶日数 + 初生重〕× 母牛年龄系数

母牛年龄校正可用母牛产犊年龄系数乘上犊牛的断奶重,此系数为:2岁 = 1.15,3岁 = 1.1,4岁 = 1.05,5 ~10岁不需校正,11岁或更大 = 1.05。

例如:选用205d校正断奶体重,初生重40kg,断奶重216kg,实际断奶天数201d,母牛年龄为3岁。

校正的断奶体重 =〔(216 - 40)/201 × 205 + 40〕× 1.1 = 241.5(kg)

3. 断奶后增重

肉用牛从断奶到性成熟体重增加很快,是提高产肉性能的关键时期,要抓住这个时期提早肥育出栏。为了比较断奶后的增重情况,通常采用校正的1岁(365d)体重。计算公式为:

校正的365d体重=(实际最后体重－实际断奶体重)/饲养天数×(365－校正断奶天数)+校正断奶重

如果18月龄(1.5岁)肥育出栏,可以比较550d的增重性能。

校正的550d体重=(实际最后体重－实际断奶体重)/饲养天数×(550－校正断奶天数)+校正断奶重

4.日增重

日增重是衡量增重和肥育速度的标志。肉用牛在充分饲养条件下,日增重与品种、年龄关系密切,8月龄以前日增重较高,1岁后日增重下降。因此,肥育出栏年龄宜在1~2岁。日增重在性别上有差异,公牛比阉牛增重快,而阉牛又比青年母牛增重快。计算日增重和肥育速度须定期测定各阶段的体重。其计算公式为:

日增重=(期末重－期初重)/期始至期末的饲养天数

例如:一头牛肥育开始体重为300kg,期末体重为450kg,饲养期为140d。则这个阶段的日增重为:

日增重=(450－300)/140 =1.07(kg/d)

二、饲料利用率

饲料利用率与增重速度之间存在着正相关,是衡量牛对饲料的利用情况及经济效益的重要指标。根据总增重、净肉重及饲养期内的饲料消耗量,常用干物质或饲料单位或能量表示。其计算公式为:

增重1kg体重需饲料干物质(kg)或能量(MJ)或饲料单位=饲养期内共消耗饲料干物质(kg)或能量(MJ)或饲料单位/饲养期内净增重(kg)

生产1kg肉需饲料干物质(kg)或能量(MJ)或饲料单位=饲养期内共消耗饲料干物质(kg)或能量(MJ)或饲料单位/屠宰后的净肉重(kg)

例如:一头二代杂交牛,在饲养期内共消耗971个饲料单位,净增重334.5kg,屠宰后净肉重179.5kg,则其饲料利用率为:增重1kg体重需饲料单位=971/334.5=2.9,每千克肉需要饲料单位=971/179.5=5.41。

三、肥育程度

通过目测和触摸来测定屠宰前肉牛的肥育程度,用以初步估测体重和产肉力,对此必须有丰富的实践经验,才能比较准确地判断肥育情况。目测的着眼点主要是测定牛体的大小,体躯的宽狭与深浅度,肋骨的长度与弯曲程度,以及垂肉、肩、背、臀、腰角等部位的丰满程度,并以手触摸各主要部位肉层的厚薄和耳根、阴囊处脂肪蓄积的程度。肉牛屠宰前肥育程度的评定标准如表4－6所示。

表4-6 肉牛屠宰前肥育程度的评定标准

等级	评定标准
特级	肋骨、脊骨、腰椎横突都不明显,腰角与臀端呈圆形,全身肌肉发达,肋骨丰满,腿肉充实,并向外突出和向下延伸
一等	肋骨、腰椎横突都不明显,腰角与臀端圆,全身肌肉较发达,肋骨丰满,腿肉充实,但不向外突出
二等	肋骨不明显,尻部肌肉较多,腰椎横突不明显
三等	肋骨、脊骨明显可见,尻部如屋脊状,但不塌陷
四等	各部关节完全暴露,尻部塌陷

四、胴体中肌肉、脂肪和骨骼的比例

胴体中肌肉、脂肪和骨骼的比例因品种而异,如表4-7所示。

表4-7 阉牛胴体组成

品种	头数	活重/kg	肌肉/%	脂肪/%	骨骼/%
海福特	27	402	54.5	31.3	14.1
安格斯	23	393	52.7	34.3	12.8
婆罗门	16	379	60.1	24.4	15.3
中国荷斯坦	23	413	60.1	22.1	17.6

肉骨比(即产肉指数)是指牛的胴体中肌肉重量和骨骼重量的比例,也就是肉重为骨重的倍数;肉脂比是指牛屠宰后,肌肉重量和脂肪重量的比例,即肌肉重量为脂肪的倍数。肉用牛的产肉指数为5.0,兼用牛为4.1,乳用牛为3.3。

五、屠宰率、净肉率

屠宰率、净肉率是表示肉牛产肉性能的重要指标。肉用牛的屠宰率为58%~65%,兼用牛为53%~54%,乳用牛为50%~51%。肉牛肉骨比随胴体重的增加而提高,胴体重185~245kg时肉骨比为4:1,310~360kg时为5.2:1。

净肉率依牛的品种、年龄、膘度和骨骼粗细不同而异,良种肉牛在较好的饲养条件下,肥育后净肉率在45%以上。早熟品种、幼龄牛、肥度大和骨骼较细者净肉率高。

胴体重=活重-(头重+皮重+血重+内脏重+腕跗关节以下的四肢重)

屠宰率=胴体重/活重×100%

净肉率=净肉重/活重×100%

六、眼肌面积

眼肌面积指倒数第一和第二肋骨间脊椎上背最长肌(眼肌)的横截面积。眼肌面积是评定肉牛生产潜力和瘦肉率大小的重要技术指标之一。

眼肌面积的测定方法：在第12肋骨后缘处将脊椎锯开，然后用利刀切开12～13肋骨间，在12肋骨后缘用硫酸纸将眼肌面积描出，用求积仪或方格透明卡片（每格1cm）计算出眼肌面积。

思考与练习

1. 我国肉牛育肥有哪些方式？在生产中的应用如何？
2. 试述提高肉牛肥育效果的技术措施。

知识链接

一、肉牛生长发育的一般规律

（一）肉牛的增重规律

1. 体重的一般增长

肉牛的体重增长速度受品种、初生重、性别、饲养管理等因素的影响。肉用品种比非肉用品种增重快。同是肉用品种，大型品种比小型品种增重快，若饲养到相同体组织比例，则大型晚熟品种的饲养期较长，小型早熟品种饲养期则短；初生重大的牛，断奶重也大，断奶后的增重相对较快；公牛增重比阉牛快，而阉牛又比母牛快；营养水平越高，增重越快。

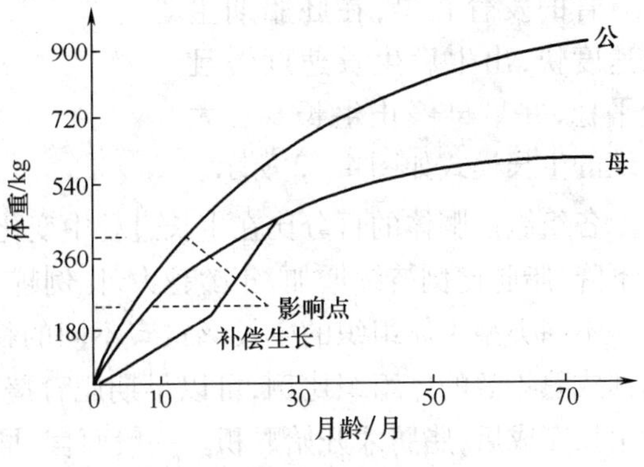

图4－1　肉牛的生长曲线

一头牛在一生中体重的增长速度也是不一致的。出生后到断奶生长速度较快，断奶至性成熟最快，性成熟后逐渐变慢，到成年基本停止生长。从年龄看，12月龄前生长速度快，以后逐渐变慢。肉牛的生长曲线如图4－1所示。身体各部分的生长特点在各个时期也有所不同，一般是头部、内脏、四肢发育较早，而肌肉、脂肪发育较迟。初生时，可食部分很少，所以屠宰初生犊牛做肉用是很不经济的。

生长发育最快的时期也是饲料营养转化为体重的效率最高的时期。掌握这个特点，在生长较快的阶段给予充分饲养，便可在增重和饲料转化率上获得最佳的经济效果。

2. 体组织的生长规律

牛体组织的生长直接影响到增重、屠宰率、净肉率和肉的质量。尤其是肌肉、脂肪和骨组织在生产中意义重大。

肌肉的生长在出生后主要是肌纤维体积增大而致肌肉束增大。生长速度是初生到8月龄强度生长，8~12月龄生长速度减缓，18月龄后生长速度更慢。肉的纹理随年龄增长而变粗，因此，青年牛的肉质比老年牛嫩。

脂肪生长速度在12月龄前较慢，稍快于骨，以后变快。生长顺序是先贮积在内脏器官附近，即网油和板油，使器官固定于适当的位置，然后是皮下，最后沉积到肌纤维之间形成"大理石"花纹状肌肉，使肉质变的细嫩多汁。"大理石"状肌肉必须饲养到一定肥度时才会形成。老年牛经肥育，使脂肪沉积到肌纤维间，也可使肉质变好。

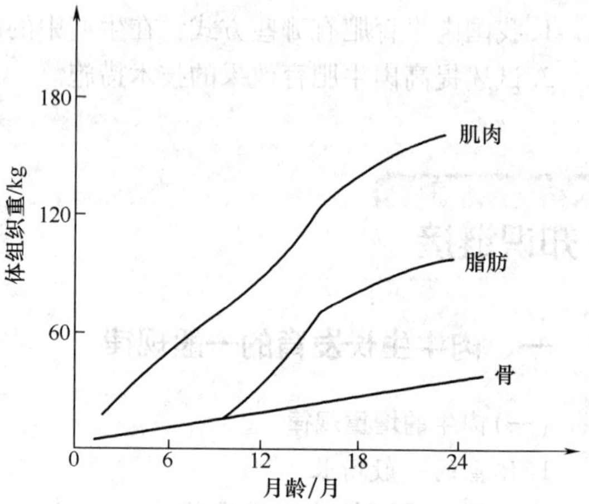

图4-2 体组织生长曲线

骨的发育较早，在胚胎期生长速度快，出生后生长速度慢且较平稳，并最早停止生长。三大组织的生长模式如图4-2所示。

各组织占胴体的百分比在生长过程中变化很大。肌肉占胴体的比例是先增加后下降；脂肪比例持续增加，年龄越大，比例越大；骨的比例持续下降。

不同类型牛体组织的生长形式有不同的特点，早熟品种一般在体重较轻时便达到成熟年龄的体组织比例，可以早期肥育屠宰。大型晚熟品种必须在骨骼和肌肉生长完成后，脂肪才开始贮积。一般而言，早熟品种和晚熟品种在生长的最初阶段，肌肉和骨骼所占的比重相似，当体重达120kg时，早熟品种脂肪组织生长快于晚熟品种，但肌肉生长慢于晚熟品种，骨的生长比例一直相似。公牛与阉牛相比，公牛的骨骼稍重且肌肉较多，脂肪生长延迟，日增重和屠宰率均超过阉牛。

在体重损失和恢复过程中，体组织按一定规律变化。当体重损失时，肌肉与脂肪的损失同时发生，且肌肉损失较多；当体重恢复时，肌肉组织恢复较快，脂肪组织较慢；骨一般变化不大。

(二)补偿生长

在生产实践中，常见到牛在生长发育的某个阶段，由于饲料不足、生活环境突然变化或因疾病造成生长速度下降，甚至停止，一旦恢复高营养水平饲养或环境条件满足了生长发育需要，则生长速度比正常时还快，经过一定时期的饲养，仍能恢复到正常体重，这种特性称为补偿生长。

补偿生长不是在任何情况下都能获得的。生长受阻若发生在初生至3月龄或胚胎期，则以后很难补偿；生长受阻时间越长，越难补偿，一般以3个月内，最长不超过6个月补偿效果较好；补偿能力与进食量有关，进食量越大，补偿能力越强；补偿生长虽能在饲养结束时达到所要求的体重，但总的饲料转化率仍比正常低。

二、影响肉牛肥育效果的因素

肉牛的肥育效果受品种与类型、年龄、性别、饲养水平和营养状况及杂交等因素的影响。

(一)品种

不同品种类型生产力水平有明显差异。肉用牛品种比乳用牛、乳肉兼用牛、役用牛品种能较快地结束生长期，早期进行肥育，可提早出栏，节约饲料，并能获得较高的屠宰率、净肉率，肉的质量也较好，大理石花纹明显，且肉味鲜美。通常肉牛肥育后屠宰率为60% ~65%，兼用牛为55% ~60%，秦川牛和鲁西牛18个月龄分别为58.28%和58.33%，水牛为53%。

在同等饲养环境条件下，一般大型肉牛品种比小型肉牛品种的初生重、日增重高；成年母牛体重大小对犊牛的生长也有明显效应。

早熟性对肉用家畜来说是一个重要的生理要素，表现在屠宰率较高，肉质好，生长早熟和发育早熟。利用早期生长快的特点进行育肥生产犊牛肉已受到国际肉牛业的广泛重视。根据早熟性特点进行品种选择，有助于加速产肉性能，增加经济效益。

小型英国品种早熟，欧洲大型品种较晚熟，我国本地黄牛属晚熟品种。

(二)年龄

肉牛的增重速度、胴体质量和饲料消耗与年龄有十分密切的关系。年龄越大，每千克增重消耗的饲料就越多(以干物质计算)，故一般年龄不超过2岁。不同年龄牛增重1kg的饲料消耗如表4-8所示。

表4-8　不同年龄牛增重1kg的饲料消耗

年龄/d	30 ~360	360 ~720	720 ~1080	1080 ~1440
增重1kg活重需要干物质/kg	2.31	5.11	7.73	10.65

年龄较大的牛，增加体重主要依靠贮积脂肪；而年龄较小的牛，则主要依靠肌肉、骨骼和各种器官的生长。肉牛生长发育第一年增重最快，第二年仅为第一年的70%。不同年龄的牛进行肥育，增重效果差异较大，一般年龄较小的肥育初期增重速度较快，所以，最好选择1.5岁前的育成牛进行肥育。

（三）营养水平

如果母牛妊娠后期缺乏营养，胎儿后期发育将受到影响，各部位发育比例失常，四肢骨生长严重受阻，在外形上出现头大、颈细、四肢短小、初生重小的受阻现象。如果初生后犊牛缺乏营养，对体轴发育影响较大，体躯的长、宽、深度发育受阻，外形上表现出体躯狭窄、四肢较高、后躯高耸的幼稚型。到断奶时如果营养仍然缺乏，晚熟部分的腰、骨盆等的发育将受到很大影响。

（四）环境

适宜的温度有利于生长发育。冬季低温条件下能降低牛的消化率，增加能量消耗，从而降低日增重和增加饲料消耗。在正常情况下，以冬季产的犊牛初生重最大，夏季产的次之，秋季最小；但出生后的体重增长以秋季产的最快，夏季次之，冬季最小。这主要与母牛妊娠后期的营养情况及犊牛所处的环境条件有关。寒冷对于肉牛体重增长不利，一般要求 5 ~ 21℃ 为最适宜。

光照可促使牛神经兴奋，提高代谢水平，有助于钙磷吸收利用，保证骨骼正常发育。不过肉牛催肥阶段需光线较暗的环境，以利安静休息，加速增重。

运动有助于各器官功能的生长发育，增强体质，提高生活力。在集约化饲养方式下，要保证充足的运动，促使胸廓和四肢发育良好。肥育期应控制运动，降低能量消耗，以利催肥。

（五）性别

牛的性别能影响肉的产量和质量。公母犊牛在性成熟前的发育几乎没有差别。但从性成熟开始，公犊的增重速度明显地超过母犊，其原因是雄性激素促进公犊生长，而雌性激素抑制母犊生长。一般而言，母牛的肉质较好，肌纤维细，结缔组织较少，容易肥育。育成公牛比阉牛有较高的生长率和饲料转化率。公牛比阉牛有较多的瘦肉、较高的屠宰率和较大的眼肌面积，而阉牛则有较多的脂肪和“五花肉”。

据研究，生长牛的增重速度以公牛最快，阉牛次之，母牛最慢。肌肉的增重速度也以公牛最快，但脂肪的沉积速度则以阉牛为最快。故目前有些国家主张公牛不去势，于 12 ~ 15 月龄屠宰，可降低生产成本，且不会影响肉的味道。

（六）饲养方式

肉牛生产力的发挥与饲养方式及肥育期有关。放牧肥育在牧草生长旺盛的夏季效果好，最经济，枯草来临前把肥育牛出栏。半舍饲能充分利用草场和粗饲料，结合补饲部分精料，肥育效果更好。舍饲肥育的好处是受自然条件影响较小，可以进行一年四季的牛肉生产，但投资规模较前两种方式大，技术水平要求相对较高，育肥效果幼牛比成年好。

（七）经济杂交

经济杂交是提高肉牛产肉量的重要途径。我国黄牛与肉牛杂交，其杂交后代普遍具有耐粗饲、适应性强、生长快的特点，初生重、日增重、肉质、屠宰率等都有显著提高，表现出良好的杂交优势。

情境五 牛羊场经营管理

本情境主要学习牛场的经营管理，规模羊场的经营管理可参照牛场进行。

单元一 | 牛羊场卫生防疫

一、牛羊场防疫措施

（一）疫病预防措施

1. 场址的选择与规划要合理

牛羊场正确选址及合理布局是预防和控制各类传染性疾病的重要前提。新建场场址应选择在地势平坦、向阳背风、排水良好、水源充足、无污染且未发生过传染病的地方。场区周围应设绿化隔离带。从疫病防控的角度考虑，特别是针对口蹄疫等烈性传染病，牛羊场应远离交通干线和居民区 1000m 以上，距离其他饲养场 1500m 以上，距离屠宰场、畜产品加工厂、垃圾及污水处理厂 2000m 以上。

场内应规划好管理和生活区、生产和饲养区、生产辅助区、畜粪堆贮处理区和病牛羊隔离区，各区应相互隔离，其间距不少于 50m。运送饲料和鲜乳的道路与装运粪污的道路应分开，并尽可能避免交叉。管理区和生产区应设在上风向，其间应有消毒间和消毒池。牛羊舍地面、墙壁应选用便于清洗消毒的材料，以利于彻底消毒，并应具备良好的粪尿排出系统。排污应遵循减量化、无害化和资源化的原则。

2. 搞好环境卫生

（1）创造良好的饲养环境　牛羊舍要求阳光充足，通风良好，冬天保暖，夏天防暑，排水通畅，舍内以温度 10～15℃、相对湿度 40%～70% 为宜；运动场干燥无水。及时清除粪便等污物，保持圈舍、运动场卫生，粪便应堆积发酵，以杀灭部分病原体。

(2)保持乳房卫生　保持牛床卫生和乳房清洁，每次挤奶前要清洗乳房。

(3)保持肢蹄健康　每天坚持清理蹄部，保持清洁卫生，定期进行蹄浴。保持运动场等活动场地平整、干燥、清洁。

(4)灭鼠、杀虫、防兽　老鼠、蚊、蝇和其他吸血昆虫是病原体的宿主和携带者，能传播多种传染病和寄生虫病。应当认真开展杀虫、灭鼠工作。同时禁止犬、猫等动物进入生产区。

3. 严格消毒制度

(1)预防性消毒

①环境消毒：牛羊场周围及场内污水池、蓄粪池、下水道出口等设施每月用漂白粉消毒1次。场大门口应设消毒池，一切人员、车辆进出门口时，必须从消毒池通过。消毒池的长度为4.0m以上、深度30cm以上，使用2%氢氧化钠溶液消毒，每周更换消毒液2～3次，可视情况决定消毒液的更换频率。牛羊舍周围及运动场每周用2%氢氧化钠或生石灰消毒1次。牛羊粪采取堆积发酵处理，堆积处每周用2%～4%氢氧化钠消毒1次。

②人员消毒：禁止外来人员进入生产区参观。工作人员进入生产区，要更换清洁的工作服和鞋、帽；手臂用肥皂洗净后，浸于洗必泰或新洁尔灭等消毒液内3～5min，再用清水冲洗后擦干；站立于紫外灯下进行紫外线消毒；穿上生产区的水靴或其他专用鞋，通过脚踏消毒池后才能进入生产区。工作服和鞋、帽应定期清洗、更换，且不准穿出生产区。清洗后的工作服晒干后，须进行熏蒸消毒20min。

③圈舍消毒：圈舍入口设消毒池，使用2%氢氧化钠溶液消毒，原则上每天更换消毒液1次。每年春秋两季，用0.1%～0.3%过氧乙酸或1.5%～2%氢氧化钠对圈舍进行1次全面彻底消毒。床位和食槽每月消毒1～2次。每次产犊前要消毒产房。

圈舍消毒先用3%～5%氢氧化钠溶液等进行1次喷洒消毒，可加用杀虫剂，以杀灭寄生虫和蚊蝇等。24h后用高压水枪冲洗，干燥后再用新洁尔灭喷雾消毒1次。为了提高消毒效果，一般要求使用2种以上不同类型的消毒药进行至少3次的消毒，喷雾消毒要使消毒对象表面湿润挂水珠。对排风扇、通风口、天花板、横梁、吊架、墙壁等部位的积垢进行清扫，清除所有垫料、粪肥，清除的污物集中处理。清扫后，用喷雾器或高压水枪由上到下、由内向外冲洗干净。对较脏的地方，可先进行人工清理，要注意对角落、缝隙、设施背面的冲洗，做到不留死角。喂料器和饮水器、供热及通风设施、圈舍等特殊设备很难彻底清洗和消毒，必须完全清除残料、粪便、皮屑等有机物，再用压力泵冲洗消毒。

圈舍消毒后空置5～6d才能进入牛羊。

④用具消毒：出入养殖场及圈舍的车辆、工具，可采用消毒药喷洒消毒。饲喂

用具、料槽、饲料车等定期消毒,可用0.1%新洁尔灭或0.2% ~0.5%过氧乙酸。

⑤带群消毒:在不转移牛羊的情况下,对牛羊群、圈舍及用具等消毒,可选用0.3%过氧乙酸、0.1%次氯酸钠、新洁尔灭、百毒杀等。用高压动力喷雾器或背负式手摇喷雾器,将喷头高举空中,喷嘴向上以画圆圈方式先内后外逐步喷洒,使药液如雾状缓慢下落。要喷到墙壁、屋顶、地面,以均匀湿润和牛羊体表湿润为宜,不得直接喷淋畜体,雾粒直径应控制在80~120μm,同时与通风换气措施相配合。

无论采用何种消毒方式,要根据生产实践,结合养殖场防控疫病的需要,选择适当的消毒液。一般情况下,牛羊舍内可用3% ~5%漂白粉液消毒,运动场清除表层土后用10% ~20%漂白粉液,围栏可用15% ~20%石灰乳涂刷消毒。常用消毒药物如表5-1所示。

表5-1 常用消毒药物表

品种	类别	常用浓度	pH	适宜温度	使用范围
过氧乙酸	氧化剂	0.05% ~0.1%	3	≥0℃	喷雾、熏蒸
氢氧化钠	碱	1% ~5%	≥13	≥22℃	环境喷洒
甲醛	醛	5% ~10%	6	≥15℃	环境喷洒、熏蒸
二氯异氰尿酸钠	卤素	1:800	6	≥0℃	喷雾、环境喷洒
三氯异氰尿酸钠	卤素	1:800	6	≥0℃	喷雾、环境喷洒

(2)紧急消毒 发生动物疫情时采取紧急消毒。应先对圈舍内外进行消毒后,再清理和清洗,将畜舍内的污物、粪便、垫料、剩料、病死畜、被扑杀畜及其产品等所有物品进行无害化处理。无害化处理可以选择深埋、焚烧等方法,饲料、粪便也可以堆积密封发酵处理。畜舍墙壁、地面,特别是屋顶木架等,用消毒液进行喷雾或喷洒消毒。对金属设备可采取火焰消毒。对所有可能被污染的运输车辆、道路应严格消毒,车辆内外所有角落和缝隙都要用消毒液消毒,再用清水冲洗,不留死角。车辆上的物品也要做好消毒。

参加疫病防控的工作人员,包括穿戴的工作服、鞋、帽,使用的器械等都要进行严格的消毒,消毒方法可采用消毒液浸泡、喷洒、洗涤等。消毒过程中所产生的污水应作无害化处理。

4. 预防接种

根据《中华人民共和国动物防疫法》及相关法规的规定,结合本地区发生传染病的种类、季节、流行规律,牛羊的生产、饲养、管理和流动等情况,按需要制定相应的免疫程序及具体的预防接种计划,适时进行预防接种。

(1)口蹄疫免疫接种

①常规免疫程序:犊牛羊:出生后3~4个月首免,颈部深部肌肉注射牛羊O-AsiaⅠ型口蹄疫双价灭活苗2mL/头;首免1个月后,进行二免(方法、剂量同首

免)，以后每间隔4个月接种1次，肌肉注射牛羊O－AsiaⅠ型双价灭活苗4mL/头。生产母牛羊：分娩前2个月肌肉注射牛羊O－AsiaⅠ型双价灭活苗4mL/头。种公牛羊：每年接种牛羊O－AsiaⅠ型双价灭活苗，每隔4个月免疫1次，肌肉注射4mL/头。

②紧急免疫接种：发生疫情时，要对疫区、受威胁区域的全部易感动物进行1次强化免疫。

(2)布鲁氏菌病免疫接种　布病阳性率高于1%的奶牛场，可定为布病污染牛场。这类牛场要实施免疫接种、监测、隔离淘汰布病牛，做好消毒、无害化处理及生物安全防护。免疫预防用布病S19或S2疫苗，对3～8个月犊牛进行接种。若对成年牛进行免疫预防，剂量应为犊牛的1/10，禁止妊娠牛接种疫苗。

5. 疫情监测

(1)结核病、副结核病、布氏杆菌病检疫　每年春、秋季各进行1次检疫，发现阳性、可疑反应的奶牛要按规定及时处理。

(2)隐性乳房炎监测　泌乳牛每年1、3、6、7、8、9、11月份，干乳前10天和前3天进行隐性乳房炎监测（乳汁体细胞计数或乳房炎诊断液)，发现阳性反应牛要及时治疗。

(3)代谢病的监测

①代谢抽样试验(MPT)：每季度随机抽30～50头奶牛血样，测定血中尿氮含量、血钙、血磷、血糖、血红蛋白等生化指标，观测牛群的代谢状况。

②尿pH和酮体的测定：产前1周至分娩后2个月内，隔日测定尿pH和酮体1次，对测出阳性或可疑牛只及时治疗，并观察牛群状况。

6. 物流管理

有效的物流管理可以切断病原微生物的传播，控制疫病的发生和流行，主要管理包括以下几个方面。

(1)养殖场内畜群、物品要按照规定的通道和流向流通，严格人员行为规范。任何人不准带食物入场，更不能将生肉及含肉制品的食物带入场内；场内技术员不得到其他养殖场进行技术服务；养殖场工作人员不得在家自行饲养口蹄疫病毒易感偶蹄动物；饲养人员各负其责，一律不准串区窜舍，不互相借用工具；不得使用国家禁止的饲料、饲料添加剂及兽药，严格落实休药期规定。

(2)养殖场应坚持自繁自养，必须从外场引进种畜时，要确认产地为非疫区，引进后隔离饲养14d，进行观察、检疫、监测、免疫，确认为健康后方可并群饲养。

(3)动物出场时要对畜群的免疫情况进行检查并做临床观察，无任何传染病、寄生虫病症状迹象和伤残情况方可出场，严格禁止带病畜出场；运输工具及装载器具经消毒处理后，才可以出场。

(4)杜绝同外界业务人员的近距离接触，杜绝使用经营商送上门的原料。养殖场应采购由农业部颁发生产许可证的饲料生产企业生产的饲料和饲料添加剂。

(5)限制采购人员进入生产区,购回的物品交付其他工作人员存放、消毒方可入场使用。

(6)所有废弃物进行无害化处理达标后才能排放。病畜尸体、皮毛的处理按《病害动物和病害动物产品生物安全处理规程》(GB 16548—2006)的规定执行。

(二)扑灭措施

1.疫情报告

当发生传染病或疑似传染病时,应根据《中华人民共和国动物防疫法》及时采取有效措施进行控制和扑灭。驻场兽医应及时诊断,并立即报告当地动物防疫检疫机构。特别是可疑为口蹄疫、炭疽、牛流行热等重要传染病时,一定要迅速将发病的详细情况向上级部门报告。

2.及早诊断

诊断常用的方法有:病史调查、临床检查、病理剖检和实验室检验等。

3.迅速隔离

发现病牛立即报告兽医人员,并迅速将病牛和疑似病牛(与病牛同群未见症状的牛)隔离开来。其目的是控制传染源,以便将疫情控制在最小的范围内就地扑灭。

4.封锁牛场

发生某些重要传染病时,要对牛场进行封闭,迅速控制疫情和集中力量就地扑灭,防止疫病向安全区散播,保护其他地区的动物安全和人体健康。

5.紧急接种

在发生传染病时,为了迅速控制和扑灭传染病,应对疫区和受威胁区尚未发病的牛使用免疫血清、疫(菌)苗进行紧急接种。在疫区应用疫苗进行紧急接种时,只能对正常无病的牛进行接种。急性传染病一般潜伏期较短,牛接种疫苗后会很快产生抵抗力,从而降低发病率,控制传染病流行。

6.治疗和淘汰

当认为无法治愈,或治疗时间很长且费用很高,或患病牛对周围有严重的传染威胁时,为了防止疫病蔓延扩散,应在严密的消毒条件下将病牛进行淘汰处理。

治疗原则:治疗和预防相结合;必须在严密封锁或隔离条件下进行,并且必须及早进行,既要针对病原体消除病因,又要增强病牛抗病能力,使其恢复生理功能。

7.病死畜的处理

(1)化制　尸体在特设的加工厂中加工处理,不但进行了消毒,而且可以加工利用。

(2)掩埋　应选择干燥、平坦、远离住宅、道路、水源、牧场及河流的偏僻地点,尸体掩埋深度至少在2m以上。此法简便易行,但不是彻底的处理方法。

(3)焚烧　此种方法最彻底,适合于处理特别危险的传染病尸体,如炭疽等。禁止在地面焚烧,应在焚尸炉中进行。

二、牛羊场环境污染控制

(一)粪污的处理与利用

粪污处理系统包括粪尿的收集、输送、存储、后续处理、还田。各种粪污处理系统都存在自身的优缺点,在选择粪污处理系统时需要考虑牛羊场养殖模式、规模大小、卧床垫料、所在地的农田耕作措施、周边水源和环境以及未来扩展等因素。

1. 生产沼气

利用厌氧细菌(主要是甲烷菌),对牛羊粪尿等有机物进行厌氧发酵产生沼气,可杀死病原微生物和寄生虫卵,发酵的残渣又可做肥料,因而生产沼气既能合理利用牛羊粪尿,又能防止环境污染。沼气池形式主要有三种:全混罐体式、地下或半地下推流式和覆膜式沼气池。沼气工程工艺流程如图 5-1 所示。

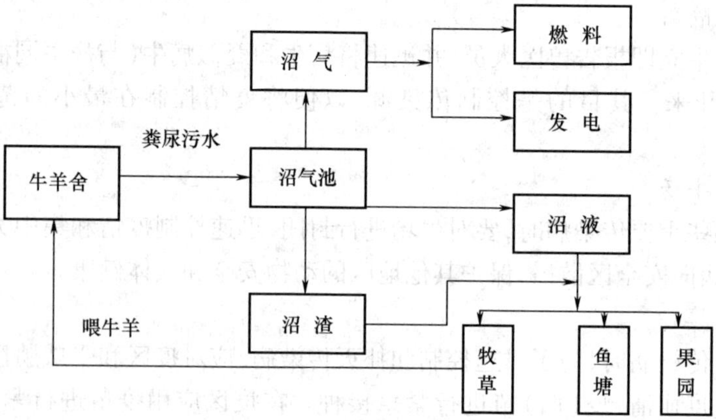

图 5-1 牛场粪尿厌氧发酵处理示意图

2. 堆肥发酵处理

牛羊粪污的堆肥发酵处理是利用微生物的活动来分解粪中的有机成分,可以有效地提高有机物质的利用率。在发酵过程中形成的特殊理化环境,可以杀灭粪中的病原体。堆肥发酵 42d,期间翻抛 6 次,固体含水率降至 30% 以下,灭菌率达 90% 以上,可以作为有机肥料或牛床垫料。主要方法有充氧动态发酵、堆肥处理、堆肥药物处理等,其中堆肥处理方法最简单,无须专用设备,处理费用低。现代堆肥法是根据堆肥原理,利用发酵设备为微生物活动提供必要条件,可以提高效率 10 倍以上,堆制时间最快可缩短到 6d。

3. 固液分离

通过分离器或沉淀池,将粪尿污水进行固体与液体分离,其中,固体作为有机肥还田或作为食用菌(如蘑菇等)的培养基,也可以作为牛床垫料,液体则进入厌氧发酵池，通过微生物—植物—动物—菌藻的多层生态净化系统，使污水污物得以净化。净化的水达到国家排放标准，可排放到江河，或直接回收用于冲刷牛羊舍等。固液分离通常采用机械、格栅和重力的方式，国内生产的固液分离设备每小时可处理几十吨，国外生产的设备每小时可处理200t以上。

（二）有害气体的净化与利用

牛羊的排泄物、皮肤分泌物、黏附于皮肤的污物、呼出气体等，以及粪污在堆放过程中有机物腐败分解，会产生大量难闻的气体，造成了牛羊场特有的臭味。生产中必须采取措施防止粪便产生臭气或防止臭气散发，降低环境污染。常见的减少或防止臭气的方法如下。

1. 吸附或吸收法

通过向粪便或牛羊舍内投放吸附剂来减少臭味的散发。常见的吸附剂有沸石、膨润土、海泡石、凹凸棒石、蛭石、硅藻土、活性炭、泥炭、硫酸亚铁、薄荷油、锯末、腐植酸钠、蒿属植物等。其中，沸石类能很好地吸附氨和水分，抑制氨的产生和挥发，降低畜舍臭味。

2. 化学除臭法

向牛羊舍内喷洒一些化学除臭剂，通过化学反应把有味的化合物转化成无味或较少气味的化合物。一些氧化剂除可以减少气味外，还能起到杀菌消毒的作用。常用的化学氧化剂有高锰酸钾、重铬酸钾、硝酸钾、双氧水、次氯酸盐和臭氧等，其中以高锰酸钾的除臭效果相对较好。

3. 生物除臭法

利用生物除臭剂控制微生物的生长，减少有味气体的产生。常见的生物除臭剂包括生物助长剂和生物抑制剂。生物助长剂利用活的细菌培养基、酶或其他微生物等，加快动物粪便降解过程中有味气体的生物降解过程，减少有味气体的产生。生物抑制剂是通过抑制某些微生物的生长，以控制或阻止有机物质的降解，进而控制气味的产生。

4. 洗涤法

使污染气体与含有化学试剂的溶液接触，通过化学反应或吸附作用去除有味气体的方法。洗涤实际上是一种化学氧化方法，洗涤效果取决于氧化剂的浓度、种类、气体的黏度和可溶性、雾滴大小和速度等。常见的洗涤方式有喷雾洗涤和叠板式洗涤两种。喷雾洗涤的洗涤液被雾化成许多微小的雾滴，雾滴喷洒到被污染的空气中，将带有气味的化合物氧化而除去；叠板式洗涤是一个叠放在一起的铝（钢）板，洗涤液流过铝（钢）板表面时，会形成薄薄的一层水膜，有味气体从底部向上流过水膜表面时即被氧化和吸收。洗涤法特别适用于水溶性高、浓度低、流量大的带有气味的气体的去除，但不适于高浓度的气体，因为高浓度的气体需要更多的洗涤液，会增加处理成本。此外，特定的洗涤剂只能去除特定的气体，而臭气一般是由多种有味气体组成的混合物。因此，要取得较好的除臭效果，常需要多个洗涤器串联使用。

5.场界植林带

在养殖场的周围种植绿色植被，可以降低风速，防止气味传播到更远的距离，减少臭气污染的范围。防护林还可降低环境温度，减少气味的产生与挥发。树叶可直接吸收、过滤含有气味的气体和尘粒，从而减轻空气中的气味。树木通过光合作用吸收空气中的二氧化碳，释放出氧气，可明显降低空气中二氧化碳浓度，改善空气质量。

单元二 | 牛场生产管理

一、奶牛场的岗位设置与生产定额

奶牛场的岗位设置与其规模、设施、工艺等密切相关，不可能制定统一的标准，应根据不同的劳动作业、每个人的劳动能力和技术熟练程度、机械化及自动化水平等条件，设置适当的岗位，规定适宜的劳动定额。一些岗位的职能可以通过社会化专业服务实现，业务量小的情况下，部分岗位可以一人多岗。

（一）管理岗位

奶牛场的核心管理层一般由场长、副场长、财务总监等组成，分别负责技术、行政和财务工作。

1.场长

奶牛场工作的技术性很强，场长一般应受过畜牧兽医专业的系统培训，有奶牛场工作经验，熟悉奶牛场的全面工作。场长的业务能力、管理水平在很大程度上决定了牛场的整体水平，是奶牛场经营成败的关键，要高度重视场长的选拔和培养。场长负责全面经营管理工作，对投资人负责，主要职责包括以下内容。

（1）提出牛场发展规划、年度工作计划，落实已经确定的技术和经营管理目标。

（2）遵守相关法律法规，确保安全生产、依法经营，杜绝重大疫病和安全责任事故的发生。

（3）决定各部门、岗位工作的内容和工作制度，决定人员的聘任、解聘等。

（4）决定内部管理制度、饲养管理方案等。

（5）调整管理人员，协调、监督各管理岗位工作，建立良好的工作秩序。

（6）熟悉行业发展情况，掌握内部存在的问题，采取有效措施不断提高牛场饲养管理水平。

（7）对财务预决算、员工待遇等提出建议，决定员工奖惩。

2.副场长

视工作需要设1~2名行政、技术副场长，在场长的领导下开展工作，对场长负责,主要职责包括以下内容。

(1)提出分管工作的发展目标、年度工作计划,落实已确定的计划和目标。

(2)提出分管工作范围内各岗位的工作内容、目标和制度。

(3)提出分管工作范围内人员聘用、解聘、调整建议。

(4)协调分管工作范围内各岗位工作,建立良好工作秩序。

(5)分析分管工作中的问题,提出改进措施。

3. 财务总监

财务总监负责牛场全面财务工作,对投资人负责,业务上接受场长领导。其主要职责是严格按照国家有关法律法规和企业内部财务制度进行财务管理,为奶牛场的健康运行提供财务保障,进行全面的成本分析,协助场长做好成本控制。

(二)辅助管理岗位

1. 办公室

办公室是综合管理部门,负责上情下达、会议组织、对外联系、通知、接待、统计、文书等方面的工作。奶牛场一般需要有1名专职办公人员,规模较大的奶牛场可组建办公室,由数名人员分工负责办公室工作。

2. 财务管理

分别设置会计和出纳岗位,视情况安排专职或兼职人员担任。

3. 物资保管

饲料、兽药、工具、耗材、机械零配件等物资均需要建立保管、出入库记录、台账等管理制度,有专人负责落实。视工作量安排专职或兼职人员进行管理。

4. 统计员

大中型奶牛场一般应设1名专职统计员,小型奶牛场可由畜牧技术人员或办公人员兼任。统计员的职责是发放、收集各种统计报表,监督数据记录质量,对数据进行汇总、统计、分析,形成有助于管理决策的统计报表。

5. 安保人员

安全保卫是奶牛场的重要工作,应由场长或1名副场长牵头负责,建立人防、技防、群防相结合的安保体系,同时安排专职安保人员负责门卫、巡视、监控等工作。

(三)技术岗位

1. 营养师

营养师负责奶牛场的饲料营养和饲养管理工作,具体任务包括日粮配方设计、饲料品质鉴定、奶牛阶段饲养管理、奶牛体型外貌鉴定等。大型奶牛场应设专职营养师,中小型奶牛场可由场长或技术副场长兼任,或联合几个奶牛场聘用1名营养师。

2. 育种员

育种员负责奶牛发情鉴定和人工授精操作,奶牛场一般应至少设1名专职育种员,使用计步器辅助发情诊断的奶牛场可使用社会化专业技术服务人员,无辅助发情诊断系统的奶牛场,必须在具备良好发情诊断能力的条件下才能使用社会化专业技术服务人员。一般每名育种员可负责300头能繁母牛的配种任务。要求按配种计划适时配种,保证受胎率在95%以上,受胎母牛平均使用冻精不超过3支。

3.兽医师

奶牛场一般需要配备专职兽医师,负责疾病诊治、两病定期检疫以及疫病防控工作。一般每名兽医师可负责200~400头牛的疾病诊治和疫病防控任务。

4.修蹄员

修蹄员负责成母牛和大育成牛的定期修蹄任务,每400头牛可配备1名修蹄员,一般奶牛场的修蹄员都是由兽医师负责,营养师和育种员协助工作。

5.化验员

建议超过1000头的大型牛场必须配置1~2名专职化验员。化验工作主要服务于饲料品质管理和疾病诊断。

6.机电维护人员

机电维护人员负责供电线路、设施设备的日程维护修理,视情况设1名或数名专职人员。

(四)生产人员

1.饲料工

饲料工负责日常饲料粉碎、TMR搅拌、送料等工作,人员定额受设备水平、加工工艺影响。一般每名饲料工每天可粉碎精料1t,输送饲草5t,输送混合精料2~3t,千头牛场最好配备精饲料加工车间,具备粉碎、混合、压片和制粒功能,需要7~10人。

2.饲养工

饲养工负责牛只饲喂、刷拭、护理等工作,并能熟悉管理牛只的采食、反刍、粪尿、生长发育等方面的情况。国内一般每名饲养工可管理犊牛25~30头、临产母牛10~20头、泌乳牛30~40头或干奶牛50~60头。采用TMR饲喂工艺可大幅度减少饲养工数量,每名饲养工可管理200头以上成母牛。

3.挤奶厅工作人员

挤奶厅工作人员包括挤奶工和乳品处理工。乳品处理工负责原料奶冷却、奶罐及管道消毒、原料奶发送等工作,每个挤奶厅配备1人;挤奶工负责挤奶操作、奶厅清洁,可按每80~100头泌乳牛配备1名挤奶工。

4.清洁工

清洁工负责场区消毒、房间及道路清洁、垃圾清理等工作。1名清洁工可负责300~500m^2道路、房间的清扫清洁任务。

5.粪污处理

粪污处理工作包括牛舍、运动场清粪、堆肥、固液分离、沼气处理、污水处理等。

粪污处理工劳动定额与设施、设备条件和处理工艺有很大关系，人工清粪牛舍，每名清粪工可负担50～100头牛的清粪任务，使用刮粪板机械清粪的牛舍，每名清粪工可负担200～400头牛的清粪任务。运动场清粪，每名清粪工可负担100头左右牛的清粪任务。固液分离、沼气处理、污水处理设施设备操作和管理、堆肥处理、处理粪污还田等工作劳动定额视需要确定。

二、牛群的结构管理

适当调整牛群结构，确定好淘汰、出栏与更新的比例，能够使牛群结构趋于合理，对提高养牛业的经济效益十分重要。

（一）奶牛场牛群结构

奶牛场合理的牛群结构是：成年母牛占牛群的60%～65%；育成母牛占20%～30%；母犊牛占8%～10%。成年母牛比例过高或过低，都会影响奶牛场的经济效益。

为了保证牛群结构能够不断更新，一般情况下，1～2胎母牛应占成年母牛的35%～40%；3～5胎母牛占40%；6胎以上占20%。牛群中泌乳母牛应占成年母牛的80%以上，即泌乳母牛与干奶母牛之比以4∶1为宜。同时，必须及时淘汰老、弱、病、残及低产牛。现代奶牛群采用冷冻精液人工授精，多数奶牛场不养种公牛。小公牛淘汰转为肉用，主要是调整母牛群的结构。

（二）肉牛场牛群结构

肉牛饲养可以采取多种形式：①自繁自养，即将本场生产的犊牛全部留用，或留种或肥育；②只养繁殖牛，出售犊牛；③养繁殖牛，同时将犊牛留用，培育成架子牛，待架子牛达到出售条件（一般3岁内，体重300kg左右）出售；④专门化的肥育场，即外购犊牛或架子牛进行肥育，达屠宰体况时出栏。因此，肉牛场牛群结构不尽一致，可根据生产需要、饲养方式（放牧或舍饲）、经济实力等酌情考虑。

美国肉牛生产的专业化程度很高，分工很明确，分为种牛场、商品犊牛肥育场、育成牛场、强度肥育场，极少有繁殖场把犊牛饲养到屠宰体况再出售给屠宰厂。我国以农户小规模饲养为主，专业化程度很低，亟需改进。目前各地区发展的养牛小区，已经向专业化生产方向迈出了可喜的一步，应进一步巩固和加强。

三、牛场的生产计划

（一）牛群周转计划

牛场中由于犊牛的出生、育成牛的生长发育、成年牛生产阶段的变化，以及各类牛的购入、出售、淘汰和死亡等原因，致使牛群结构不断发生变化。在一定时期内，牛群结构的这种变化称为牛群周转。牛群周转计划是牛场的全局性生产计划，是制定饲料、用工、投资、产品产量等计划的基础，为确定年终的牛群结构提供依据，不仅要考虑育种工作的需要，还要考虑生产经营目标的实现。为了便于控制牛群的变动范围，落实生产任务，牛场每年年初都应制定牛群周转计划。牛群周转计划宜在场长的领导下，由负责育种的技术人员起草制定，经研究批准后实施。

在制订牛群周转计划时，首先应确定发展规模，然后确定各类牛的比例和数量。不同生产目的的牛场，牛群组成结构也不相同。

1. 编制牛群周转计划应具备的资料

(1)计划年度初牛群规模及结构。

(2)根据计划期内的生产任务和牛群扩大再生产要求，确定年度末牛群规模及结构。

(3)根据牛群繁殖计划，确定各月母牛分娩头数及产犊数。

(4)确定淘汰牛头数和淘汰日期。奶牛可供生产年限仅 10 年左右，产奶量在第六胎以后逐渐下降，淘汰率一般为 8% ~10%，另外还有 5% ~10% 的低产奶牛需要淘汰，即每年的淘汰率为 15% ~20%。因此，育成母牛应占母牛群的 20% ~30%，这样才能保证补充淘汰的奶牛数量。

(5)确定出售犊牛或育成牛的数量和时间。

2. 编制方法及步骤

(1)将年初各类牛的头数分别填入表 5 -2 中 1 月份“月初”栏中。将计划各类牛年末应达到的头数(按比例)，分别填入 12 月份“月末”栏内。

(2)按本年配种产犊计划，把各月将要出生的母犊头数(计划产犊头数 ×50% ×成活率)相应填入犊牛的“转入”栏中。

(3)年满 6 月龄的犊牛应转入育成母牛群中，则查出上年 7 ~12 月份各月所生母犊数，分别填入犊牛 1 ~6 月份的“转出”栏中(一般这 6 个月转出母犊头数之和大约等于1 月初母犊的头数)。而本年 1 ~6 月份出生的母犊数，分别填入犊牛 7 ~12 月份的“转出”栏中。

(4)将各月转出的母犊数对应地填入育成牛“转入”栏中。

(5)根据本年配种产犊计划，查出各月份分娩的育成母牛头数，对应填入育成牛 “转出”及成年母牛“转入”栏中。

(6)要想使犊牛、育成牛、成年母牛在年末达到相应的指标，就要计划好各类牛的转入、购入、转出、死亡、淘汰等数据，做到有的放矢。例如，计划使犊牛在年末达 20 头，就应使年初(1 月初)头数与全年“增加”头数之和等于全年“减少”头数与年末(12 月末)头数之和，即：(17 +50 +4) -(20 +35 +4 +12) =0。对育成牛、成年母牛也是如此要求。从而可以确定本年度各类牛需购入、淘汰的头数及时间。购入、死亡、淘汰月份的分布，应根据市场对鲜奶和种牛的需要及本场饲养管理条件等情况确定。

表 5－2　　　　　　　　某牛场牛群周转计划表　　　　　　　　单位：头

月份	犊牛							育成牛							成年母牛						
	月初	增加		减少			月末	月初	增加		减少			月末	月初	增加		减少			月末
		转入	购入	转出	死亡	淘汰			转入	购入	转出	死亡	淘汰			转入	购入	转出	死亡	淘汰	
1	17	4		2			19	52	2		1			53	104	1					105
2	19	2		2			19	53	2		2			53	105	2				3	104
3	19	5	1	2	1	3	19	53	2	1	1		1	54	104	1					105
4	19	3				1	21	54			1			53	105	1				2	104
5	21	3		7	1		16	53	7	1	4		2	55	104	4					108
6	16	3		2		1	16	55	2		2			55	108	2				4	106
7	16	1		4			13	55	4		3	2		54	106	3					109
8	13	6	2	2	1	2	16	54	2		1			55	109	1				2	108
9	16	3		5	1	1	12	55	5	1	1		3	57	108	1				1	108
10	12	9	1	3			19	57	3		1		2	57	108	1				4	105
11	19	7		3		2	21	57	3		1		3	56	105	1				1	105
12	21	4		3		2	20	56	3		2	2	2	53	105	2	2			2	107
合计		50	4	35	4	12			35	3	20	4	13			20	2			19	

资料来源：丁洪涛，牛生产，2008。

（二）产奶计划

产奶计划是制订牛奶供应计划、饲料计划、财务计划及联产计酬的主要依据。

制订年产奶计划，首先要定出每头牛各月的产奶计划。产奶指标高低要适宜，过高将完不成任务，影响生产积极性；过低则容易完成任务，但对生产不起推动作用，将影响生产潜力的充分发挥。所以，拟定计划任务量时，要比以前稍高些，使之经过努力或改进工作即可完成；同时还要考虑牛的体重、营养和健康状况，上年度产奶状况，饲料和饲养管理上的变化等。

在制订个体牛产奶计划的基础上，制订出全群年度产奶计划。具体步骤如下。

（1）查清母牛的年龄、胎次。

（2）查清母牛所处的泌乳月。

（3）清楚母牛的预产期，确定干奶时间（干奶期一般为 60d）。

（4）查清母牛上一个泌乳期的实际产奶量，并将其校正为 305d 产奶量。然后，将校正后的 305d 产奶量代入下面公式中的"上胎产奶量"，推算出本胎产奶量。公式中各胎次产奶量变化比例如表 5－3 所示。

预计本胎产奶量 = (上胎产奶量 × 本胎比例数) / 上胎比例数 × 100%

表 5-3　　荷斯坦牛各胎次产奶量变化比例表

胎次	1	2	3	4	5	6	7	8	9
比例数	0.808	0.917	0.966	0.972	1.000	0.925	0.915	0.910	0.802

资料来源:丁洪涛,牛生产,2008。

(5)根据校正后的产奶量,按表 5-4 确定下一泌乳期各泌乳月的计划日平均产奶量,并根据具体情况加以修订。

表 5-4　　各泌乳月平均日产奶量分布表　　单位:kg

计划全泌乳期产奶量	泌乳月									
	1	2	3	4	5	6	7	8	9	10
4200	17	19	17	16	15	14	13	11	10	9
4500	18	20	19	17	16	15	14	12	10	9
4800	19	21	20	19	17	16	14	13	11	10
5100	20	23	21	20	18	17	15	14	12	10
5400	21	24	22	21	19	18	16	15	13	11
5700	22	25	24	22	20	19	17	15	14	12
6000	24	27	25	23	21	20	18	16	14	12
6300	25	28	26	24	22	21	19	17	15	13
6600	27	29	27	25	23	22	20	18	16	14
6900	28	30	28	26	24	23	21	19	17	15
7200	29	31	29	27	25	24	22	20	18	16
7500	30	32	30	28	26	25	23	21	19	17
7800	31	33	31	29	27	26	24	22	20	18
8100	32	34	32	30	28	27	25	23	21	19
8400	33	35	33	31	29	28	26	24	22	20
8700	34	36	34	32	30	29	27	25	23	21
9000	35	37	35	33	31	30	28	26	24	22

资料来源:丁洪涛,牛生产,2008。

(6)将各泌乳月的计划日平均产奶量,乘以各月的实际泌乳日数,求出各月的计划产奶量,汇总每头牛年度计划产奶量,最后求出全群年度计划产奶量(如表5－5所示)。

表5－5　　年度产奶计划表　　单位:kg

牛号		0023	9821	9713	…
上胎次情况	产次	2	4	5	…
	产犊日期	2003年3月4日	2003年5月8日	2003年1月4日	…
	305d标准乳量	4542	9000	10000	…
本胎次情况	产犊日期(或预产期)	2004年2月16日	2004年4月16日	2003年12月14日	…
	预计干奶日期	2004年12月16日	2005年2月16日	2004年10月14日	…
	预计全泌乳期产奶量	4785	9259	9250	…
全年各月份计划产奶量	1月			1150	…
	2月	224		1072	…
	3月	619		1082	…
	4月	616	504	988	…
	5月	605	1146	975	…
	6月	542	1112	898	…
	7月	512	1086	865	…
	8月	466	1024	786	…
	9月	406	946	704	…
	10月	373	931	322	…
	11月	316	842		…
	12月	160	792		…
年度计划产奶量		4839	8383	8842	…

资料来源:丁洪涛,牛生产,2008。

(三)饲料计划

饲料是牛生产的物质基础,养牛场必须每年制定饲料生产和供应计划。编制饲料计划应参考牛群周转计划、各类牛群饲料定额等资料,并要考虑本地区的气候条件及各季节饲料种类的变化等情况。全年饲料总需要量要在计划需要量的基础上增加5%～10%,保证饲料有一定的贮备余量。编制饲料计划按以下步骤进行。

1. 确定平均饲养头数

根据牛群周转计划,确定平均饲养头数。

年平均饲养头数(成年母牛、育成牛、犊牛)＝全年饲养头日数/365

2. 确定各种饲料需要量

(1)混合精饲料

$$成年母牛年基础料需要量(kg) = 年平均饲养头数 \times 3(kg) \times 365$$

$$成年母牛年产奶料需要量(kg) = 全群总产奶量 \div 3(kg)$$

$$育成牛年需要量(kg) = 年平均饲养头数 \times 3(kg) \times 365$$

$$犊牛年需要量(kg) = 年平均饲养头数 \times 1.5(kg) \times 365$$

混合精料中的各种饲料原料需要量可按其在配方中所占的比例计算。例如，成年母牛混合精料的配合比例为：玉米 50%、豆饼或豆粕 34%、麦麸 12%、矿物质饲料 3%、添加剂预混料 1%，则混合精料中各种饲料需要量为混合精料需要量乘以各种饲料所占配合比例。

(2)青贮玉米

$$成年母牛年需要量(kg) = 年平均饲养头数 \times 20(kg) \times 365$$

$$育成牛年需要量(kg) = 年平均饲养头数 \times 15(kg) \times 365$$

(3)干草

$$成年母牛年需要量(kg) = 年平均饲养头数 \times 6(kg) \times 365$$

$$育成牛年需要量(kg) = 年平均饲养头数 \times 4(kg) \times 365$$

$$犊牛年需要量(kg) = 年平均饲养头数 \times 2(kg) \times 365$$

(4)甜菜渣

$$成年母牛年需要量(kg) = 年平均饲养头数 \times 20(kg) \times 180$$

(5)矿物质饲料　一般按混合精料量的 3% ~5% 供给。

(四)繁殖工作指标

牛场的繁殖工作主要包括发情鉴定和人工授精，繁育员的责任心和技术水平是保证繁殖工作质量的关键。但是，奶牛的繁殖效率又受饲料营养、疾病控制、牛场设施、产房管理、后备牛饲养管理以及气候环境等多种因素的影响，因此，要结合奶牛场的具体情况，制定合理的繁殖工作指标，使奶牛保持良好的繁殖状况，提高生产水平。

1. 年总受胎率

年总受胎率是年内受胎母牛头数占实配母牛头数的百分比，反映牛群配种工作水平和母牛的繁殖功能。年总受胎率要求在 90% 以上。

2. 情期受胎率

情期受胎率是年内受胎母牛头数占输精情期数的百分比，反映配种的技术水平，要求在 55% 以上。

3. 繁殖率

繁殖率是年内实际分娩的母牛头数占应繁殖母牛头数的百分比，一般要求在 90% 以上。

4. 年空怀率

年空怀率是年平均空怀头数占年平均母牛饲养头数的百分比，一般要求在 5% 以下。

5. 产犊间隔

产犊间隔是成母牛两次产犊间相隔的时间，反映牛群配种技术和饲养管理水平，一般为12.5～13个月，要求不超过13个月。

6. 犊牛成活率

犊牛成活率是全年6月龄母犊成活数占产活母犊数的百分比，生产中应该达到95%以上。

7. 始配天数

始配天数指成母牛产后第一次参加配种时的泌乳天数，牛群平均应在70～90d。

8. 情期平均用精量

情期平均用精量是年内冻精用量与配种情期数之比，一般为1.1～1.2剂。

9. 初配月龄

初配月龄指初产牛第一次配种的时间，一般为15～16月龄。

10. 干奶期

干奶期指停止泌乳到下一次产犊的时间，一般为45～60d。

（五）兽医工作指标

兽医负责牛场奶牛疾病的预防与治疗，重大疫病的防疫、检疫和免疫注射工作以及全场的消毒工作。防疫是规模化奶牛场的核心工作，是一切工作的重中之重，只有做好防疫和免疫工作，严格执行《中华人民共和国动物防疫法》，才能确保奶牛场不发生大的疫情，不对生产造成较大的损失。同时，还应建立、健全防疫责任制及牛场防疫制度和消毒预防措施，由专人按检疫和免疫规定要求负责奶牛的检疫、免疫工作。如果发生疫病要尽快采取隔离、封锁、消毒等措施，防止疫情扩散，并及时上报有关部门。

1. 兽医工作内容与要求

（1）严格遵守规章制度，树立高度的责任心和事业心，工作认真负责。

（2）坚持查槽制度，做好常见病、多发病的监测、预防和治疗工作，每月1～2次定期进行隐性乳房炎检测，产后及时检测酮病，常年修蹄，对疑难病症及时会诊。

（3）规范填写病历和处方，定期做好总结。

（4）做好春秋两季布鲁氏菌病、结核病、副结核病的检疫，以及口蹄疫、炭疽的免疫注射。

（5）严格遵守药品使用规定，合理用药，严格执行停药期。遵守药品管理制度，杜绝丢失和浪费。

（6）规范药品、消毒剂、器械工具管理，严格器械消毒工作，做到一牛一针。

（7）指导牛场消毒工作，做好消毒药的使用、消毒液的配制、消毒操作等工作。

（8）做好奶牛卫生保健工作，降低发病率。

（9）加强自身学习，提高技术水平，负责职工的技术培训。

（10）坚持值班制度，坚守值班岗位，出现问题及时解决。

2. 防疫工作内容与要求

（1）做好进出场人员、车辆的消毒、隔离工作，力争避免外来病原微生物传进场内。

(2)定期组织职工进行健康检查,做到职工持有效健康证上岗。

(3)严禁患有痢疾、伤寒、弯杆菌病、病毒性肝炎、活动性肺结核、布鲁氏菌病、化脓性或渗出性皮肤病及其他影响食品卫生的人员从事饲草、饲料收购、加工、奶牛饲养和挤奶工作;禁止手部受外伤人员挤奶。

(4)做好购入牛只的隔离观察、防检疫工作。

(5)按照国家有关法律法规,做好疫病检疫阳性牛的扑杀和病死牛只深埋、焚烧处理工作。

(6)规范饲养员、挤奶员及其他工作人员的工作着装,切实做到有效防护、整洁干净。

(7)保持更衣室、淋浴室、休息室、办公室、厕所及场区环境的清洁卫生。

(8)防治鼠害,治理蚊蝇,有效控制鸟类等野生动物进入生产区,禁止生产区饲养其他动物。

3. 考核指标

奶牛疾病的发病率与奶牛场的饲料营养、饲养管理水平、牛场环境卫生和兽医业务水平具有直接关系,一个牛场较高的疾病发病率不能单方面说明兽医的技术水平不良,可能存在其他与饲养管理方面相关的问题。对于兽医的考核与管理,应该重点放在牛场的疫病防控和牛群健康管理方面,而不是疾病发病率和治愈率上,关键考核兽医在执行奶牛场健康养殖规范的力度、每天出诊记录与病例档案记录的完整性,整个牛场的稳定生产和较高的收益水平,可以反映兽医的业务水平和敬业精神。奶牛场兽医工作年度考核指标参考表如表5-6所示。

表5-6　　奶牛场兽医工作年度考核指标参考表

指　标	目标值	指标	目标值
犊牛死亡率/%	<5	胎衣不下发病率/%	<10
育成牛死亡率/%	<3	临床乳房炎发病率/%	<20
成母牛死亡率/%	<3	犊牛年药费成本/元	<200
A、O型与亚Ⅰ型口蹄疫二联苗免疫次数	≥3次	育成、青年牛年药费成本/元	<50
布病阳性年检出率/%	<0.3	成年奶牛年药费成本/元	<150
结核阳性年检出率/%	<0.4		

资料来源:李胜利,中国学生饮用奶奶源基地建设探索与实践,2011。

四、奶牛场盈利关键环节

奶牛业是最具现代化特征的畜牧业,需要用现代管理理念和方法进行有效管理。为了实现奶牛场效益最大化,要做好以下几方面工作。

（一）组建责权明确、协作高效的经营管理团队

奶牛场应建立分级管理、责权明确、层层负责的管理体制。一般情况下，奶牛场的核心管理人员由业务场长、行政副场长和财务总监组成。业务场长负责奶牛场全面工作，具体负责技术工作，应具有奶牛场管理经验，熟悉奶牛养殖各个技术环节，一般应受过系统的畜牧专业训练。行政副场长在业务场长的领导下开展工作，具体负责行政管理、物资采购、安全保卫等工作。财务总监在业务上接受场长领导，同时对投资人直接负责。奶牛场的中层管理人员包括营养师、育种员、兽医、挤奶员、TMR配制人员等关键岗位技术人员以及班组长等，在分管场长的领导下开展工作。

（二）努力提高奶牛单产水平

奶牛场应该将提高奶牛单产作为提高养殖经济效益的核心工作。提高单产水平的根本途径是良种良法配套。良种是基础，应通过科学的选种选配和合理淘汰低产牛，加快牛群整体遗传质量的提高。同时，加强饲养管理，采取先进的饲养技术，改善饲料、设施等条件，最大限度地发挥奶牛的生产潜力。只重视增加奶牛数量而不重视提高质量、只考虑节支增效而不考虑增产增效，从长远角度来看，奶牛场不会获得较大的经济效益。

（三）采取良好的成本控制措施

奶牛场成本控制的重点是大宗物资采购和饲养管理过程。奶牛场的大宗物资主要是各类饲料，有效控制采购成本的主要措施是做好采购计划、采购组织和质量控制工作。饲养管理过程成本控制关键是做好各项生产、管理技术记录，分析育种、繁殖、饲料、人工等方面的成本构成，查找降低饲养管理成本的主要途径，不断改进提高。

（四）实行科学的饲养管理

饲料费用约占奶牛场总费用的60%以上，是牛场成本控制的重点。根本方法是通过科学饲养管理，降低单位产奶量的饲料成本，而不能试图降低饲料采购费用或每头牛的饲料费用。主要通过以下几方面措施控制饲料成本。

1. 建立不同牛群科学饲养管理方案

根据方案的制定情况，组织饲料原料选购、控制饲料质量、科学设计日粮配方、加强管理与饲喂等操作程序。

2. 使用优质粗饲料

优质粗饲料虽然成本较高，但其营养价值也较高，可较大幅度提高奶牛生产性能，所带来的效益也远远高于成本投入。

3. 确保饲料供应均衡

饲料的均衡供应可确保奶牛生产性能的正常发挥，如果供应出现间断，则要变换饲料，对奶牛的影响极大，会导致生产性能下降、发病率增加，经济效益下降。

4. 加强后备牛的培育

应重视后备牛的饲养，尤其在饲料质量及营养水平等方面要完全符合育成牛

的需要，否则会影响成年后的产奶性能。

（五）建立良好的内部管理体系

牛场内部管理体系主要包括岗位目标、岗位记录、岗位考核和岗位培训等环节。其中岗位目标是对岗位工作质量的要求；岗位记录是发现岗位存在的问题及进行岗位考核的依据；岗位考核是监督检查岗位工作质量手段；岗位培训是提高岗位技能的手段。只有将这几方面的工作抓好才能真正提高牛场内部的管理水平。

（六）充分发挥人力资源的力量

牛场经济效益的高低直接影响用人成本。牛场经济效益不好则无法吸引高素质型的人才，经济效益会继续恶化，所以为了提高牛场的养殖效益，应舍得高薪聘用不同岗位的专业人才。同时，提高牛场的装备设施，加强在职人员的培训，丰富员工的物质文化生活。只有这样才能上下一心，真正做到科学饲养管理，提高奶牛场的经济效益。

（七）加强企业与外界的联系

奶牛场应加强与学校、科研单位、协会组织等相关公益性组织或机构的联系，密切合作，从中获取技术支持，解决自身的技术问题。同时也可以通过不同渠道获取信息，不断更新办场理念，使企业能更好地规划自身的发展。

思考与练习

1. 试述如何有效控制牛羊场环境污染。
2. 试述奶牛场生产管理包括哪些内容。
3. 试述奶牛场生产计划有哪些，如何制订生产计划。

情境六 羊场建设

羊场建设需要根据饲养规模、资金状况及机械化程度等来设计规划。同时，还应充分考虑当地资源条件和生产成本等。羊场选址恰当、内部规划布局合理、羊舍类型合适，可以有效预防疫病发生，减少能耗，降低造价，方便饲养管理。

单元一｜羊场规划

一、场址选择

羊场场址选择是关系到养羊成败和经济效益的重大问题，也是羊场建设的首要问题。场址选择时除充分考虑饲养规模、羊的生活习性以及当地的社会条件与自然条件外，还应遵循以下要求。

第一，选择地势高燥且自然生态条件符合品种要求的场地建场。要求地势较高，地下水位低，地形平坦而稍有坡度（不超过5%），以利于排水，背风向阳、通风干燥。场址的土质，应选择透水性强、毛细管作用弱、吸潮湿和导热性小、质地均匀和抗压性强的沙质土壤，以利于羊舍干燥清洁，减少羊群疾病的发生。地势以坐北朝南或坐西北朝东南方向的斜坡地为好。切忌在低洼涝地、山洪水道、山谷、背阳、潮湿风口的地方建场。

第二，保证饲草料和水源充足，水质良好。选择场址，应尽量选择离草料产区或供应地较近的地区，并考察当地有关地表水、地下水资源的情况，无严重污染，水质良好。

第三，场址应远离居民点、工作单位或其他畜、禽养殖场地，要有相对方便的交通,便于饲草运输,但不能在车站码头或交通要道的旁边建场。要求拟建场址周边无有害气体、烟雾、灰尘、地方病发生及其他污染。周围3000m无大型化工厂、矿厂或其他污染源,远离城市和城镇居民区、学校、公共场所、交通干线、生活垃圾场,并有可持续发展能力。禁止在规定的自然保护区、风景名胜区、水源保护区或自然环境污染严重的地区建场。

第四,便于防疫隔离。选择羊场场地时要充分了解当地和四周的疫情状况,不要在传染病和寄生虫的疫区建场,羊场周围的居民和家畜应尽量少些,以便发生疫情时进行隔离封锁。场址应满足卫生防疫要求,使场区既远离不良环境的污染,又不至于成为污染源。要求场区距铁路、高速公路、交通干线不小于1000m,距一般道路不小于500m;距离其他畜牧场、兽医机构、屠宰场不小于2000m;距离居民区不小于3000m,并应位于居民区及公共建筑群长年主导风的下风向处。

第五,交通便利,通信方便,电力充足。规模化养羊除一般照明用电外,还需要安装一些饲料和饲草加工设备,因而应具备20kW以上的供电能力。

二、场区布局与规划

羊场的总体规划十分重要,既要考虑与周围环境的协调,又要考虑资源的合理利用;既要符合生产工艺流程,又要符合防疫、卫生和防火的要求。

(一)羊场总平面规划

总平面规划的主要内容包括:根据羊场的生产联系、卫生防疫和环境管理等需要,对场区进行合理的功能分区和总体布局;根据功能分区和生产流程以及朝向、日照、通风、防火和防疫等技术要求,对各种建(构)筑与工程设施进行布置;根据生产流程与防疫要求,合理组织场区交通运输,解决人、羊、货物分流和净、污道分置;根据地形地势条件,合理进行场区竖向设计,确定生产流程和污、雨水排放方向;综合研究建筑物、构筑物、工程设施之间的平面与空间关系,使其形成协调统一的工程系统。总平面规划是否合理,直接影响基建投资、经营管理、生产组织、劳动生产率、经济效益和场区的环境状况与防疫卫生。

(二)功能分区与总体布局

羊场内各种建筑物要合理布局,力求紧凑。一般要求场区内有良好的小气候环境,利于舍内空气调节;利于卫生防疫和管理措施执行;利于提高设备利用率和劳动生产率,合理利用土地、节约基建投资。

1. 场区功能分区

根据生产功能,羊场通常分为生产区、生产辅助区、生活管理区和粪污处理与隔离区。

(1)生产区　生产区是羊场的核心,建筑物主要有羊舍、饲料加工间、干草棚、青贮设施、采精室、人工授精室、产房、挤奶间、羊剪毛间、装车台和销售展示厅等。

(2)生产辅助区　生产辅助区主要是由饲料库、饲料加工车间和供水、供电、供热、维修、仓库等建筑设施组成。

(3)生活管理区　生活管理区包括办公室、接待室、会议室、技术资料室、化验室、食堂、职工宿舍、厕所、传达室、警卫值班室以及围墙和大门,外来人员更衣消毒室和车辆消毒设施等办公管理用房和生活用房。

(4)粪污处理与隔离区　粪污处理与隔离区主要有兽医室、病羊隔离舍、尸体解剖室、病尸高压灭菌或焚烧处理设备、粪便和污水储存和处理设施。

2. 平面总体布局

进行羊场平面总体布局时,首先应考虑人的工作条件和生活环境,其次是保证生产不受污染源的影响。应遵循以下要求。

(1)生活管理区和辅助生产区应位于场区常年主导风向的上风处和地势较高处,一般设在大门口的附近或设在场外。

(2)生产区与生活管理区、辅助生产区应设置围墙或树篱严格分开,在生产区入口处设置更衣消毒室和车辆消毒设施。羊舍应建在生产区的中心,长轴平行配置,前后对齐,舍间距保持在10m左右;人工授精室可设在成年公、母羊舍之间或附近;产房设在靠近母羊舍的下风口或者在成年羊舍内设置产房。

(3)生产辅助区的设施要紧靠生产区布置。饲料仓库与加工间应靠近大门,以便运输,卸料口开在辅助生产区内,取料口开在生产区内,杜绝外来车辆进入生产区,保证生产区内外运料车互不交叉使用。青贮、干草、块根等多汁饲料及垫草等大宗物料的贮存场地,应按照贮用合一的原则,布置在靠近畜舍的边缘地带,并且要求贮存场地排水良好,便于机械化装卸、粉碎加工和运输。干草常堆于最大风向的下风处,与周围建筑物的距离符合国家现行的防火规范要求。

(4)隔离区与生产区之间应设置适当的卫生间距和绿化隔离带。区内的粪污处理设施也应与其他设施保持适当的卫生间距,与生产区有专用道路相连,与场区外有专用大门和道路相通。粪污处理与隔离区位于场区常年主导风向的下风处和地势较低处。

(三)建筑设施规划布置

1. 畜舍布置形式

畜舍布置主要有单列式、双列式和多列式等形式。

(1)单列式　单列式布置使场区的净污道路分工明确,但会使道路和工程管线线路过长。此种布局是小规模和因场地面积限制的羊场常用的一种布置方式,地面宽度足够的生产单位不宜采用。

(2)双列式　双列式布置是最常使用的布置方式,其优点是既能保证场区净污分流明确,又能缩短道路和工程管线的长度。

(3)多列式　多列式布置在一些大型羊场使用,此种布置方式应重点解决场区道路的净污分流,避免因线路交叉而引起互相污染。

2. 畜舍朝向选择

畜舍朝向的选择与当地的地理纬度、地段环境、局部气候特征及建筑用地条件等因素有关。适宜的朝向一方面可以合理地利用太阳辐射能,避免夏季过多的热量进入舍内,冬季可最大限度地允许太阳辐射能进入舍内以提高舍温;另一方面,可以合理利用主导风向,改善通风条件,为获得良好的畜舍环境提供可能。

3. 畜舍间距

要求具有一定规模的畜牧场,除个别采用连栋形式的畜舍外,生产区内都有一定数量不同用途的畜舍,排列时畜舍与畜舍之间均有一定的距离要求。若距离过大,则会造成占地太多、浪费土地,而且会增加道路、管线等基础设施长度,增加投资,管理也不方便;但若距离过小,会加大各舍间的干扰,对畜舍采光、通风防疫和防火等不利。适宜的畜舍间距应根据采光、通风、防疫和消防等综合考虑,包括采光间距、通风与防疫间距和防火间距,其中主要考虑防疫间距。

(四)道路规划

畜牧场道路包括与外部交通道路联系的场外干道和场区内部道路。场外干道担负着全场的货物和人员的运输任务,其路面最小宽度应能保证两辆中型运输车辆同时顺利通过,为6.0~7.0m。场内道路的功能不仅是运输,同时也具有卫生防疫作用,因此道路规划设计要满足分流与分工、方便联系、路面质量及宽度、绿化防疫等要求。

1. 道路分类

按功能分为人员出入、运输饲料用的清洁道(净道)和运输粪污、病死畜禽的污物道(污道),有些场还设供畜禽转群和装车外运的专用通道。按道路担负的作用可分为主要道路、次要道路和支道。

2. 道路设计标准

清洁道一般是场区的主干道,路面最小宽度要保证饲料运输车辆的通行,宜用水泥混凝土路面,也可选用整齐石块或条石路面。与畜舍、饲料库、产品库、兽医建筑物和贮粪场等连接的次要干道与支道,宽度一般为2.0~3.5m。

3. 道路规划设计要求

首先要求净污分开与分流明确,尽可能互不交叉,兽医建筑物须有单独的道路;其次要求路线简洁,以保证畜牧场各生产环节联系最方便;三是路面质量好,要求坚实、排水良好,以沙石路面和混凝土路面为佳,保证晴雨通车和防尘;四是道路的设置应不妨碍场内排水,路两侧也应有排水沟,并应植树;五是道路一般与建筑物长轴平行或垂直布置,在无出入口时,道路与建筑物外墙应保持1.5m的最小距离,有出入口时则为3.0m。

单元二 | 羊舍建设

羊舍是供羊休息、生活的地方。羊舍条件的好坏直接影响着羊的健康、繁殖及生长发育。因此,发展养羊生产,必须科学地修建好羊舍。

一、羊舍建设的原则

修建羊舍的目的是为了保暖、遮风避雨和便于羊群的饲养以及繁育管理,给羊创造适宜的生活环境,保障羊的健康和生产的正常运行,以实现投资小、效益高、健康安全的目标。因此,羊舍设计应掌握以下原则。

(一)创造适宜的环境

一个适宜的环境可以充分发挥羊的生产潜力,提高饲料利用率。一般来说,家畜的生产力20%取决于品种,40%~50%取决于饲料,20%~30%取决于环境。例如,不适宜的温度可使家畜的生产力降低10%~30%。此外,即使喂给全价饲料,如果没有适宜的环境,饲料也不能最大限度地转化为畜产品,从而降低了饲料利用率。由此可见,修建畜舍时必须符合家畜对各种环境条件的要求,包括温度、湿度、通风、光照,以及空气中的二氧化碳、氨、硫化氢等气体的浓度,为家畜创造适宜的环境。

(二)符合生产工艺要求,保障生产的顺利进行

生产工艺是指羊生产上采取的技术措施和生产方式,包括羊群的组成和周转方式、运送草料、饲喂、饮水、清粪等工作,还包括称重、防疫注射、采精输精、接产护理等技术措施。修建羊舍必须与本场生产工艺相结合,否则将给生产造成不便,甚至使生产无法进行。

(三)严格卫生防疫,防止疫病传播

通过合理修建羊舍,为羊只创造适宜环境,可防止或减少生产中的疫病发生。此外,修建羊舍时还应特别注意卫生要求,确保兽医防疫制度的执行。例如,根据防疫要求合理进行场地规划和建筑物布局、确定羊舍的朝向和间距、设置消毒设施、合理布置污物处理设施等。

(四)经济合理,技术可行

在满足以上三项要求的前提下,羊舍修建还应尽量降低工程造价和设备投资,以降低生产成本,加快资金周转。因此,羊舍修建要尽量利用自然界的有利条件(如自然通风、自然光照等),尽量就地取材,采用当地建筑施工习惯,适当减少附属用房面积。此外,羊舍设计方案必须通过施工得以实现,否则,方案再好而施工技术上不可行,也只能是空想的设计。

二、羊舍建筑

(一)羊舍类型

在长期的生产实践中,人们创造了多种类型的羊舍。

根据羊舍屋顶的形式,可分为单坡式、双坡式、拱式、钟楼式等类型。单坡式羊舍跨度小,自然采光好,投资少,适合于小规模羊群和简易舍选用;双坡式羊舍跨度

大,保暖能力强,有较大的设施安装空间,是大型羊场和寒冷地区常采用的一种类型,但采光、通风较差,造价也相对较高,适用于寒冷地区。在寒冷地区还可选用拱式、双折式、平屋顶等类型,在炎热地区可选用钟楼式羊舍。

根据羊舍墙壁的封闭程度,划分为封闭舍、开放舍和半开放舍、棚舍三种类型。封闭舍四周墙壁完整,有较好的保温性能,适用于较寒冷的地区;开放式与半开放式羊舍三面有墙,开放式一面无墙,半开放式一面有半截长墙,保温性能较差,通风采光好,适合于南方温暖地区,是我国较为普遍采用的类型;棚舍只有屋顶而没有墙壁,只能防雨和太阳辐射,适合于我国南方地区。羊舍类型如图6-1、图6-2、图6-3和图6-4所示。

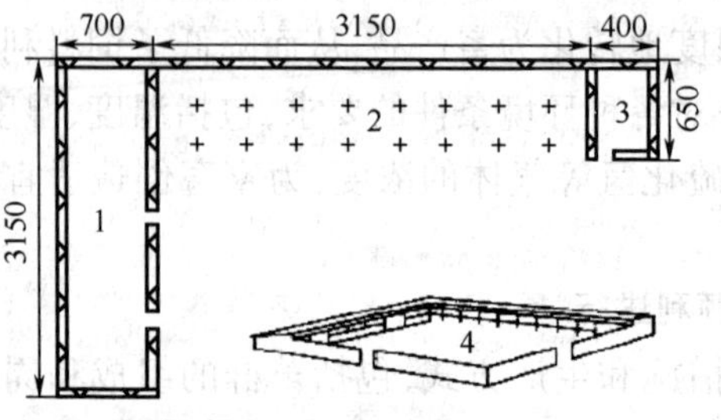

1—半开放羊舍　2—开放羊舍　3—工作室

4—运动场

单位:cm

图6-1　开放及半开放结合的单坡式羊舍示意图

资料来源:范颖,宋连喜.羊生产,2008。

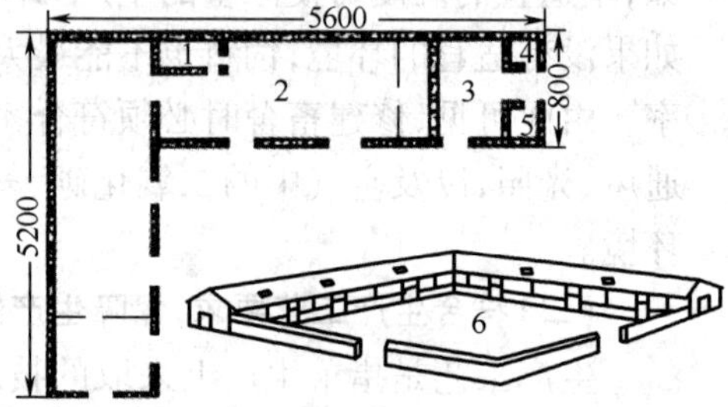

1—人工授精室　2—普通羊舍　3—分娩栏舍

4—值班室　5—饲料间　6—运动场

单位:cm

图6-2　半开放双坡式羊舍示意图

资料来源:范颖,宋连喜.羊生产,2008。

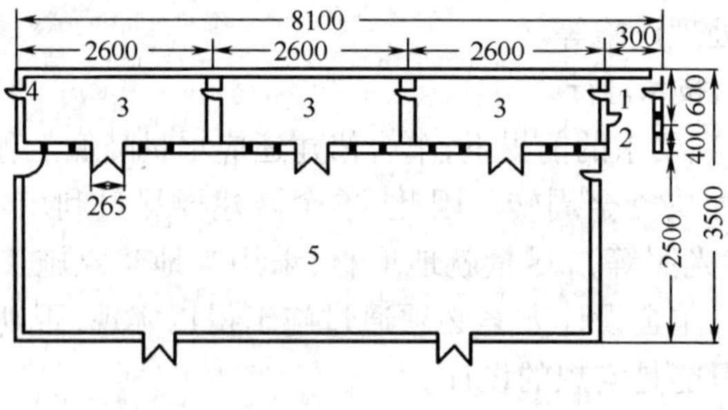

1—值班室　2—饲料间　3—羊圈　4—通气管　5—运动场

单位:cm

图6-3　封闭双坡式羊舍示意图

资料来源:范颖,宋连喜.羊生产,2008。

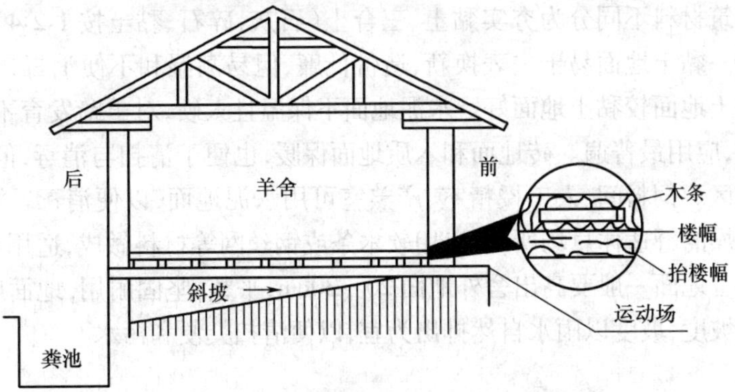

图6-4 山区吊楼式羊舍示意图

资料来源:范颖,宋连喜. 羊生产,2008。

(二)羊舍设计参数

1. 羊舍及运动场面积

羊舍及运动场面积应根据养羊的品种、数量和饲养方式而定。若面积过大,浪费土地和建筑材料,单位面积养羊的成本会升高;若面积过小,不利于饲养管理和羊的健康。各类羊每只所需羊舍面积:成年种公羊为4.0~6.0m^2;产羔母羊为1.5~2.0m^2;断奶羔羊为0.2~0.4m^2;其他羊为0.7~1.0m^2。产羔舍按基础母羊占地面积的20%~25%计算,运动场面积一般为羊舍面积的1.5~3.0倍。

2. 长度、跨度和高度

羊舍的长度、跨度和高度应根据所选择的建筑类型和面积确定。单坡式羊舍跨度一般为5.0~6.0m,双坡单列式羊舍为6.0~8.0m,双列式为10.0~12.0m。羊舍檐口高度一般为2.4~3.0m。单坡式羊舍后墙高度为1.7~2.0m,前高为2.2~2.5m。南方羊舍可适当提高高度,以利于防潮防暑。一般农户养羊量少,圈舍高度可略低些,但不得低于2m。地面应高出舍外地面20~30cm,铺成斜坡以利排水。

3. 羊舍温度和湿度

冬季产羔舍最低温度应保持在10℃以上,一般羊舍在0℃以上,夏季舍温不应超过30℃。羊舍应保持干燥,地面不能太潮湿,空气相对湿度应低于70%。

4. 通风与换气

对于封闭式羊舍,必须具备良好的通风换气设施,能及时排出舍内污浊空气,保持空气新鲜。

5. 采光

采光面积通常由羊舍的高度、跨度和窗户的大小决定。在气温较低的地区,采光面积大则有利于通过阳光来提高舍内温度,而在气温较高的地区,过大的采光面积则不利于避暑降温。实际设计时,应按照既利于保温又便于通风的原则灵活掌握。

(三)羊舍建筑要求

1. 地面

地面是羊运动、采食和排泄的地方,羊舍地面有实地面和漏缝地面两种类型。实地面又以建筑材料不同分为夯实黏土、三合土（石灰、碎石、黏土按1:2:4）、砖、水泥、木质地面等。黏土地面易于去表换新，造价低廉，但易潮湿和不便消毒，干燥地区可采用。三合土地面较黏土地面好。水泥地面不保温且太硬，对羊蹄发育不利，但便于清扫和消毒，应用最普遍。砖地面和木质地面保暖，也便于清扫与消毒，但成本高，适合于寒冷地区。饲料间、人工授精室、产羔室可用水泥地面，以便消毒。漏缝地面能给羊提供干燥的舒适休息场所，可以用软木条或钢丝网等材料做成，适用在南方潮湿的地区。羊舍地面一般要高出舍外地面20～30cm，平整，坚固耐用，地面应由里向外保持一定的坡度，坡度以雨水自然排出为宜，以便清扫粪便和污水。

2. 羊床

羊床是羊躺卧和休息的地方，要求洁净、干燥、不残留粪便和便于清扫，可用木条或竹片制作，木条宽40～50mm，厚30～40mm，离地面高80～100cm。床面铺成漏缝，缝隙宽要略小于羊蹄的宽度，以免羊蹄漏下折伤，参考缝宽2cm。羊床大小可根据圈舍面积和羊的数量而定。商品漏缝地板是一种新型畜床材料，在国外已普遍采用，但价格较贵。

3. 墙体

墙体对畜舍的保温与隔热起着重要作用，一般多采用土、砖和石等材料。土墙造价低，保温好，但易湿，不易消毒。砖墙有半砖墙、一砖墙、一砖半墙等，墙越厚，保暖性能越强。在北方，墙厚一般为24cm或37cm。近年来建筑材料科学发展很快，许多新型建筑材料如金属铝板、钢结构和隔热材料等已经用于各类畜舍建筑中，具有外形美观、坚固耐用、隔热保温、便于清洗消毒等特点。

4. 屋顶和天棚

屋顶应选用防雨和隔热保温性好的材料，并有一定厚度，结构简单，经久耐用。挡雨层可用陶瓦、石棉瓦、金属板和油毡等制作。在挡雨层的下面，应铺设保温隔热材料，常用的有玻璃丝、泡沫板和聚氨酯等。屋顶设排气孔。

5. 门和窗

舍门以羊能顺利通过而不致拥挤为宜。运动场与羊床连接的羊舍，每20～25只羊可设2个小门，宽度为0.8m，高度为1.2m；散养条件下，大门宽度以2～2.5m，高度以2m为宜。羊舍内应有充分的光线，羊舍窗户面积一般约占地面面积的1/15，窗户应向阳，距地面1.5 m以上，窗宽1.0～1.2m，窗高0.7～0.9m。

6. 运动场

单列式羊舍多为东西走向，运动场设在羊舍的南面；双列式羊舍多为南北走向，运动场设在羊舍的东西两侧，以利于采光。运动场地面应低于羊舍地面，并向外稍有倾斜，便于排水和保持干燥。运动场周围要用墙围起来，周围栽种树木，夏季要有遮阴、避雨的场所。

7. 围栏

羊舍内和运动场四周均设有围栏，其功能是将不同大小、性别和类型的羊相互隔离,并限制在一定的活动范围之内,以利于提高生产效率和科学管理。围栏高度为1.2~1.5m。材料可以是木栅栏、铁丝网、钢管等。围栏必须有足够的强度和牢度,与绵羊相比,山羊的顽皮性、好斗性和运动撞击力更强。

8. 食槽和水槽

食槽和水槽尽可能设计在羊舍内部,以防雨水和冰冻。食槽可用水泥、铁皮或硬质塑料等材料建造,底部应为圆弧形,不宜太深,深度一般为15cm,四角也要用圆弧角,以便清洁打扫。水槽可用成品陶瓷水池或其他材料,底部应有放水孔,有条件的可采用塑料或铸铁的碗式自动饮水器。

(四)羊场的主要设施与设备

大中型种羊场必须购置动力机械、草原建设机械、饲草饲料种植和管理机械、饲草饲料收获机械(割草机、搂草机、打捆机等)、饲草饲料加工机械(铡草机、草饼机、粉碎机、饲料混合机等)、畜产品采集和加工机械、运输机械、保养维修设备等。肉羊场应根据实际情况选购所需要的机械设备。其中,铡草机、饲料粉碎机、饲料混合机和剪毛机等应是大中型羊场必备的机具。

应备足饲槽、草架、盐槽和饮水、药浴等设备,饲槽主要用来饲喂精料、青贮料、青草或干草,根据建造方式主要可分为固定式和移动式两种。固定式饲槽一般用砖、石、水泥等砌成,而移动式饲槽多用木料或铁皮制作。草架用来饲喂粗饲料、青绿饲草的设备。各种饲槽、草架、分羊栏的形状和尺寸如图6-5、图6-6和图6-7所示。

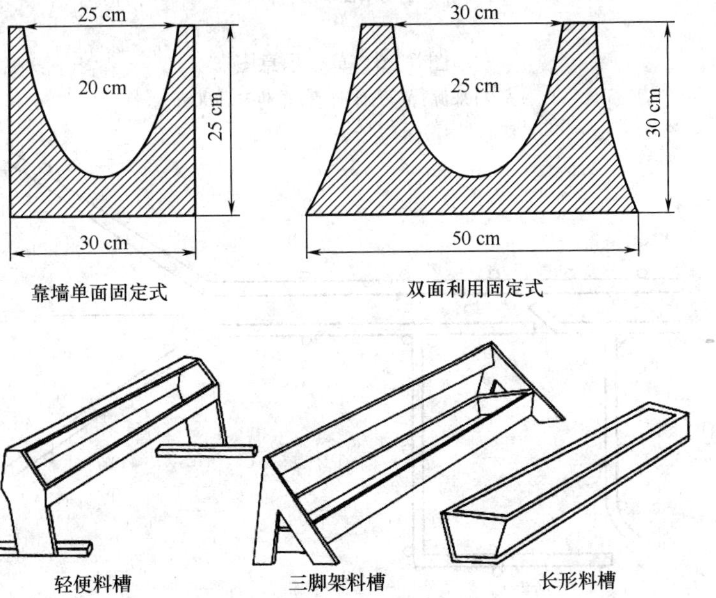

图6-5 固定式及移动式饲槽示意图

资料来源:范颖,宋连喜. 羊生产,2008。

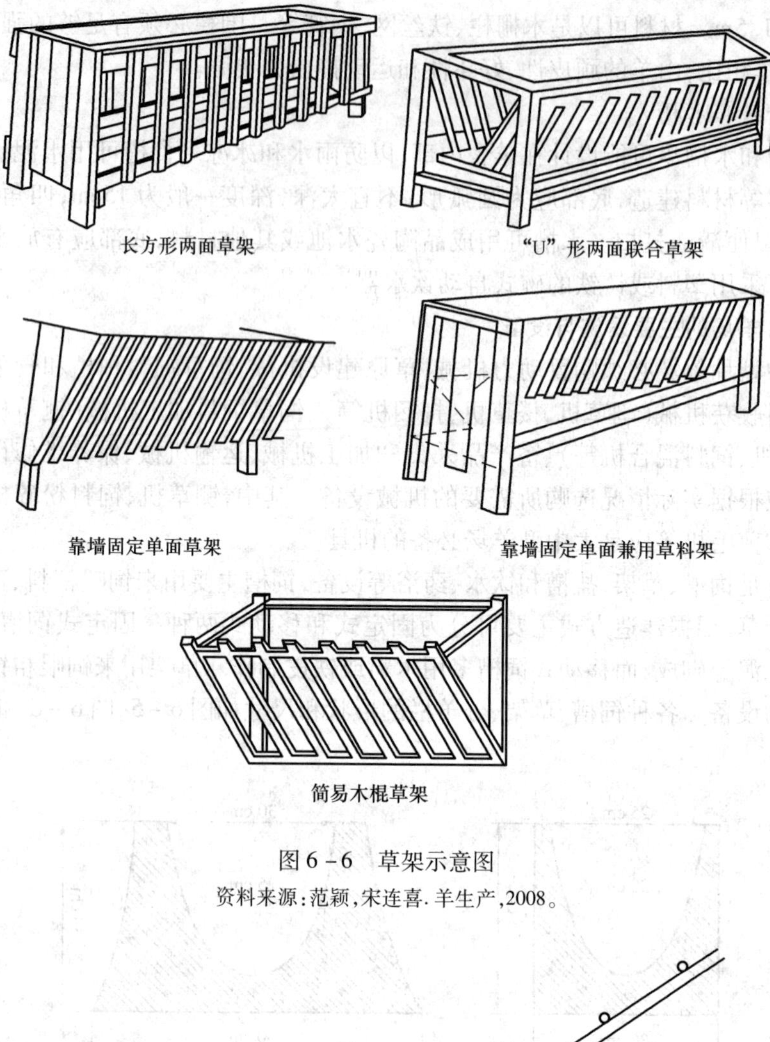

图 6-6　草架示意图

资料来源:范颖,宋连喜. 羊生产,2008。

图 6-7　分羊栏示意图

资料来源:范颖,宋连喜. 羊生产,2008。

为了方便地称量羊体重，羊场应购置小型地秤（大型羊场应购置大地秤），在地秤上安置长1.4m、宽0.6m、高1.2m的长方形竹、木或钢筋制羊笼，羊笼两端应安置进出活动门，利用多用途栅栏围成连接到羊舍的分群栏，把安置羊笼的地秤置于分群栏的通道入口处。这样可减少抓羊时的劳动强度，便于羊体重的称量。

思考与练习

1. 试述羊场的场址应依据哪些原则选择。
2. 试述羊舍建设的原则。
3. 试述羊舍常见的类型有哪些。

情境七 羊的品种及利用

单元一 | 羊的品种资源

全世界现有绵羊、山羊品种约780个，其中绵羊品种约630个，山羊品种约150个。为了正确认识、研究和有效利用羊的品种资源，需要对绵羊、山羊品种进行分类。

一、绵羊品种

绵羊品种的分类方法有很多，目前国内外普遍采用的主要有动物学分类法和生产性能分类法。

动物学分类法是以绵羊尾形的差异和大小（绵羊尾的长短和形态）为特征来进行分类。尾形的差异是指尾椎上脂肪沉积的程度和外形；尾的大小是指尾的长短，即尾尖是否达到或超过飞节。据此，可将绵羊分为短瘦尾品种，约87个；长瘦尾品种，约390个；短脂尾品种，约86个；长脂尾品种，约26个；肥臀尾品种，约13个。

生产性能分类法是根据绵羊的主要产品和经济用途来进行分类，把同一生产方向的绵羊品种概括在一起，便于选择和利用。但这一方法的缺点就是对于多种用途的绵羊，如毛肉乳兼用的绵羊，在不同的国家往往由于使用的重点不同，归类也不同。目前在中国、俄罗斯等国普遍采用这种分类方法。据此，可将绵羊分为毛用羊（细毛羊、半细毛羊、粗毛羊）、肉用羊、羔皮羊、裘皮羊、乳用羊几类。

（一）中国主要绵羊品种

1. 细毛羊品种

（1）新疆细毛羊　新疆细毛羊1954年育成于新疆维吾尔自治区巩乃斯种羊

场,是我国育成的第一个细毛羊品种。

①育成过程:育种工作开始于 1934 年,从原苏联引入了一批高加索、泊列考斯等品种绵羊,分别饲养在伊犁、塔城、巴里坤、乌鲁木齐和喀什等地,主要用来对当时的哈萨克羊和蒙古羊进行杂交改良。

②外貌特征:体格大,体质结实,结构匀称。头较宽长,颈短而圆,公羊鼻梁微有隆起,母羊鼻梁呈直线。公羊大多数有螺旋形角,母羊大部分无角或只有小角。公羊颈部有 1 ~2 个完全或不完全的横皱褶,母羊有 1 个横皱褶或发达的纵皱褶,体躯无皱,皮肤宽松。胸宽深,背直而宽,腹线平直,体躯深长,后躯丰满。四肢结实,肢势端正。羊体覆盖白色的同质毛,有的个体的眼圈、耳、唇部皮肤有少许色斑。被毛闭合性良好。头部细毛覆盖至两眼连线,前肢到腕关节,后肢至飞节或飞节以下,腹毛着生良好,呈毛丛结构。成年公羊平均体高 75.3cm,成年母羊为 65.9cm;成年公羊平均体长 81.9cm,成年母羊为 72.6cm;成年公羊平均胸围 101.7cm,成年母羊为 86.7cm。

③生产性能:具有适应性强、耐粗饲、体格大、繁殖力高、遗传稳定、产毛多、毛质好等优点。剪毛后体重周岁公羊 42.5kg,最高 100.0kg,周岁母羊 35.9kg;最高 69.0kg;成年公羊 88.0kg,最高 143.0kg;成年母羊 48.6kg,最高 94.0kg。剪毛量周岁公羊 4.9kg,最高 17.0kg;周岁母羊 4.6kg,最高 12.9kg;成年公羊 11.57kg,最高 21.2kg;成年母羊 5.2kg,最高 12.9kg。净毛率 48.06% ~51.53%。12 个月的羊毛长度周岁公羊 7.8cm,周岁母羊 7.7cm,成年公羊 9.4cm,成年母羊 7.2cm。羊毛细度以 64 支为主,平均净毛率 51.7%。

新疆细毛羊是我国育成历史最久、数量最多的细毛羊品种,具有较高的毛肉生产性能,在我国绵羊品种的改良育种工作中发挥了重要作用。其适应性强,抗逆性好,具有许多外来品种所不及的优点。但新疆细毛羊与居于世界首位的澳洲美利奴羊相比,还有相当的差距,主要表现在个体平均净毛产量低,毛长不足,羊毛的光泽、弹性、白度不理想;在体型结构方面,后躯不够丰满,背线不够平、宽,胸围偏小等。

(2)中国美利奴羊　中国美利奴羊是我国细毛羊中具有高生产水平的新品种,生产性能已达到国际同类细毛羊的先进水平,它的育成标志着我国细毛羊育种水平进入了一个新阶段。

①育成过程:育种工作始于 1972 年,在新疆的巩乃斯种羊场、紫泥泉种羊场、内蒙古嘎达苏种畜场和吉林查干花种畜场联合育成。以澳洲美利奴羊为父本,4 个育种场的基础母羊分别是波尔华斯羊、新疆细毛羊、波新一代及军垦细毛羊,采用级进杂交法,主要从二、三代中选择的理想型个体经横交固定,严格选留,精心培育而成。按育种地区分为 4 个类型:新疆型、军垦型、吉林型和科尔沁型,主要分布在我国的新疆、吉林、内蒙古等羊毛主产区。1985 年12 月,由国家经济贸易委员会和农牧渔业部正式命名为“中国美利奴羊”。

②外貌特征：体质结实，毛肉型外貌特征明显，体躯呈长方形，胸宽深，背平直，后躯丰满。四肢坚实有力，肢势端正。公羊多有螺旋形角，少数无角，颈部有1~2个横皱褶或发达的纵皱褶；母羊无角，颈部有发达的纵皱褶。公、母羊躯干部均无明显的皱褶。头毛密长，着生至眼线，形如帽状，腹毛着生良好，被毛白色同质，各部位毛丛长度和细度均匀，细毛覆盖至两眼连线，前肢着生至腕关节，后肢着生至飞节。

③生产性能：具有良好的产毛性能，成年公羊剪毛量16.0~18.0kg，特级母羊平均7.2kg；净毛量公羊5.5kg，母羊3kg。羊毛品质优良，被毛闭合良好，呈毛丛结构，密度大，有明显的大、中弯曲，油汗含量适中、分布均匀，呈白色或乳白色，毛丛自然长度9.0~12.0cm，体侧毛长12个月达9~10cm，净毛率50%以上，细度为60~64支，可做高档精纺产品原料。中国美利奴羊也具有一定的产肉性能，成年羊剪毛后体重，公羊70kg，母羊40kg；育成羊剪毛后体重，公、母羊分别为38kg和32kg；成年羯羊宰前体重51.9kg，屠宰率44.1%。母羊产羔率117.0%~128.0%，经产母羊产羔率均在120%以上。

中国美利奴羊与其他细毛羊杂交试验的结果表明，杂交对羊毛品质和羊毛产量的提高具有显著效果，平均可提高毛长1.0cm，净毛量0.3~0.5kg。

（3）东北细毛羊　东北细毛羊是在东北三省的辽宁小东种畜场、吉林双辽种羊场、黑龙江银浪种羊场等育种基地采取联合育种育成的，现已分布在内蒙古、河北、河南、湖南、湖北、四川、山东、江西及广东、广西等省区。

①育成过程：大致分为三个阶段：1948—1958年为杂交改良阶段；1959—1967年为横交自繁阶段；1968—1972年为纯繁推广阶段。最初用散布民间的兰布列美利奴公羊与当地蒙古羊杂交选育，1952年以后，主要使用斯达夫洛波羊及其他细毛羊如苏联美利奴羊、高加索细毛羊和新疆羊等为育种父本，经过多年的精心培育、严格选择，1967年，由农业部组织鉴定验收，定名为“东北毛肉兼用细毛羊”，简称“东北细毛羊”。

②外貌特征：体质结实，结构匀称。胸宽深、背平直，四肢端正，公羊鼻梁稍隆起，有螺旋形角，颈部有1~2个横皱褶；母羊鼻梁平直，无角，颈部有发达的纵皱褶。皮肤适当宽松，体躯无褶。毛丛结构良好，呈闭合型。被毛白色，密度良好，羊毛弯曲正常，细度均匀。油污适中，多为乳白色或淡黄色。细毛覆盖头部至两眼连线，前肢达腕关节，后肢达飞节。

③生产性能：育成公、母羊体重为42.95kg和37.81kg，成年公、母羊体重为83.66kg和45.36kg。种公羊平均剪毛量为13.44kg，成年母羊平均为6.10kg；14~16月龄公、母羊分别为7.5kg和6.58kg。种公羊被毛平均长度为9.33cm，成年母羊为7.37cm；14~16月龄公、母羊分别为9.53cm和9.54cm。细度以60支和64支为主，净毛率为35.0%~40.0%。成年公羊屠宰率为43.64%~52.4%，净肉率为34.0%；产羔率为110%~125%。

(4)内蒙古细毛羊 内蒙古细毛羊主要分布于正蓝、镶黄、多伦、大仆寺、西乌等旗县,经过20多年的精心培育,于1976年8月在内蒙古自治区锡林郭勒盟的典型草原地带育成。

①育成过程:是以原苏联美利奴羊、高加索羊、新疆细毛羊和德国美利奴羊与当地蒙古羊母羊,采用育成杂交方法育成。

②外貌特征:体质结实,结构匀称,公羊有1~2个完全或不完全的横皱褶,母羊有发达的纵皱褶。体躯长宽而深,背腰平直,四肢端正。公羊有发达的螺旋形角,母羊无角或有小角。被毛闭合性良好,油汗为白色或浅黄色,油汗高度占毛丛的1/2以上。细毛覆盖至两眼连线,前肢至腕关节,后肢至飞节。

③生产性能:育成公、母羊平均体重为41.2kg和35.4kg,成年公、母羊平均体重为91.4kg和45.9kg;育成公、母羊剪毛量平均为5.4kg和4.7kg,成年公、母羊为11.0kg和5.5kg。成年公、母羊羊毛平均长度为8.9cm和7.2cm。羊毛细度60~64支,净毛率为36%~45%。1.5岁羯羊屠宰前平均体重为49.98kg,屠宰率为44.9%。经产母羊的产羔率为110%~123%。

2. 半细毛羊品种

青海高原半细毛羊 产于青海省海西州、海南藏族自治州、海北藏族自治州等地,于1982年育成。

①育成过程:育种工作始于1963年,先用新疆细毛羊和茨盖羊与当地的藏羊和蒙古羊杂交,后又引入罗姆尼羊血液,在海北、海南地区导入1/2罗姆尼羊血液、海西地区导入1/4罗姆尼羊血液的基础上横交固定,培育而成。因含罗姆尼羊血液不同,青海高原半细毛羊分为罗茨新藏和茨新藏两个类型。1987年,经青海省政府命名为"青海高原毛肉兼用半细毛羊"。

②外貌特征:罗茨新藏型头稍宽短,体躯粗深,四肢稍矮,蹄壳多为黑色或黑白相间,公、母羊均无角。茨新藏型体型外貌近似茨盖羊,体躯较长,四肢较高,蹄壳多为乳白色或黑白相间,公羊多有螺旋形角,母羊无角或有小角。

③生产性能:成年母羊剪毛后体重35.0kg,成年公羊为70.1kg。剪毛量成年公羊5.98kg,成年母羊3.1kg,净毛率60.8%。羊毛长度成年公羊11.7cm,成年母羊10.0cm。羊毛细度50~58支,以56~58支为主。羊毛弯曲呈明显或不明显的波状弯曲。

青海高原半细毛羊对海拔3000m左右的青藏高原气候条件适应性强,抗逆性好。

3. 粗毛羊品种

(1)蒙古羊 蒙古羊产于蒙古高原,为我国三大粗毛羊品种之一,在我国数量最多、分布最广,主要分布在内蒙古、华北、东北和西北等地。

①外貌特征:体质结实,骨骼健壮,头狭长,鼻梁隆起。公羊多数有角,为螺旋形,角尖向外伸,母羊多无角。耳大下垂,短脂尾,呈圆形,尾尖弯曲呈"S"形。胸

深，背腰平直，四肢长而结实，体躯被毛多为白色，头颈与四肢则多有黑色或褐色斑块。

②生产性能：抗逆性强，耐粗饲，抓膘能力强，成年公羊体重 45～65kg，剪毛量 1～2kg；成年母羊体重 35～55kg，剪毛量 0.8～1.5kg。屠宰率 40%～54%，繁殖率不高，产羔率较低，一般年产一胎一羔，双羔率极低。

（2）西藏羊　西藏羊又称藏羊，原产于青藏高原，分布于西藏、青海、四川北部以及云南、贵州等地的山岳地带，数量仅次于蒙古羊，在我国三大粗毛羊品种中居第二位。主要分为高原型（或草地型）和山谷型两大类。

①外貌特征：高原型（草地型）作为藏羊的主体，其外貌特点是体质结实，体格高大，四肢端正较长，体躯近似方形。公、母羊均有角，公羊角长而粗壮，呈螺旋状向左右平伸，母羊角细而短，多数呈螺旋状向外上方斜伸。鼻梁隆起，耳大而不下垂。前胸开阔，背腰平直，十字部稍高，紧贴臀部有圆锥形小尾。这一类型藏羊所产羊毛为著名的"西宁毛"。

山谷型西藏羊体格较小，结构紧凑，体躯较短呈圆桶状，颈稍长，背腰平直。头呈三角形，公羊多有角，短小，向后上方弯曲，母羊多无角，毛色混杂。

②生产性能：高原型（草地型）成年公羊体重 50.8kg，成年母羊为 38.5kg。剪毛量成年公羊为 1.42kg，成年母羊为 0.97kg，成年羯羊的平均屠宰率为 50.11%。山谷型成年公羊体重平均为 36.79kg，成年母羊为 29.69kg，剪毛量成年公羊平均为 1.5kg，成年母羊为 0.75kg。屠宰率平均为 48.7%。西藏羊一般年产单胎，双羔者极少。

（3）哈萨克羊　哈萨克羊原产于新疆维吾尔自治区，分布在天山北麓、阿尔泰山南麓及准噶尔盆地，阿山、塔城等地区，是我国三大粗毛羊品种之一。

①外貌特征：体质结实，鼻梁隆起，耳大下垂，公羊有较大的角，母羊无角。背腰宽，体躯浅，四肢高大粗壮。尾宽大，下有缺口。毛色不一，多为褐、灰、黑、白等杂色，纯白或纯黑者较少。脂肪沉积于尾根而形成肥大椭圆形脂臀，是"肥臀羊"的典型代表。

②生产性能：属肉脂兼用品种，具有较高的肉脂生产性能。成年公、母羊体重分别为 60～85kg、45～60kg，剪毛量成年公羊为 2.61kg，成年母羊为 1.88kg，净毛率 68.9%。羊毛长度：成年公羊毛辫长度为 11～18cm，成年母羊毛辫为 5.5～21cm。母羊平均产羔率为 101.6%，屠宰率为 49.0%左右。

4. 肉用羊品种

（1）小尾寒羊　小尾寒羊主要分布在河南的新乡、开封，山东的菏泽、济宁以及河北南部、江苏北部和淮北等地，2000 年被农业部列入《国家级畜禽品种资源保护名录》，是我国古老的地方优良品种。

①外貌特征　体形结构匀称，四肢较长，体躯高大，前后躯都较发达。短脂尾呈圆形，一般都在飞节以上。胸宽深，肋骨开张，背腰平直。公羊头大颈粗，有角

呈螺旋状；母羊半数有角，角小。头、颈较长，鼻梁稍隆起，耳大下垂。被毛为白色、异质，少数在头部及四肢有黑褐色斑点和斑块。

②生产性能：生长发育快，体格高大，成年公、母羊平均体重分别为94.1kg和48.7kg；3月龄公、母羔平均断奶重可达20.8kg和17.2kg。公、母羊年平均剪毛量分别为3.5kg和2.1kg，净毛率为63%。3月龄羔羊平均胴体重8.49kg，净肉重6.58kg，屠宰率为50.6%，净肉率为39.21%；周岁公羊平均胴体重40.48kg，净肉重33.41kg，屠宰率和净肉率分别为55.6%和45.9%。小尾寒羊性成熟早，母羊5~6月龄发情，公羊7~8月龄即可配种。母羊全年发情，繁殖力强，可一年两产或两年三产，产羔率平均261%，是世界著名的高繁殖力绵羊品种之一。

（2）大尾寒羊　大尾寒羊主要分布于河北南部的邯郸、邢台以及沧州，山东聊城地区的临清、冠县、高唐以及河南的郏县等地。

①外貌特征：体格大，体质结实，头稍长，鼻梁隆起，耳大下垂，公、母羊均无角，颈细稍长，前躯发育欠佳，后肢发育良好，尻部倾斜，乳房发育良好。大肥尾，长过飞节，有的接近或拖及地面，毛白色，基本同质，裘皮品质好。

②生产性能：肉脂性能好，成年公、母羊平均体重分别为72kg（最大达105kg）和52kg；尾重成年母羊4~6kg，种公羊一般为15~20kg，最重高达35kg。成年公、母羊年平均剪毛量分别为3.3kg和2.7kg，毛长10.4cm和10.2cm，净毛率45%~63%。成年公羊屠宰率54.21%，净肉率45.11%，尾脂重7.80kg。大尾寒羊性成熟早，母羊一般为5~7月龄，公羊为6~8月龄。母羊初配年龄10~12月龄，公羊1.5~2岁开始配种。母羊全年发情，可一年两产或两年三产，一般一胎多产双羔，产羔率为185%~205%。

（3）乌珠穆沁羊　乌珠穆沁羊主要分布于内蒙古自治区锡林郭勒盟东北部东乌珠穆沁旗和西乌珠穆沁旗以及毗邻的阿巴哈纳尔旗、阿巴嘎旗部分地区。1982年由农业部正式确认为优良地方品种，2000年被农业部列入《国家级畜禽品种资源保护名录》，是我国著名的肉脂兼用短脂尾绵羊品种。

①外貌特征：体格高大，体躯长，背腰宽，肌肉丰满，全身骨骼坚实，结构匀称。鼻梁隆起，额稍宽，耳大下垂或半下垂。公羊多数有半螺旋形角，母羊多数无角。脂尾厚而肥大呈椭圆形，尾的正中线有纵沟，将脂尾分成左右两半。毛色混杂，全白者占10.43%，体躯为白色、头颈为黑色者占62.1%，体躯杂色者占11.24%。

②生产性能：该品种以生长发育快、体大肉多、肉质鲜美、无膻味而著称。成年公、母羊体重分别为74.43kg、58.41kg，公、母羔4月龄体重可分别达到33.9kg、32.1kg。屠宰率平均为51.4%，净肉率45.64%。该品种羊繁殖力不高，母羊一年一产，平均产羔率为100.2%。

乌珠穆沁羊具有多肋骨、多腰椎的解剖学特点。普通羊正常肋骨数为13对、腰椎6节，而乌珠穆沁羊具有14对肋骨的个体占种群的20%，有7节腰椎的个体占39.6%，既有14对肋骨又有7节腰椎的羊占14.9%。多肋骨、多腰椎羊的体长、体重和胴体重等多项产肉力指标均明显高于 13 对肋骨、6 节腰椎的对照组个体。

(4)同羊　同羊又名同州羊、蚕耳羊。据考证,该羊已有1200 多年的历史,现主要分布在陕西省渭北高原东部和中部一带,该品种 2000 年被农业部列入《国家级畜禽品种资源保护名录》。

①外貌特征:具有"茧耳、扇尾、栗角、筋肋"四大外貌特征。耳大而薄(形如茧壳),向下倾斜。公、母羊均无角,部分公羊有栗状角痕。颈较长,部分个体颈下有一对肉垂。胸部较宽深,肋骨细如筋,开张良好。背部公羊微凹,母羊短直较宽,腹部圆大。尾大如扇,按其长度是否超过飞节,可分为长脂尾和短脂尾两大类型,一般 90% 以上为短脂尾。全身被毛洁白,面部和腹毛多由刺毛覆盖。

②生产性能:该品种是我国著名的肉毛兼用地方绵羊品种,生长快,成年公羊体重 60 ~ 65kg,母羊体重 40 ~ 46kg。周岁羯羊屠宰率为 51.75%,成年羯羊为 57.64%,净肉率 41.11%。6 ~ 7 月龄即达性成熟,1.5 岁配种。母羊全年可多次发情配种,一般两年三胎,但产羔率较低,一般一胎一羔。同羊肉肥嫩多汁,瘦肉绯红,肌纤维细嫩,烹之易烂,食之可口。具有陕西关中独特地方风味的"羊肉泡馍"、"腊羊肉"和"水盆羊肉"等食品,皆以同羊肉为上选。

(5)阿勒泰羊　阿勒泰羊是哈萨克羊的一个优良分支,主要分布在新疆维吾尔自治区北部阿勒泰地区。

①外貌特征:体格大,体质结实。公羊鼻梁隆起,具有较大的螺旋形角,母羊多数有角,耳大下垂。胸宽深,背平直,肌肉发育良好。四肢高而结实,股部肌肉丰满,沉积在尾根基部的脂肪形成方圆形大尾,下缘正中有一条浅沟将其分成对称的两半。母羊乳房大,发育良好。被毛异质,多为棕褐色,头为黄色或黑色。

②生产性能:属肉脂兼用粗毛羊,具有良好的早熟性和较高的肉脂生产性能。体格大,产肉多,成年公、母羊平均体重为 85.6kg 和 67.4kg,成年公、母羊剪毛量为 2.4kg 和 1.63kg。毛纤维类型的重量百分比为:绒毛占 59.55%,两型毛占 3.97%,粗毛占 7.75%,干死毛占 28.73%。净毛率为 71.24%。毛质较差,多用于擀毡。繁殖力不高,经产母羊产羔率为 110%。

5. 羔皮、裘皮用羊品种

(1)中国卡拉库尔羊　中国卡拉库尔羊产于新疆南部。以卡拉库尔羊为父系,库车羊、哈萨克羊及蒙古羊为母系,采用级进杂交方法育成。主要分布在新疆的库车、沙雅、阿瓦提,内蒙古自治区的鄂托克旗、准格尔旗、阿拉善左、右旗、乌拉后旗等地。

①外貌特征:头稍长,耳大下垂,公羊多数有角,母羊多数无角,颈中等长,四肢结实,尾肥厚,基部宽大。毛色以黑色为主,灰色、金色、银色较少。

②生产性能:成年公羊体重 77.3kg,成年母羊 46.3kg;被毛异质,剪毛量成年公羊 3.0kg,成年母羊 2.0kg,净毛率为 65.09%,产羔率为 105% ~115%,屠宰率为

51.0%。

(2)湖羊　湖羊产于浙江、江苏太湖流域,主要分布在浙江的桐乡、嘉兴、海宁、杭州和江苏的吴江、宜兴等地区。以生长发育快、成熟早、繁殖性能高、所产羔皮花纹美观而著称,是我国特有的羔皮用绵羊品种,也是目前世界上少有的白色羔皮品种。

①外貌特征:头面狭长,鼻梁隆起,耳大下垂,公、母羊均无角,眼大突出,颈细长,体躯较窄,背腰平直,十字部较鬐甲部稍高,四肢纤细,短脂尾,尾大呈扁圆形,尾尖上翘。全身白色,少数个体的眼圈及四肢有黑褐色斑点。

②生产性能:成年公羊体重40~50kg,成年母羊为35~45kg。剪毛量成年公羊平均为2.0kg,成年母羊为1.2kg。成年母羊的屠宰率为54%~56%。繁殖率高,产羔率平均为212%。羔羊生后1~2d内宰剥的羔皮称为"小湖羔皮",羔皮毛色洁白,有丝般的光泽,花纹呈波浪形,甚为美观,在国际市场上享有很高声誉,有"软宝石"之称。

(3)滩羊　滩羊是在特定的自然环境下经长期定向选育成的一个独特的裘皮羊品种,以产二毛皮著称,主要分布在宁夏贺兰山东麓银川市附近的各县以及甘肃、内蒙古、陕西和宁夏毗邻的地区。

①外貌特征:体格中等,公羊有大而弯曲呈螺旋形的角,母羊一般无角,颈部丰满,长度中等,背腰平直,体躯狭长,四肢较短,尾长下垂,尾根宽阔,尾尖细长呈"S"状弯曲或钩状弯曲,达飞节以下。被毛多为白色,头部、两耳、眼周围和两额多有褐色、黑色、黄色斑块或斑点。

②生产性能:成年公、母羊平均体重为47.0kg和35.0kg。羔羊生后30d左右宰取的羔皮称二毛皮,是滩羊的主要产品。被毛洁白呈有波浪形弯曲的毛股状,毛股长8~9cm,有美丽的花穗,花案美观清晰,光泽悦目,具有轻便、保暖、结实、不毡结等特点。剪毛量成年公羊为1.6~2.6kg,成年母羊0.7~2.0kg。净毛率为65%左右,成年羯羊屠宰率为45%左右。一般一胎一羔,产羔率101%~103%。

(二) 国外主要绵羊品种

1. 细毛羊品种

(1)澳洲美利奴羊　澳洲美利奴羊原产于澳大利亚和新西兰,是世界上最著名的细毛羊品种。

①育成过程:由英国及南非引进的西班牙美利奴羊、德国萨克逊美利奴羊、法国和美国的兰布列羊等品种进行杂交,历经一百多年育成。

②外貌特征:体型近似长方形,腿短,体宽,背部平直,后肢肌肉丰满。公羊颈部有1~3个发育完全或不完全的横皱褶,母羊有发达的纵皱褶。毛丛结构良好,密度大,细度均匀,油汗白色,弯曲均匀整齐而明显,光泽良好。羊毛覆盖头部至两眼连线,前肢达腕关节,后肢达飞节。

③生产性能:具有毛品质优良、毛长、毛密、净毛率高的特点,有超细、细毛、中

毛、强毛4个类型。超细型美利奴羊体型较小,羊毛手感柔软,密度大,纤维直径一般在18μm以下;细毛型美利奴羊中等体型,结构紧凑,成年公羊体重60～70kg,剪毛量6～9kg,成年母羊体重36～45kg,剪毛量4～5kg,羊毛细度64～68支,净毛率63%～68%;中毛型成年公羊体重65～90kg,剪毛量8～12kg,成年母羊体重40～44kg,剪毛量5～6kg,毛长9～13cm,羊毛细度60～64支,净毛率62%～65%;强毛型成年公羊体重70～100kg,剪毛量8～14kg,成年母羊体重42～48kg,剪毛量5～7kg,毛长9～13cm,净毛率60%～65%。

(2)德国美利奴羊　德国美利奴羊原产于德国,属于肉毛兼用型细毛羊。

①外貌特征:体格大,胸宽深,背腰平直,肌肉丰满,后躯发育良好;公母羊均无角,颈部及体躯均无皱褶;被毛白色长而弯曲明显。

②生产性能:体重成年公羊90～100kg,母羊60～70kg。剪毛量成年公羊7～10kg,母羊4.5～5.0kg。毛长成年公羊为9～11cm,母羊7～10cm。羊毛细度60～64支,净毛率为45%～52%。羔羊生长发育快,6个月龄体重达40～45kg,胴体重达19～22kg。4个月龄以内羔羊日增重可达300～350g。德国美利奴羊繁殖力强,性早熟,12个月龄时可初配,母羊泌乳性好,母性强,产羔率可达150%～175%,羔羊成活率高。

德国美利奴羊对气候干燥、降雨少的地区有良好的适应能力,且耐粗饲。若与细毛羊杂交,可在不改变细毛羊原生产方向的前提下显著提高其产肉性能;若与细毛杂种羊和土种羊杂交,后代生长发育快,产肉性能好。

2.半细毛羊品种

(1)边区莱斯特羊

①育成过程:原产于英国北部苏格兰,19世纪中叶由英国比较原始的品种莱斯特公羊与山地雪伏特品种母羊经杂交培育而成。为了与原来的莱斯特羊相区别,1860年该品种被命名为"边区莱斯特羊"。

②外貌特征:体质结实,体型大而结构良好,体躯长,背宽平,公、母羊均无角,鼻梁隆起,两耳竖立,头部及四肢无羊毛覆盖。

③生产性能:成年公羊体重70～85kg,成年母羊55～65kg。剪毛量成年公羊5～9kg,成年母羊3～5kg,净毛率65%～68%。毛长20～25cm,细度44～48支。产羔率150%～200%。早熟性好,4～5月龄羔羊胴体重可达20～22kg。

(2)考力代羊　考力代羊原产于新西兰,属肉毛兼用型半细毛羊品种。

①育成过程:1880—1910年间,以英国长毛型林肯羊、莱斯特羊为父本,美利奴羊为母本杂交培育而成。

②外貌特征:头宽而小,头毛覆盖额部。公、母羊均无角,颈短而宽,背腰宽平,后躯发育良好,肌肉丰满,四肢粗壮。全身被毛及四肢毛覆盖良好,颈部无皱褶,体型似长方形,具有肉用羊体况和毛用羊被毛。

③生产性能:成年公羊体重100～115kg,母羊60～65kg。剪毛量成年公羊

10～12kg，母羊5～6kg。毛长12～14cm，细度50～56支，净毛率60%～65%。产羔率125%～130%。考力代羊具有良好的早熟性，4月龄羔羊体重可达35～40kg，可利用该特点，开展肥羔羊生产。我国山东、贵州、陕西等地用引入的考力代羊改良当地粗毛羊，使羊毛品质大有改善，剪毛量明显提高。

3.肉用羊品种

(1)萨福克羊

①育成过程：萨福克羊原产于英国英格兰东南部，是由英国古老短毛种肉用羊南丘羊与旧型黑头有角的诺福克绵羊杂交于1859年培育而成。

②外貌特征：体格较大，骨骼强健，头短而宽，耳较长，公、母羊均无角，胸宽深，背腰和臀部长宽而平，肌肉丰满，后躯发育良好。体躯被毛白色，头和四肢为黑色，无羊毛覆盖。

③生产性能：为早熟品种，生长发育快，产肉性能突出，成年公羊体重100～136kg，成年母羊70～96kg，剪毛量成年公羊5～6kg，成年母羊2.5～3.6kg，被毛白色，毛长8～9cm，细度50～58支，净毛率60%左右，产羔率130%～140%。

(2)夏洛莱羊

①育成过程：原产法国中部的夏洛莱地区，通过引入英国莱斯特羊改良当地的兰德瑞斯羊，并经长期的选育而形成，1963年命名为夏洛莱羊，1974年由法国农业部正式定名。

②外貌特征：公、母羊均无角，头和面部无毛覆盖，额宽，耳大，颈粗短，肩宽平，胸宽而深，肋部拱圆，背部肌肉发达，体躯呈桶状，后躯宽大，四肢较短，肉用体型良好。

③生产性能：早熟，成年公羊体重100～150kg，成年母羊75～95kg；羔羊生长发育快，6月龄公羔体重可达48～53kg，母羔达38～43kg；被毛白色同质，毛长7cm左右，细度为65～68支。胴体质量好，瘦肉多，脂肪少，屠宰率55%以上；产羔率高，经产母羊产羔率182.4%，初产母羊135.3%。

(3)无角道塞特羊

①育成过程：原产于澳大利亚和新西兰，以雷兰羊和有角道塞特羊为母本，以考力代羊为父本，然后杂种羊再与有角道塞特公羊回交，选择无角后代培育而成。

②外貌特征：体质结实，头短而宽，脸部无羊毛覆盖，公、母羊均无角，颈粗短、胸宽深，背腰平直，躯体呈圆桶状，四肢粗短，后躯丰满，面部、四肢及被毛均为白色。

③生产性能：具有早熟性好、生长发育快、全年发情和耐热、耐干旱的特点。成年公羊体重90～110kg，母羊55～80kg；剪毛量2～3kg，毛长8～10cm，细度50～56支。母羊平均产羔率130%左右，最高可达170%。

4.羔皮、裘皮用羊品种

卡拉库尔羊　卡拉库尔羊原产于中亚细亚各国贫瘠的荒漠、半荒漠草原，是一个古老的羔皮与乳兼用的优良品种。目前，卡拉库尔羊分布在全世界几十个国家，主要分布在乌兹别克斯坦、塔吉克斯坦、土库曼斯坦、哈萨克、阿富汗、纳米比亚和南非等国。

①外貌特征：头稍长，鼻梁隆起，颈中等长，耳大下垂，前额有卷曲的发毛。公羊大多数有螺旋形的角，母羊多数无角。体躯较深，四肢结实，尾的基部特别肥大，尾尖呈“S”形弯曲并下垂至飞节。被毛的颜色随年龄的增长而变化，如初生时黑色的羔羊，到断奶时渐渐由黑色变为褐色，当长到1～1.5岁时被毛开始变白，成年后又转成灰白色，而头、四肢及尾部的毛色不变。

②生产性能：成年公羊体重60～90kg，体高72～78cm；成年母羊相应为45～70kg和62～70cm。被毛异质，由无髓毛、两型毛和中等细度的有髓毛组成。剪毛量成年公羊3～3.5kg，成年母羊2.5～3.0kg。产羔率105%～115%。成年羊肥育后肉用品质良好，屠宰率50%左右。

二、山羊品种

根据生产方向进行分类，山羊一般可分为肉用山羊、乳用山羊、毛用山羊、绒用山羊、毛皮用山羊及兼用山羊。

（一）中国主要山羊品种

1. 绒用山羊

（1）辽宁绒山羊　辽宁绒山羊原产于辽宁省辽东半岛的盖县、复县、庄河、岫岩、风城、宽甸及辽阳等县，是我国产绒量最高的山羊品种，在世界也以产绒量高、绒质好而著称。

①外貌特征：体格大，体质结实，结构匀称，公、母羊均有角，头较大，颈宽厚，背平直，全身被毛白色。

②生产性能：成年公羊平均体重53.5kg，成年母羊44.0kg。成年公羊平均产绒量540g，最高1375g；成年母羊470g，最高1025g。山羊绒自然长度5.5cm，伸直长度8～9cm，平均细度16.5μm。净绒率70%以上，屠宰率50%左右，母羊平均产羔率120%～130%。

（2）内蒙古白绒山羊　内蒙古白绒山羊原产于内蒙古自治区西部的阿拉善盟、伊克昭盟和巴彦淖尔盟等地，按产区不同分为二郎山型、阿尔巴斯型和阿拉善型三个地方类型，是在内蒙古山羊的基础上，经过长期选育而成的绒肉兼用型山羊品种。1988年由内蒙古自治区人民政府正式命名为“内蒙古白绒山羊”。

①外貌特征：体格较大，体质结实，头中等大小，公、母羊均有角，鼻梁平直或微凹，体躯较长，近似方形，四肢粗壮结实，善于登山远牧，全身被毛白色，按其被毛状态可分为长细毛型和短粗毛型，其中以短粗毛型的产绒量为高。

②生产性能：抗逆性强，耐粗饲，抗病力强，对荒漠、半荒漠地区的干旱、寒冷气候有较强的适应性。成年公羊体重45～52kg，成年母羊30～45kg。产绒量成年公羊400g，成年母羊360g；粗毛产量成年公羊350g，成年母羊300g，绒毛长度4～5cm，细度14～15μm，净绒率60.6%～64.6%。母羊繁殖率较低，多产单羔，产羔

率100%～105%，屠宰率40%～50%。

2. 毛皮用山羊

(1)中卫山羊 中卫山羊原产于宁夏回族自治区的中卫、中宁、同心、海原及甘肃省的景泰、靖远等县，产区属于半荒漠地带。

①外貌特征：体质结实，体躯短深近方形，结构匀称，面部清秀，公、母羊均有角，被毛全白，光泽悦目。

②生产性能：适应性、抗病力强，耐寒，抗暑，耐粗饲。成年公羊体重30～40kg，成年母羊25～35kg。产绒量成年公羊164～200g，成年母羊140～190g。粗毛产量公羊400g，母羊300g。毛长15～20cm，光泽良好。母羊早熟，7月龄左右即可参加配种，产羔率103%。屠宰率40%～45%。其代表性产品是中卫二毛皮（指羔羊生后35日龄左右，毛股自然长度在7cm以上，适时宰杀剥取的皮张），具有美观、轻便、结实、保暖和不擀毡等特点，是世界上珍贵且独特的山羊裘皮。

(2)济宁青山羊 济宁青山羊原产于山东省西南部的菏泽和济宁地区，以曹县、郓城、菏泽、鄄城、单县、成武、定陶、金乡、嘉祥、邹县等地数量多、质量好。现已推广到华南、东北、西北等10多个省、区，大部分地区饲养效果良好，是我国著名的羔皮用山羊品种。

①外貌特征：体格较小，体高50～60cm，公、母羊均有角，向后上方伸展，颈较细长，四肢短而结实，腹围较大，被毛由黑、白两色毛混生，据黑白毛比例不同分为正青色、铁青色和粉青色，具有“四青一黑”的特征，即被毛、角、唇和蹄部为青色，两前膝为黑色。

②生产性能：成年公羊体重约30kg，成年母羊约26kg。成年公羊产毛300g左右，产绒50～150g；母羊产毛约200g，产绒25～50g。代表性产品是猾子皮，羔羊出生后1～3d屠宰，特点是毛细短，紧密适中，具有天然色彩和花纹，板轻，美观，是制翻毛皮衣和帽领等的优良原料，为国际市场上的著名商品。繁殖力强，常年发情，母羊6月龄初配，年产2胎或两年产3胎，一胎多羔，平均产羔率为293.65%。

3. 乳用山羊

(1)关中奶山羊 关中奶山羊原产于陕西的渭河平原，是利用萨能奶山羊与当地山羊经过长期杂交选育而成的乳用品种。现主要分布在关中的富平、蒲城、泾阳、三原、宝鸡、渭南等地。

①外貌特征：体质结实，乳用性能明显，头长额宽，眼大耳长，鼻直嘴齐。母羊颈长、胸部宽深，背腰平直，腹大不下垂，尻部宽长，有适度的倾斜，乳房大，多呈方圆形，质地柔软，乳头大小适中。公羊头大颈粗，胸部宽深，腹部紧凑，外形雄伟，睾丸发育良好，公、母羊四肢结实，肢势端正，蹄质结实，呈蜡黄色。毛短色白，皮肤粉红色，部分羊耳、鼻、唇及乳房有大小不等的黑斑，老龄尤为明显，部分羊有角、须和肉垂。

②生产性能：成年公羊体高在82cm以上，体重不低于65kg；成年母羊体高69cm以上，体重45kg以上。在一般饲养条件下，优良个体平均产奶量一胎450kg，

二胎 520kg，三胎 600kg，高产个体在 700kg 以上；平均含脂率 3.8%，总干物质为 12%。母羊 4～5 月龄性成熟，一胎产羔率平均为 130%，二胎以上平均为 174%。

（2）崂山奶山羊 从 1904 年开始，先后从德国、英国及原苏联等国引入萨能奶山羊，与本地山羊杂交，经长期培育而成。主要分布在山东省的东部及胶东半岛和鲁中南等地区。

①外貌特征：体质结实，结构匀称，毛色纯白，毛细短，皮肤呈粉红色，成年山羊的头部、耳及乳房的皮肤多有淡黑色的皮肤黑斑。公、母羊大多数无角，头长额宽，鼻直，眼大，嘴齐，耳薄较长，向前外方伸展。公羊颈粗壮，母羊外貌清秀，胸部宽广，肋骨开张良好。背腰平直尻略下斜，母羊腹大而不下垂，乳房附着良好，基部宽广，上方下圆，乳头大小适中，四肢端正蹄质结实。在整体结构上具有良好的乳用体型。

②生产性能：具有生长发育快、性成熟早等优点。成年公羊体高 80～88cm，体重 80.14kg，成年母羊相应为 68～74cm 和 49.58kg。母羔羊一般在 8 个月龄以上、体重达 30kg 以上时，即参加配种，在 13～14 个月龄时可产羔泌乳。由于母羊产羔较早，第一个泌乳期的泌乳量不高，在第二至第三个泌乳期产奶量上升的幅度较大。年平均产奶量为 497kg，最高的个体日产量可达 8.7kg，年产奶量为 1301kg。母羊 3～4 月龄开始发情，培育条件较好的当年在秋季即可参加配种，发情季节为 8 月下旬到翌年 1 月底，发情旺季在 9～10 月，母羊一胎产羔率为 130%，二胎时为 160%，三胎可达 200% 以上，平均繁殖率为 170%～190%。

（二）国外主要山羊品种

1. 波尔山羊

波尔山羊是目前世界上公认的最理想的肉用山羊品种之一，有“肉羊之父”的美称。原产地在南非共和国。

①外貌特征：理想型的波尔山羊体躯为白色，头、耳和颈部为浅红色至深红色，但不超过肩部，并有完全的色素沉着，广流星（前额及鼻梁部有一条较宽的白色带）明显；头平直，眼睛棕色，鼻梁隆起，头颈部及前肢比较发达，体躯长、宽、深，肋部发育良好并完全开展，胸部发达，背部结实宽厚，臀腿部丰满，四肢结实有力。

②生产性能：成年公羊体重为 90～130kg，母羊为 60～90kg，平均屠宰率为 48.3%。波尔山羊母羔 6 月龄性成熟，公羔 3～4 月龄性成熟，但需到 5～6 月龄或体重达 32kg 时方可用做种用。在良好的饲养条件下，母羊可以全年发情。发情周期为 18～21d，妊娠期平均为 148d。波尔山羊每胎平均产 2 羔，其中 50% 的母羊产双羔，10%～15% 的产 3 羔。四肢健壮，可长距离放牧，喜食树叶，对苦味有较强的耐受性，采食性、抗病力强。

2. 萨能山羊

萨能山羊原产于瑞士泊尔尼州西南部的萨能山谷，是世界著名的奶山羊品种，具有早熟、繁殖力强、泌乳性能好、适应性广等特点。

①外貌特征：具有明显的乳用家畜的楔状体型，体躯高大，胸宽深，结构紧凑细

致，头长面直，颈粗短，眼大灵活，公、母羊均有须无角，耳长直立，被毛白色或淡黄色，背长而直，四肢坚实，乳房发育良好，呈方圆形，乳头大小适中。

②生产性能：成年公羊体重 75～100kg，体高 80～90cm，体长 94～115cm；成年母羊体重 50～65kg，体高 75～80cm，体长 80～85cm；头胎多产单羔，之后多产双羔或多羔，产羔率 160%～220%，泌乳期 8～10 个月，年平均产奶量 600～1200kg，乳脂率 3.2%～4.0%。

3. 吐根堡山羊

吐根堡山羊原产于瑞士东北部圣仑州的吐根堡盆地，适应性强、产奶量高，对世界各地奶山羊业的发展起了重要作用，与萨能山羊同享盛名。

①外貌特征：体型略小于萨能山羊，也具有典型的乳用体型。公、母羊均有须，大多有角，骨骼结实，四肢较长，毛色呈浅或深褐色，分长毛和短毛两种类型。头部颜面两侧各有一条灰色条纹，耳呈浅灰色，沿耳根至嘴角部成一块白斑，颈部到尾部有一条白色背线，四肢下部、腹部及尾部两侧为灰白色，四肢上的白色和浅色乳镜是本品种的典型特征。

②生产性能：成年公羊体重 60～80kg，体高 80～85cm；成年母羊体重45～55kg，体高 70～75cm。泌乳期 8～10 个月，平均产奶量 600～1200kg，乳脂率3.5%～4.1%，母羊全年发情，但多集中在秋季，公羊初配年龄选择在 2 岁，母羊1.5 岁。

4. 安哥拉山羊

安哥拉山羊原产于土耳其的安纳托利亚高原东南部和中部地区，是世界著名的生产“马海毛”的毛用山羊品种。现主要分布在土耳其，美国、俄罗斯、南非、阿根廷及澳大利亚等国也有分布。

①外貌特征：全身白色，体格中等，公、母羊均有角，角扁短呈白色，被毛由波浪形或螺旋状的毛辫组成，毛辫长可垂至地面，头部和四肢着生短刺毛。

②生产性能：成年公羊平均体重 50.83kg，母羊为 32.88kg；剪毛量公羊为3.60kg，母羊为 3.09kg；成年公羊平均毛长 19.55cm，成年母羊 18.22cm；羊毛细度成年公羊为 43.47μm，成年母羊为 34.06μm。被毛主要由无髓同型毛纤维组成，成年母羊 80% 的个体没有死毛，而有死毛的个体，其平均含量为 3.57%，羊毛油脂含量为 6%～9%，净毛率为 65%～85%，性成熟晚，母羊产羔率为 100%～110%，双羔率为 2%～3%。

单元二 | 羊的利用

一、羊的外貌特征

(一) 肉用羊外貌特征

不同品种和肉用类型的肉羊体型外貌特征差异较大，但从整体来讲，其外形结构和体躯部位应具备以下特征:体质结实,结构匀称,全身各部位结合良好,体躯宽深,背腰平直,头、颈及四肢相对较短,近似正方形或圆桶形;全身肌肉发达,特别是胸部、腰部和腿部肌肉发达,后腿间距宽;骨骼较细,皮薄而富有弹性,被毛着生良好且富有光泽;整体结构体格大小和体重达到品种的月(年)龄标准,纯种羊还必须具备该品种的特征。肉羊体表部位名称如图7-1所示。

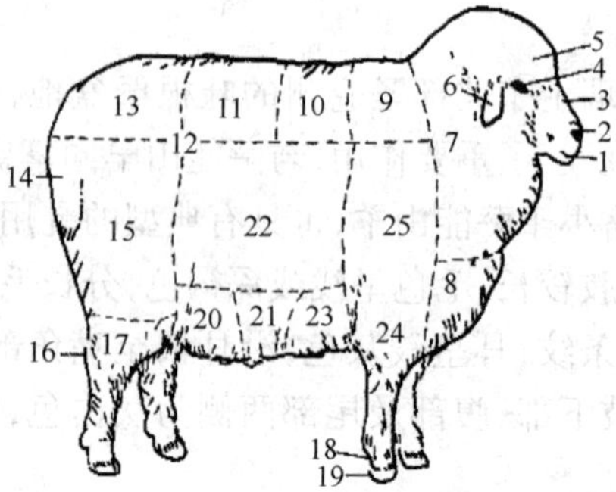

图7-1 羊体各部位名称

1—口 2—鼻孔 3—脸 4—眼 5—额 6—耳 7—颈 8—胸 9—鬐甲 10—背 11—腰 12—腰角 13—臀 14—尾 15—股(大腿) 16—飞节 17—后肢小腿 18—系 19—蹄 20—后肋 21—下腹 22—体侧部(肋骨部) 23—前肋 24—前腿 25—肩

资料来源:阮银岭等.实用肉羊饲养新技术,1996。

从局部来讲,理想型肉用羊腰部宽而肌肉发达,体长,大腿肌肉丰满,肋骨开张良好,胸部宽平,四肢站立开张,间距大。

(1)头、颈部　按品种要求,口方、眼大而明亮,头型较大,额宽丰满。颈部较粗,颈肩结合良好。

(2)前躯　肩丰满、紧凑、厚实,前胸宽而丰满。前肢直立结实,腿短且间距宽度一致。

(3)中躯　正胸宽而深,胸围大。背腰宽而平,长度适中,肌肉丰满。肋骨开张良好,长而紧密。腹底成直线,腰荐结合良好。

(4)后躯　臀部长、平、宽而开展,大腿肌肉丰满,后裆开阔,小腿肥厚。后肢短、直而细致,肢势端正。

(5)生殖器官与乳房　生殖器官发育正常,无功能障碍,乳房明显,乳头粗细、长短适中。

(二)毛用羊外貌特征

1.体型特征

毛用羊一般头、颈较长,鬐甲高但窄,胸长而深但宽度不足,背腰平直但不如肉用羊宽,腹围较大,后躯发育不如肉用羊好,四肢相对较长。超细毛羊和细毛羊一般公羊有角,母羊无角;半细毛羊一般公、母羊均无角;粗毛羊公、母羊均有角。

2.被毛覆盖

理想型的超细毛羊、细毛羊和半细毛羊,头毛一般着生至两眼连线,并有一定长度,呈毛丛结构,似帽状;前肢被毛着生至腕关节,后肢被毛着生至飞节。粗毛羊头毛短而少,四肢被毛覆盖不良。超细毛羊、细毛羊和半细毛羊生产同质细毛,其被毛由粗细、长短及其他品质较一致的同一类型毛纤维组成。毛纤维弯曲明显、整齐,被毛密度大,产毛量高,油汗多,杂质少。羊毛细度:超细毛羊为70支纱以上,平均直径不大于18μm;细毛羊为60~70支纱,平均直径为18.1~25μm;半细毛羊为32~58支纱,平均直径25.1~67μm。粗毛羊生产异质毛,其被毛由粗细、长短及其他品质不一致的不同类型毛纤维组成,毛纤维弯曲不明显,被毛密度小,产毛量低,油汗少,羊毛工艺性能差。

3.颈部及皮肤皱褶

毛用羊的公羊颈部有2~3个发育完整的横皱褶,母羊为纵皱褶,体躯上也有较小的皮肤皱纹。毛肉兼用羊的公羊颈部有1~3个发育完整或不完整的横皱褶,母羊为纵皱褶;躯干上没有皮肤皱纹;体表无皱褶的绵羊剪毛容易,刀伤少,较少受蚊蝇侵袭,而且羊毛长度大,产羔率高,剪毛量通常比多皱褶羊高。

(三)奶山羊外貌特征

奶山羊的外貌特征因品种和饲养地区各有差异。但共同特点是:成年奶山羊的前躯较浅较窄,后躯较深较宽,整个体躯呈楔形;全身细致紧凑,各部位轮廓非常清晰,头小额宽,颈薄而细长;背部平直而宽,胸部深广;四肢细长强健,皮肤薄而富有弹性,毛短而稀疏。产奶量高的奶山羊,乳房呈扁圆形或梨形,丰满而体积大,皮肤薄细而富有弹性,没有粗毛,仅有很稀少而柔软的细毛。乳头大小适中,略倾向前方。

二、体尺测量与体重测定

(一)羊的体尺测量

鉴别羊的生长发育速度和生产性能高低,往往要根据羊身体各部位的体尺来判断,测量项目的多少视测量的目的而定。体尺测量是用测量器具测量羊体各部位的长、宽、高、围度和角度,并在此基础上比较各部位间的相互关系,用以纠正肉眼鉴定的主观片面性,使鉴定工作趋于准确。用以测量羊体各部位的仪器有测杖、圆形测定器、测角器、卷尺等。

在测量时,必须使羊站立端正,地面应平坦,以免影响测量的准确性。理想的体尺测量宜在剪毛后进行,若在剪毛前进行体尺测量,必须把羊毛紧压至皮肤面上。羊的体尺测量项目有体高、荐高、体长、胸深、胸宽、胸围、腰角宽、管围、颈长、额的最大宽度等。

1.体尺测量的主要部位及其起止点(如图7-2所示)

(1)体高　从鬐甲最高点至地面的垂直距离。

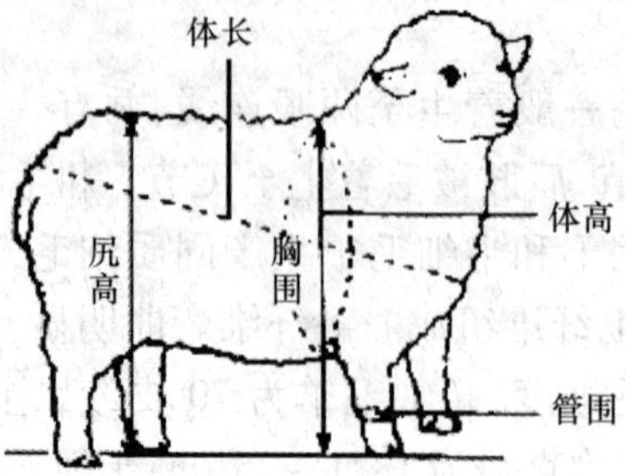

图7-2 体尺测量主要部位

资料来源：杨利国，动物繁育新技术，2009。

(2)荐高(十字部高) 从荐骨最高点至地面的垂直距离。

(3)体长(体斜长) 从肩端(肱骨大结节前缘)至臀端(坐骨结节后缘)的距离，可用测杖量直线距离，也可用卷尺沿体躯侧面量曲线距离，但须注明所用测具。

(4)胸深 从鬐甲经肩胛骨后角至胸骨腹侧缘的直线距离。

(5)胸宽 肩胛骨后角左右两垂直切线间的最大距离。

(6)前胸宽 左右肩端(肱骨大结节外缘)间的直线距离。

(7)胸围 肩胛骨后角处胸部的周径。

(8)腰角宽(十字部宽) 左右腰角外缘(髋结节外缘)间的直线距离。

(9)管围 左前肢管部(掌部)上1/3最细处的水平周径。

(10)除此之外，体尺测量项目可根据不同生产用途或选择目标做适当增减。例如，奶山羊的体尺测量除上述项目外，还需测量以下几项乳房指标。

乳房围度：乳房的最大周长。

乳房长度：从乳房基部至乳头基部的长度。

乳头间距离：两乳头内侧之间的距离。

乳头离地面的距离：从乳头顶端至地面的距离。

乳房容积大小与产奶量密切相关，测量乳房指标应在第一胎泌乳高峰期进行，测量应在挤奶以前完成。

2. 体尺指数

体尺指数是任何两种体尺之间的比率，能够反映体型特征。常用的有以下几种。

(1)体长指数 用以说明体长和体高的相对发育情况。其计算公式是：

$$体长指数=体长/体高\times100\%$$

(2)胸围指数 用以说明躯体的相对发育程度。其计算公式是：

$$胸围指数=胸围/体高\times100\%$$

(3)管围指数 用以说明骨的相对发育情况。其计算公式是：

$$管围指数=管围/体高\times100\%$$

(4)体躯指数 用以说明体躯发育程度。其计算公式是：

$$体躯指数=胸围/体长\times100\%$$

(5)肢长指数 用以说明四肢的相对发育情况。其计算公式是：

$$肢长指数=(体高-胸深)/体高\times100\%$$

(6)胸宽指数 用以说明胸部宽度的相对发育情况。其计算公式是：

$$胸宽指数=胸宽/腰角宽\times100\%$$

(7)胸指数　用以说明胸部发育情况,但应与胸宽指数共同使用。其计算公式是:

胸指数=胸宽/胸深×100%

(8)臀高指数　用以说明幼龄时期的发育情况。其计算公式是:

臀高指数=荐高/体高×100%

(二)羊的体重测定

羊的体重可以用目测和称重来获得。羊的体重大小受品种、性别、年龄、饲养管理、健康状况、气候等因素影响,一般以直接用地秤称量为准确。

三、年龄鉴定

羊年龄的鉴定可根据门齿状况、耳标号和烙角号以及角纹来确定。

(一)根据门齿状况鉴定年龄

绵羊的门齿依其发育阶段分为乳齿和永久齿。幼年羊乳齿为20枚,乳牙较小,颜色较白,长到一定时间后开始依次脱落,逐渐更换为永久齿,成年时达32枚。永久齿较乳齿大,颜色略发黄。上、下颌各有臼齿12枚(每边各6枚),下颌有门齿8枚,上颌没有门齿。中间的一对门齿称为切齿,切齿两边的两个门齿称为内中间齿,内中间齿外面的两颗称为外中间齿,最外面的一对门齿称为隅齿。羊年龄的口齿鉴定如图7-3所示。

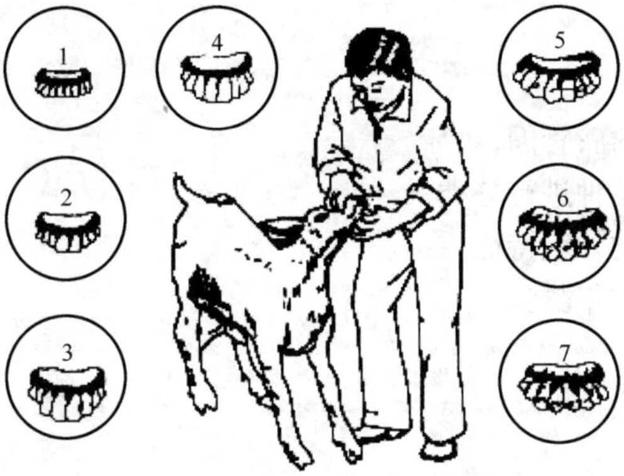

图7-3　羊年龄的口齿鉴定

1—周岁以下(乳牙)　2—1.5岁(对牙)　3—1.5~2岁(4个牙)　4—2.5~3岁(6个牙)　5—3.5~4岁(牙齐口)　6—6岁(明显磨损)　7—7岁以上(磨损严重、牙间隙大)

资料来源:农业部农民科技教育培训中心,中央农业广播电视学校组编,牛羊生产技术,2008。

羔羊初生时下颚即有门齿(乳齿)1对,生后不久长出第2对门齿,生后2~3周长出第3对门齿,第4对门齿于生后3~4周时出现。第1对乳齿脱落更换成永久齿时年龄为1~1.5岁,此时俗称为"对牙";1.5~2岁时,内中间乳齿开始脱落、换成永久齿,并充分发育称为"四牙";更换第3对乳齿时的年龄为2~3岁;3~4

岁时,外中间乳齿脱落、换成永久齿,这时全部门齿都已更换整齐,称为“齐口”或“满口”。

4岁以上绵羊根据门齿磨损程度鉴定年龄。一般绵羊到5岁以上牙齿即出现磨损,牙上部由尖变平,称为“老满口”。6~7岁时,齿龈凹陷,门齿已有松动或脱落的,称为“破口”。门齿出现齿缝、牙床上只剩点状齿时,年龄已达8岁以上,称为“老口”。

绵羊牙齿的更换时间及磨损程度受很多因素的影响。一般早熟品种羊换牙比其他品种早6~9个月完成。此外,门齿状况与绵羊采食饲料也有关系,如采食粗硬的秸秆,可使牙齿磨损加快。

(二)根据耳标号、烙角号以及角纹判断年龄

生产中最常用的年龄鉴定方法是根据耳标号、烙角号(公羊)进行。通常编号的第一个阿拉伯数字代表出生年份,此方法准确、方便。

此外,对于有角的山羊,还可以根据角纹初步判断年龄。山羊角纹的生长随年龄而变化。1岁以下的山羊角光滑,没有角纹;2岁以后出现角纹,且每增加1岁,角纹增长一段,新增的角纹与上年角衔接处有横切的突起粗结节。用角纹鉴定山羊年龄时,鉴定人需用手抓住羊角,从角基部开始数隆起的粗角纹数。光滑无纹者代表初生到1岁,有一个结节为2岁,2个结节为3岁,依次类推。

思考与练习

1. 名词解释:荐高;管围;对牙
2. 如何对绵羊品种进行分类?
3. 简述肉用羊的外貌特征。
4. 如何鉴定羊的年龄?

技能训练

羊的体尺测量与年龄鉴定

【目标要求】

熟悉羊的体尺测量部位,会正确测量羊的体尺。掌握各品种羊的外貌特征,学会羊的外貌鉴定和判断羊的年龄方法。

【实训条件】

1. 动物

供测量鉴定用羊若干只。

2. 用具

羊用测杖、卷尺、圆形测量器、记录本、牙齿模型、牙齿标本。

【实训内容与方法】

1. 羊的体尺测量

(1)选平坦场地将羊保定,使羊站立的姿势端正。

(2)根据不同项目分别用卷尺、测杖、圆形测量器逐一测量羊的体尺。测量时由一人记录,部位要准确,读数要精确,卷尺不能拉得太紧或太松,以免影响准确性。测定项目与部位如下:

①头长:从顶骨的突起部到鼻镜上缘的直线距离。

②额宽:两眼外缘突起之间的直线距离。

③体高:从鬐甲最高点到地面的垂直距离。

④体长:从肩胛骨前端到坐骨结节后端的直线距离。

⑤胸宽:左右肩胛中心点的距离。

⑥胸深:从鬐甲最高点到胸骨底面的距离。

⑦胸围:在肩胛骨后端,绕胸一周的长度。

⑧尻高:从荐骨最高点到地面的垂直距离。

⑨尻长:从髋骨突到坐骨结节的距离。

⑩腰角宽(十字部宽):两侧髋骨突间的直线距离。

⑪管围:管骨上 1/3 的圆周长度(一般以左腿上 1/3 处为准)。

⑫肢高:从肘端到地面的垂直距离。

⑬尾长:从尾根到尾端的距离。

⑭尾宽:尾幅最宽部位的直线距离。

2. 羊的年龄鉴定

(1)耳标识别法　多用于羊场。每只羊都有耳标,根据耳标可推算出羊的年龄。

(2)牙齿识别法　多用于商品羊。羊的门齿根据发育阶段分为乳齿和永久齿两种。羊的牙齿更换时间及磨损程度受品种、个体与所采食饲料的种类等多因素的影响,因此,牙齿识别年龄仅供参考。

【实训作业】

1. 写出体尺测量结果并注明羊品种、性别和年龄。

2. 写出鉴定羊只的乳门齿、永久齿磨损情况并鉴定羊的年龄。

情境八
毛用羊饲养管理

单元一 | 羊的日常管理

一、羊的编号

羊的编号是开展羊育种工作不可缺少的技术项目，编号要求简明，易于识别，不易脱落，有一定的科学性、系统性，便于资料的保存、统计和管理。羊的编号分为群号、等级号和个体号三种。群号是指在同一群羊中、羊体上的同一个部位所做的同一种记号，以与其他羊群相区别。等级号一般用于羊的等级鉴定。编号方法一般由放牧人员自定。

（一）个体号

个体编号常用的方法有耳标法、剪耳法、墨刺法和烙角法。

1. 耳标法

耳标用金属或塑料制成，形状有圆形、长条形和凸形等若干种。耳标可在使用前按照规定统一编号，耳标上应标明品种标记、年号、个体号等信息。通常的编号方法是：第一、二位数分别取父本和母本品种的第一个汉字或汉语拼音的第一个大写字母，如新疆细毛羊，取“新”或“X”作为品种标记；第三位数字表示出生年份，取公历年份的最后一位数字，如“2001”取“1”作为年号；第四至第六位表示个体编号，根据羊场羊群的大小，取 3 位或 4 位数；尾数为奇数代表公羔，偶数代表母羔，如系双羔，可在编号后加“ - ”标出 1 或 2。例如：某母羊 2007 年出生，双羔，其父本为边区莱斯特羊（B 表示），母本为青海高原半细毛羊（Q 表示），个体编号为 828，则该羊完整的编号为 BQ7828 - 1。

佩戴耳标应在出生后 15d 左右进行，佩戴时用耳号钳在羊耳上缘血管少处穿孔,同时用碘酊在穿孔处消毒,然后将编号的耳标穿入并固定。

2. 剪耳法

用特制的钳子将耳朵剪上缺口或打上圆孔,以代表号码。规定左耳为个位数、右耳为十位数。耳的上缘剪一个缺口代表3,在左耳为3号,如在右耳则为30号;耳的下缘剪一个缺口代表1,在左耳为1号,右耳则为10号。此方法简便易行,适用于一般养羊户。

3. 墨刺法

需使用特制刺墨钳,上边有针制的字钉,可随意置换排列号码,把号打在羊耳朵里边。此方法简便经济,且不掉号,缺点是有时字迹模糊,不易辨认。

4. 烙角法

用烧红的钢字,把号码烙在角上,一般右角烙个体号,左角烙出生号。此法仅适用于有角的公母羊,可用来作辅助编号。

(二)等级号

指将鉴定的等级在耳朵上进行标记。等级号一律在育成鉴定后,根据鉴定结果,用剪耳缺口的方法注明该羊的等级。纯种羊打在右耳上,杂种羊打在左耳上。①特级羊:在耳尖剪1个缺口;②一级羊:在耳下缘剪1个缺口;③二级羊:在耳下缘剪2个缺口;④三级羊:在耳上缘剪1个缺口;⑤四级羊:在耳上、下缘各剪1个缺口。

二、羊的断尾

为了便于配种以及保持羊被毛的清洁,常对长瘦尾羊,如纯种细毛羊、半细毛羊及其高代杂种羊进行断尾。断尾时间一般选择在羔羊生后一周左右,体弱的羔羊或天气过冷时,可适当延后。断尾应选择在晴天,最好是在早上开始,以便有全天的时间护理羔羊。断尾有热断法和结扎法两种方法。

(一)热断法

操作需要两个人配合。一人保定羔羊,两手分别握住羔羊的前后肢,把羔羊的背贴在保定人的胸前,人骑在一条长板凳上,把羔羊蹲坐在两面钉有铁皮的木板上。断尾操作人员在离尾根4cm处(第三、四尾椎之间),用钉有铁皮并带有半月形缺口的木板把尾巴紧紧地压住,用灼热的断尾铲(最好用两个断尾铲,轮换烧热使用)稍微用力在尾巴上往下压,用力要均匀,将尾巴断下,注意切的速度不宜过急,否则往往无法止血。断下尾巴后,若仍出血,可用热铲再烫一下,即可止血,然后用碘酊消毒。热断法的优点是速度快,操作简便,失血少;缺点是伤口愈合慢。

注意事项:①断尾前用活动栅栏或产羔栏把羔羊围起来,使其安静,以免追捕羔羊而兴奋,导致出血过多。②断尾前应把尾巴的上皮向尾根方向推,以使愈合后松下的皮肤可以把尾椎骨包起来。③断尾时,留下的长度以能盖住母羔的外阴部为宜,特别是在多蝇地区,若尾巴盖不住外阴部,蝇往往把卵排在羊的阴道里。

④断尾铲灼热到暗红色为佳,若灼热过度,伤口难愈合,且止血困难。⑤断尾后的羔羊应在圈内停留 2 ~ 3h 后再放回母羊群。因为羔羊哺乳时摇尾,与母羊早接触容易引起羔羊断尾出血。⑥断尾羔羊的圈舍要铺洁净干燥的褥草,以防感染。⑦断尾当日,应检查羔羊有无出血。如出血可用细绳在尾根处扎紧,过半日后再把细绳解除,使血流正常,便于伤口早日愈合。⑧断尾后 1 ~ 2d,尾根出现肿胀是由断尾铲灼热过度造成,以后会自然痊愈。

(二)结扎法

用弹性较好的橡胶圈在羊尾适当的位置(第三、四尾椎之间)紧紧勒住,中断血液流通,尾的下部得不到营养,10 ~ 15d 尾下段即自行脱落。该方法简单易行,不流血,不感染。

三、羔羊去势

凡不宜做种用的公羔或公羊,应一律去势。去势后的公羔或公羊,性情温驯,管理方便,节省饲料,肉无膻味且较细嫩。去势的羊通称为羯羊。去势时间以公羔生后 2 ~ 3 周为宜,如遇天冷或体弱羔羊,可适当推迟。去势和断尾可同时进行,以便节省劳力。去势常采取以下三种方法。

(一)去势钳法

用特制的去势钳,在阴囊上部用力将精索夹断,随后睾丸会逐渐萎缩。此法不切伤口,无失血,无感染的风险,但无经验者操作时常未将精索夹断,达不到去势目的,使用不普遍。

(二)刀切法

需两人配合,一人将羊保定后,用3%苯酚或碘酊对阴囊外部进行消毒。术者一手握住阴囊上方,以防羔羊的睾丸缩回腹腔内,另一手用消过毒的手术刀在阴囊侧面下方切开一小口,长度约为阴囊长度的 1/3,以能挤出睾丸为度。切开后把睾丸连同精索拉出撕断,撕断的上端精索自然缩回,一般不用刀剪。一侧的睾丸取出后,依法取出另一侧的睾丸。有经验者可把阴囊的纵膈切开,将另一侧的睾丸挤过来摘除。睾丸摘除后,把阴囊的切口对齐,涂碘酊消毒,并撒上消炎粉。过 1 ~ 2d 检查,如果阴囊收缩,则为安全的表现;如果阴囊肿胀,可挤出其中的血水,再涂抹碘酊和消炎粉即可。

(三)结扎法

当公羔 1 周龄时,将睾丸挤在阴囊里,用橡皮筋或细绳在阴囊的上部紧紧缠结,使血液循环受阻,约经过半个月后阴囊及睾丸萎缩,自然脱落。在结扎后,要注意检查,防止结扎效果不好或结扎部位感染。

四、绵羊剪毛

细毛羊、半细毛羊及其生产同质毛的杂种羊,一般每年仅在春季剪毛一次。粗毛羊和生产异质毛的杂种羊,可在春、秋季节各剪毛一次。剪毛的时间应根据当地气候和羊群膘情而定,宜在气温较高且环境条件稳定时进行,细毛羊一般在春季5～6月剪毛,粗毛羊可在秋季9～10月再剪1次。各种羊剪毛的先后按羯羊、公羊、育成羊和带羔母羊的顺序安排。

(一)剪毛前的准备

剪毛前要拟定剪毛计划,内容包括剪毛的组织领导、剪毛人员及其物品准备。

手工剪毛时应准备好剪刀、磨刀石、席子、秤、碘酊、记录本等工具。采用机械剪毛时,应培训好技术人员,检修好剪毛机械,以保证剪毛质量。剪毛应选择晴天上午进行,剪毛时羊只应空腹,剪毛后再饲喂。剪毛场地应视羊群的大小而定。羊少露天剪毛时,场地要打扫干净,需特别注意防止秸草等杂物混入羊毛。羊群大时,可专设一个剪毛室,室内要光线充足、宽敞、干净。

羊群在剪毛前12h停止放牧、喂料和饮水,以免在剪毛过程中粪尿沾污羊毛和因饱腹在翻转羊体时引起胃肠扭转事故。剪毛前使羊群拥挤在一起,促进羊体油汗溶化,便于剪毛。雨后因羊毛潮湿不应立即剪毛,否则剪下的羊毛包装后易发生霉烂。

(二)剪毛方法

剪毛方法主要有手工剪毛和机械剪毛两种。手工剪毛是用一种特制的剪毛剪进行剪毛,劳动强度大,每人每天能剪20～30只羊。机械剪毛是用一种专用的剪毛机进行剪毛,速度快,质量好,效率比手工剪毛可提高3～4倍。目前,世界养羊业发达的国家,不断改进剪毛工艺,采用快速剪毛法,能显著提高生产效率。

剪毛可从羊毛品质较差的绵羊开始。在不同品种中,可先剪异质毛羊,后剪基本同质毛羊,最后剪细毛羊和半细毛羊;在同一品种中,剪毛顺序为羯羊、试情公羊、育成公羊、母羊和种公羊,这样可利用价值较低的羊只,让剪毛人员熟练技术,减少损失。

剪毛程序一般为:将羊的左侧前后肢捆在一起,使羊左侧卧地,先由羊后肋向前肋直线开剪,然后按与此平行方向剪腹部及胸部毛,再剪前后腿毛,最后剪头部毛,直至将羊的半身毛剪至背中线,再用同样方法剪另一侧毛。翻羊时最好以背上位翻转,防止发生胃肠异位等。剪毛时要尽可能避免剪破皮肤,防止皮肤感染,一旦发生剪伤,切不可用土敷于伤口,可用5%碘酊涂抹,也可用烟灰敷于伤口以防感染。剪毛的留茬高度应在0.3～0.5cm,剪毛时切忌剪二刀毛。皱褶多的羊只,可拉紧皮肤后剪子平对着皱褶横向开剪,防止剪伤皮肤。细毛及其杂种羊剪毛时,应尽量保持套毛的完整,以利于工厂选毛。

剪完一只羊后,须仔细检查,若有伤口,应涂上碘酊,以防感染。剪毛后应防止绵羊暴食。若牧区气候变化大,绵羊剪毛后,几天内应防止雨淋和烈日暴晒,以免引起疾病。

五、山羊抓绒

抓绒又称为梳绒，山羊梳绒的时间，依各地的气候条件而异。春季气候转暖，山羊的绒纤维开始脱落。脱绒的顺序是从头部开始，逐渐向颈、肩、背、腰和股部推移。当发现绒山羊的头部，如耳根和眼圈周围的绒毛开始脱落，拨开毛被，见到羊绒根部已部分脱离时，为第一次抓绒最适宜的时期。为减少绒毛丢失，在第一次梳绒后间隔 10 ~ 20d，应再梳绒一次。

（一）手工梳绒

目前，我国普遍推行手工梳绒。梳绒工具为金属梳子，俗称抓子。梳子有两种，一种为稀梳，由 7 ~ 8 根钢丝组成，钢丝间距为 2 ~ 2.5cm，此梳用于顺毛梳掉羊毛外的杂质及脱落的粗毛等；另一种为密梳，由 12 ~ 14 根钢丝组成，钢丝间距为 0.5 ~ 1cm，钢丝直径为 0.3cm，此梳用于逆毛梳绒。顶端要求秃圆形。

梳绒前 12h 羊只停止放牧和饮水。梳左侧应捆住两右肢，梳右侧应捆住两左肢，将羊卧倒。若站立梳绒时，将羊拴在木桩上，夹住羊体，轻轻用梳子梳绒。梳绒时，先用稀梳顺毛方向由颈、肩、胸、背、腰及股部各部位自上而下，将沾在羊身上的碎草、粪块等污物梳掉，再用密梳逆着毛的方向，按股、腰、背到肩、颈部的顺序梳绒，直到将脱落的绒纤维梳净为止。梳绒时，梳子要贴近皮肤，用力均匀，切不可用力过猛，以免抓破皮肤。

若梳绒和剪毛同时进行，则梳绒和剪毛地点要分开，先梳绒后剪毛，以免绒、毛混杂。对妊娠母羊要特别细心，避免造成流产。一般是成年羊先梳，育成羊后梳；健康羊只与患有皮肤病的羊只应分开梳，健康羊先梳，病羊后梳；白色山羊和有色山羊应分开梳，先梳白色羊，后梳有色羊。羊梳绒后，要特别注意气候变化，防止羊只感冒。

（二）机械梳绒

谷雨季节是梳绒的黄金季节，一般仅为 10 ~ 15d。梳绒若不及时，往往造成羊绒损失。手工梳绒效率较低，每人每天只能梳 10 只左右，为了减轻梳绒劳动强度，提高梳绒效率，我国先后研制出 9RZ - 84 山羊梳绒机和 9RSH - 88 中频梳绒机。国外也研制成功振动式梳绒机，生产效率高，每小时可梳绒 29 只。

六、绵羊药浴

药浴的目的是为预防和治疗羊体外寄生虫病（如羊疥癣、羊虱等）、促进羊毛生长、提高产毛量。根据药液利用方式，可分为池浴、淋浴和喷浴三种药浴方式。

药浴的时间可根据具体情况而定，在有疥癣病发生的地区，一年可进行两次药浴：一次是治疗性药浴，在春季剪毛后 7 ~ 10d 内进行；另一次是预防性药浴，在夏末秋初进行。每一次药浴最好间隔 7d 重复一次。冬季对发病羊只可选择暖和天气进行擦浴。

药浴药物的选择应选用高效、低毒的药物，并稀释到合理的浓度。常用的药浴液有 0.1% ~0.2% 杀虫脒溶液、0.05% 辛硫磷溶液、0.5% ~1% 敌百虫水溶液等。药浴液的温度一般以 20 ~25℃ 为宜。药浴时要注意以下几点：药浴应选择在晴朗暖和天气的上午进行，以便药浴后，羊毛在中午能干燥；药浴前 5 ~8h 停止放牧和喂料，浴前 2h 让羊充分饮水，以防止其口渴误饮药液；先选用品质较差的 3 ~5 只羊进行试浴，确定药液安全后再按计划组织药浴；先浴健康羊，后浴病弱羊，有外伤的羊只暂不药浴；药浴持续时间 1 ~2min，要保证药液浸满全身；药浴后要在阴凉处休息 1 ~2h 再放牧，但如遇风雨应及时赶回羊舍，以防感冒；在药浴期间，药浴人员应佩戴口罩和胶皮手套，以防中毒；药液不能任意倾倒，以防动物误食中毒。

七、羊的防疫

定期预防注射是有效控制传染病发生和传播的重要措施，随着集约化养羊业的发展，“预防为主”的方针更显得极为重要。在生产中，应根据当地羊群的流行病学特点进行预防注射。一般在春季或秋季注射羊快疫、肠毒血症三联苗和炭疽、布病、大肠杆菌病疫苗等。在缺硒地区，应在羔羊出生后 6d 左右注射亚硒酸钠以预防白肌病。对受传染病威胁的羊只，应进行相应的预防接种。

免疫接种是激发羊体产生特异性抵抗力，使其对某种传染病从易感转化为不易感的一种手段，有组织、有计划地进行免疫接种是预防和控制羊传染病的重要措施之一。目前，我国用于预防羊主要传染病的疫苗有以下几种。

1. 无毒炭疽芽孢苗

预防羊炭疽。绵羊皮下注射 0.5mL，注射后 14d 产生免疫力，免疫期 1 年。山羊不能使用。

2. 第Ⅱ号芽孢苗

预防羊炭疽。绵羊、山羊均皮下注射 1mL，注射后 14d 产生免疫力，免疫期 1 年。

3. 炭疽芽孢氢氧化铝佐剂苗

预防羊炭疽。此疫苗一般称浓芽孢苗，为无毒炭疽芽孢苗或第Ⅱ号炭疽芽孢苗的浓缩品。使用时，以 1 份浓苗加 9 份 20% 氢氧化铝稀释剂，充分混匀即可注射。其用途、用法与各自芽孢苗相同。使用该疫苗一般可减轻注射反应。

4. 布氏杆菌猪型 2 号弱毒苗

预防羊布氏杆菌病。山羊、绵羊臀部肌肉注射 0.5mL(含菌 50 亿)，阳性羊、3 月龄以下羔羊均不能注射。饮水免疫时，用量按每只羊服 200 亿菌体计算，2d 内分两次饮服。免疫期，绵羊为 1.5 年，山羊为 1 年。

5. 布氏杆菌羊型5号苗

预防羊布氏杆菌病。羊群室内气雾免疫，按室内空间计算，用量为每立方米50亿菌，喷雾后停留30min；按室外只数计算，每只羊50亿菌，喷雾后停留20min。也可将疫苗稀释成每毫升50亿菌，每只羊注射10亿菌。免疫期1年。

6. 破伤风明矾类毒素

预防破伤风。绵羊、山羊颈部皮下注射0.5mL。平时注射1次即可，如有羊受伤时，再用相同剂量注射1次。若羊受伤严重，应同时在另一侧颈部皮下注射破伤风抗毒素，以防止发生破伤风。该类毒素注射1个月产生免疫力，免疫期1年。第二年再注射1次，免疫力可持续4年。

7. 破伤风抗毒素

供羊紧急预防或治疗破伤风。皮下或静脉注射，治疗时可重复注射1次至数次。预防剂量为1万~2万IU，治疗剂量为2万~5万IU。免疫期2~3周。

8. 羊快疫、猝疽、肠毒血症三联苗

预防羊快疫、猝疽、肠毒血症。成年羊或羔羊一律皮下或肌肉注射5mL，注射后14d产生免疫力。免疫期1年。

9. 羔羊痢疾苗

预防羔羊痢疾。妊娠母羊于分娩前20~30d第一次皮下注射2mL，第二次于分娩后10~20d皮下注射3mL。第二次注射后10d产生免疫力。母羊免疫期5个月，经乳汁可使羔羊获得母源抗体。

10. 黑疫、快疫混合苗

预防羊黑疫和快疫。氢氧化铝苗，羊不论大小均皮下注射3mL，注射后14d产生免疫力，免疫期1年。

11. 羔羊大肠杆菌病苗

预防羔羊大肠杆菌病。3月龄至1岁的羊，皮下注射2mL；3月龄以下的羔羊，皮下注射0.5~1mL。注射后14d产生免疫力。免疫期6个月。

12. 羊厌氧菌氢氧化铝甲醛五联苗

预防羊快疫、羔羊痢疾、猝疽、肠毒血症和黑疫。羊不论年龄大小均皮下或肌肉注射5mL，注射后14d产生可靠免疫力。免疫期6个月。

13. 肉毒梭菌(C型)苗

预防羊肉毒梭菌中毒症。绵羊皮下注射4mL。免疫期1年。

14. 山羊传染性胸膜肺炎氢氧化铝苗

预防由丝状支原体山羊亚种引起的山羊胸膜肺炎。皮下注射，6月龄以下的山羊3mL，6月龄以上的山羊5mL，注射后14d产生免疫力。免疫期1年。

15. 羊肺炎支原体氢氧化铝灭活苗

预防绵羊、山羊由绵羊肺炎支原体引起的传染性胸膜肺炎。颈侧皮下注射，成年羊3mL，6月龄以下幼羊2mL，免疫期可达1.5年以上。

16. 羊痘鸡胚化弱毒苗

预防绵羊痘,也可用于预防山羊痘。冻干苗按瓶签上标注的疫苗量,用生理盐水稀释,振荡混匀,羊不论大小一律皮下注射0.5mL,注射后6d产生免疫力。免疫期1年。

17. 狂犬病疫苗

预防狂犬病。皮下注射10~25mL。羊如被病畜咬伤也可立即用本苗注射1~2次,两次间隔3~5d,以作紧急预防。

18. 羊链球菌氢氧化铝苗

预防羊链球菌病。绵羊及山羊不论大小一律皮下注射3mL,3月龄以下羔羊第一次注射后14~21d再重复注射1次,剂量相同。注射后14~21d产生免疫力。免疫期6个月。

免疫接种须按合理的程序进行。各地区、各羊场可能发生的传染病不止一种,而可以用来预防这些传染病的疫苗的性质又不尽相同,免疫期长短不一。因此,羊场往往需用多种疫苗来预防不同的传染病,也需要根据各种疫苗的免疫特性来合理安排免疫接种的次数和间隔时间,这就是所谓的免疫程序。目前,国际上还没有一个统一的羊免疫程序,只能在实践中总结经验,制定合乎本地区、本羊场具体情况的免疫程序。

八、羊的驱虫

各种寄生虫都具有特有的生活史、生存和传播条件,只要阻断其生活史,消除其生存和传播条件,就能达到预防寄生虫病的目的。注意加强日常饲养管理,保持羊舍干燥,勤换垫草,保持羊体清洁卫生和饮水卫生。在有寄生虫感染的地区,如有肝片吸虫的草场,可采取排水、填平沼泽或用生物化学方法消灭其中间宿主锥实螺,以切断其生活史。有条件的地区尽可能实行分区轮牧,使虫卵或幼虫在放牧休闲区内死亡。多数寄生虫的卵随粪便排出体外,因此,对羊的粪便应进行发酵处理,以杀灭寄生虫卵。体外寄生虫的预防可定期进行药浴,对被体外寄生虫污染过的圈舍和用具,须彻底消毒。

在有寄生虫感染的地区,每年春、秋季节进行预防性驱虫2次。断奶以后的羔羊也应驱虫。体内驱虫药物可选用丙硫苯咪唑,剂量为每千克体重10~15mg。投药方法:一是拌在饲料中让单个羊只自食;二是制成3%的丙硫苯咪唑混悬剂口服,即用3%的肥儿粉加热水煎熬至浓稠,做成悬乳基质,再均匀拌入3%的丙硫苯咪唑纯药混成悬剂,用20~40mL拔去针头的金属注射器,缓缓灌服。

药物治疗羊体内外各种寄生虫时,选用药物要准确,药物用量要精确。必须做驱虫试验,在确定药物安全可靠和驱虫效果后,再进行大群驱虫。

九、羊的修蹄

羊的蹄形不正或蹄形过长，不仅会造成行走不便，影响放牧，而且会引发蹄尖上卷、蹄壁开裂等蹄病，严重时会使羊四肢变形、跛行；公羊精液品质下降，个别公羊因不能交配而失去种用价值。因此，羊应经常护理肢蹄。

羊的修蹄时间一般在夏、秋季节的雨后进行，此时蹄质软，易修剪。修蹄时，羊背部靠在工作人员的两腿间，工作人员用修蹄刀、果树剪或快刀先去掉蹄部污垢，把过长的蹄壳削去，再将蹄底的边沿修整到和蹄底一样齐平，每次不可削剪得太多，修到蹄底可见淡红色时即可。整形后的羊蹄，蹄底平整，前蹄是方圆形。变形蹄需多次修剪，逐步校正。舍饲羊1～2个月修蹄1次。放牧羊在放牧前和放牧后各修蹄1次。为了避免发生蹄病，平时应注意休息场所的干燥和通风，勤打扫和垫圈，如发现羊蹄趾间、蹄底或蹄冠部皮肤红肿，跛行甚至分泌有臭味的黏液，应及时检查治疗。可用10%硫酸铜溶液或10%甲醛溶液洗蹄，或用2%来苏儿溶液洗净蹄部并涂以碘酊。

单元二 | 羔羊培育

羔羊是指出生至断奶阶段的羊只，羔羊是羊一生中生长发育强度最大、抵抗能力最弱、最难饲养的阶段，稍有不慎不仅会影响羊的发育和体质，还会造成发病率和死亡率增加，给羊生产造成重大损失。因此，应积极采取有效措施，合理饲养羔羊。

一、早吃初乳，吃足常乳

羔羊在哺乳前期主要依赖母乳获取营养，母乳充足时羔羊生长发育好、增重快、健康活泼。母乳可分为初乳和常乳，母羊产后7d内分泌的乳为初乳，以后的则为常乳。初乳色黄、黏稠，养分含量高，尤其是含有大量的抗体球蛋白和丰富的矿物质元素，可增强羔羊的抗病力，促进胎粪排出。因此，应保证羔羊在产后15～30min内吃到初乳。哺乳时，生产人员应对弱羔、病羔或保姆性差的母羊人工辅助羔羊喂乳，并安排好喂乳时间。

哺乳期羔羊生长发育很快，平均日增重200～300g，常乳是重要的营养来源，必须让羔羊吃好常乳。因此，首先要加强泌乳母羊的补饲，使母羊奶水充足。其次要安排好喂奶时间和次数。哺乳期羔羊喂奶时间可根据饲养方式安排，舍饲饲养时，母仔同舍饲养至羔羊断奶；放牧饲养时，母仔舍饲15～20d后，白天羔羊留在舍内饲养，母羊外出放牧，中午回来喂奶1次，出牧前和收牧后各喂奶1次，每天喂奶3

次,保证羔羊喂足奶。收牧时,因母羊急于回舍,而羔羊此时也在舍内嗷嗷待哺,牧工一定要控制好母羊群,应保证母仔对号配奶,尤其对1月龄以内的羔羊,配奶工作尤其重要。

对缺奶羔及丧母的孤羔,可找保姆羊,即把羔羊寄养给羔羊早夭或奶水充足的单羔母羊;也可人工补喂羔羊代乳粉。

二、合理补饲

羔羊的早期补饲是羔羊培育的一项重要工作。一般羔羊出生后7~10d,在跟随母羊放牧或采食饲料时,会模仿母羊的行为,采食一定的草料,此时,可将大豆、蚕豆、豌豆等炒熟、粉碎后撒于饲槽内对羔羊进行诱食,并添加少量食盐和骨粉,刺激羔羊食欲。有条件时可将切成细丝状的胡萝卜同精料拌在一起饲喂,使羔羊逐渐习惯吃料。补饲初期,每只羔羊每天喂10~50g,待羔羊习惯以后逐渐增加补喂量。当羔羊的采食量达到100g左右时,可用含粗蛋白24%左右的混合精饲料进行补饲。为促进羔羊瘤胃发育和锻炼羔羊的采食能力,在羔羊出生15~20d后应开始训练羔羊吃草料。哺乳后期的羔羊白天可单独组群,喂给优质青绿饲料;并适当补饲混合精饲料;优质青干草可投放在草架上任其自由采食,以禾本科和豆科青干草为宜。每只羔羊每天补饲混合精料的量为:15日龄50~75g,1~2月龄100g,2~3月龄200g,3~4月龄250~500g。羔羊的补饲应注意:①尽可能提早补饲;②当羔羊习惯采食饲料后,所用饲料要多样化、易消化、营养好;③饲喂时要做到少喂勤添,先粗后精;④要做到定时、定量、定点;⑤保证饲槽和饮水器具的清洁、卫生。

三、加强管理,顺利断奶

羔羊出生时,要保温防暑,进行称重;7~15d内进行编号、去角(山羊)或断尾(绵羊),1月龄左右对不符合种用的公羔进行去势。羔羊时期容易发病,如羔痢、肺炎、胃肠炎等,应经常观察食欲、粪便、精神状态的变化,发现问题应及时处理。保持舍内的干燥、清洁、温暖,勤换垫草或垫土,定期消毒,做好防疫。羔羊一般在3~4月龄断奶,断奶时间要根据羔羊的月龄、体重、补饲条件和生产需要等因素综合考虑。在国外工厂化肥羔生产中,羔羊的断奶时间通常为4~8周龄。对早期断奶的羔羊,必须提供符合其消化特点和营养需要的代乳饲料,否则会造成损失。断奶时,要求母羊转移,母子不再合群,并做好饲料、环境、饲养方式的逐渐过渡。羔羊时期还应定期检测月龄体重和平均日增重,为选育提供科学依据。结合放牧合理运动,促进羔羊的生长发育。

单元三 | 育成羊饲养管理

育成羊是指从断奶至第一次配种前的羊。此阶段的羊正处于骨骼和器官快速发育的时期,如果营养缺乏,便会影响其生长发育、体质体况、消化性能和后期的生产水平,种用价值和育肥效果都降低。在实际生产中,因羊的生产目的不一样,育成羊的饲养管理方法也不同。①对种用后备母羊,应采取适当限制饲养的方法,特别是能量水平不宜过高,否则会导致羊的早熟。且蛋白质质量要好,维生素、微量元素等各种添加剂要供应充足,以保证机体器官特别是生殖系统正常发育,使种羊能顺利进入种用阶段。②对于肉用羊,育成期即为生长育肥期,该阶段的饲养可以根据不同的育肥方式采用不同的饲料供应模式。线性育肥时可全程采用高营养水平的全混合日粮饲喂;架子育肥时,前期可采用适度的限制饲养,如放牧自由采食、低精料舍饲等,后期采用高能量快速育肥。

生产中往往将羊的育成期大体分为两个阶段,即育成前期(4~8 月龄)和育成后期(8~16 月龄)。

育成前期,羊刚刚断奶,前 3~4 个月生长发育迅速,增重强度高。但此时羊的瘤胃容积有限且功能不完善,对粗饲料的利用能力较弱,所以,育成前期对饲养条件要求较高。而这一阶段饲养的好坏,直接影响羊成年后的体型、体格大小和生产性能,必须引起高度重视。育成羊应按性别、体重分别组群饲养,羊的日粮以精饲料为主,补喂优质青干草和青绿多汁饲料,日粮的粗纤维含量以 15%~20% 为宜。

8 月龄后羊的生长发育强度逐渐下降,到 1.5 岁时生长基本结束,而育成后期羊的瘤胃消化功能基本完善,可以采食大量的牧草和农作物秸秆。这一阶段的育成羊以饲喂青粗饲料为主,补饲少量的混合精料或优质青干草,但未经加工的粗劣秸秆不宜大量用来饲喂育成羊,种用羊饲料中不得含有有毒有害物质,以免影响生殖系统的发育。饲喂的各种青干草和粗饲料要铡短,块根块茎饲料要切片,饲喂时要少喂勤添。放牧羊的精饲料可分为早晚两次投喂,舍饲羊的精饲料可混入粗饲料中。用青贮、氨化秸秆饲料喂羊时,喂量由少到多,逐步代替其他牧草,当羊群适应后,任其自由采食。在饲喂过程中,应该避免过快的变换饲料种类和饲粮类型。用一种饲料代替另一种饲料时,一般在 3~5d 内先替换 1/3,再在 3d 内替换 2/3,然后再全部替换完。用粗饲料替换精饲料时,替换的速度要慢一些,一般 10d 左右完成。以放牧育肥为主的绵羊和山羊,应该抓住夏秋季牧草茂密、营养价值高的盛草季节进行合理放牧,由放牧转入舍饲育肥时,要经过一段时间的过渡期,一般为 3~5d。此时应采用先饮水、再喂草,然后逐步加精饲料的饲喂制度,以减轻放牧到舍饲过渡时的应激,经过 5~7d 的时间,则可正式进入育肥阶段进行标准化饲养。

育肥羊舍应清洁干燥，空气良好，同时要定期消毒。供饲喂用的草架和饲槽，其长度应与每只羊所占位置的长度和总羊数相称，以免饲喂时羊只拥挤和争食。羊舍要有充足的饮水设施，并保证足够的清洁饮水。

单元四 | 成年母羊饲养管理

依据母羊生理状态和生产阶段的不同，可将成年母羊可分为空怀期、妊娠期、哺乳期等阶段，不同生理阶段的母羊具有不同的生理特征，饲养管理的要求也不相同。

一、空怀期饲养管理

种母羊性成熟后至配种成功前的一段时间或产羔到下次配种成功的间隔时间为空怀期。在该阶段，成年母羊既无妊娠，也无泌乳，同时体重不增加。因此，对于体况良好的母羊，饲料供应可以按维持营养需要供给；对于体况较弱的母羊，可采用短期优饲的办法，在配种前 15～20d 提高日粮能量和蛋白质浓度，以提高受胎率；对于体质过肥的母羊，应采取限制饲养的办法，饲料供应以粗饲料为主，甚至完全饲喂粗饲料，以提高母羊的种用价值。

种母羊的初配和配种繁殖因气候条件不同而有很大的差异。北方地区羊繁殖的季节性明显，配种多集中在 9～11月。母羊经过春、夏季节的饲养，体况恢复较好。体况较差的母羊，可在配种开始前 1～1.5 个月进行催肥抓膘，每天可适当增加优质粗饲料的饲喂量或适当补喂混合精饲料（0.3～0.5kg），使其迅速恢复体况，实现正常的配种繁殖。为保持种母羊良好的配种体况，要尽可能做到全年均衡饲养，尤其应搞好母羊的冬春补饲。

二、妊娠期饲养管理

依据胎儿生长发育和自身的生理特点，母羊妊娠期可分为妊娠前期和妊娠后期两个阶段。

（一）妊娠前期的饲养管理

母羊配种受孕后的前 3 个月，胎儿发育非常缓慢，种母羊对能量、粗蛋白质等营养物质的需求与空怀期相似，但要保证提供一定量的优质蛋白质，以满足胎儿生长发育和组织器官分化的需要。考虑到初配母羊的身体发育仍在继续，需要较多的营养，其饲料营养水平应略高于成年母羊。

（二）妊娠后期的饲养管理

妊娠后期胎儿的增重明显加快，母羊自身也需储备大量的营养，为产后泌乳做准备。搞好妊娠后期母羊的饲养，除提高日粮的营养水平外，还须增加精料供给量。能量和可消化蛋白质分别较前期提高20%～30%和40%～60%，钙、磷增加1～2倍，钙、磷比例可达到(2～2.5):1。在妊娠前期精料比例5%～10%的基础上，产前8周日粮的精料比例提高到20%，产前6周为25%～30%，而在产前1周，要适当减少精料用量，以免因胎儿体重过大而造成难产。妊娠后期尽量不喂或少喂青贮料等酸度较高的饲料，以免影响钙的吸收。

妊娠后期母羊的管理要细心、周到，以防造成流产。在进出圈舍时，要控制羊群，避免拥挤或急驱猛赶；补饲、饮水时要防止拥挤和滑倒；要防止羊只之间的争斗；特别注意不得饲喂霉变饲料；除遇暴风雪天气外，母羊的补饲和饮水均可在运动场内进行，干草或鲜草用草架投喂，以增加母羊户外活动的时间。产前1周左右，夜间应将母羊放于待产圈中饲养和护理。

三、哺乳期饲养管理

(一)哺乳前期的饲养管理

哺乳前期一般是指羔羊出生后2个月内，此阶段母乳是羔羊获取营养的主要来源。为满足羔羊生长发育的营养需要，母羊产羔后泌乳量迅速上升，在4～6周内达到泌乳高峰，10周后逐渐下降(乳用品种可维持较长时间)。随着泌乳量的不断增加，母羊的养分需要也相应增加，当日粮中所提供的营养不能满足其需要时，母羊会大量动用体内贮备的养分来弥补，所以，生产中常见的泌乳性能好的母羊往往比较瘦弱。此阶段母羊的饲养管理要根据母羊产羔的多少和泌乳量的高低，做好母羊补饲。母羊产后1～3d内可不补喂精饲料，3d后逐渐增加精饲料的用量，同时给母羊饲喂一些优质青干草和青绿多汁饲料，促进母羊泌乳功能的恢复。正常饲喂时，除了保证粗饲料的喂量外，带单羔的母羊，每天应补喂混合精饲料0.3～0.5kg；带双羔或多羔的母羊，每天应补饲0.5～1.5kg，冬季要让母羊喝温水。对奶水太多的母羊，应将剩奶挤出，或调减精饲料喂量，以减少产奶量，防止母羊发生乳房炎、羔羊因过饱发生消化不良。

(二)哺乳后期的饲养管理

哺乳后期羔羊已具备一定的采食和利用植物性饲料的能力，对母乳的依赖程度减小，而此时母羊的泌乳量下降，即使加强母羊的补饲，也不能继续维持其高的泌乳量。泌乳后期要逐渐减少母羊的精饲料补饲量，到羔羊断奶后母羊可完全采用粗饲料饲喂，但对体况下降明显的瘦弱母羊，需进行适当补喂，使其在下一个配种期到来时能保持良好的体况。

单元五 | 种公羊饲养管理

种公羊对羊群改良和品质的提高有重要作用，在饲养管理上要求比较精细。

种公羊应常年保持结实健壮的体质，并具有旺盛的性欲和良好的配种能力。为了达到这样的目的，必须保证饲料的多样性，精、粗饲料搭配合理，尽可能保证青绿多汁饲料全年较均衡地供给，对于枯草期较长的地区，要准备较充足的青贮饲料。同时，要注意矿物质、维生素的补充；日粮要求富含蛋白质、维生素和无机盐，且易消化、适口性好。

种公羊理想的粗饲料有苜蓿干草、三叶草干草和青莜麦干草等。精料可选燕麦、大麦、玉米、高粱、豌豆、黑豆、豆饼等。小米能改善性腺活动，提高精液品质，但不宜多喂，喂量过多易使羊肥胖，用量应占精料量的50%以下。良好的多汁饲料有胡萝卜、玉米青贮、甜菜等。

为保证和提高种公羊的种用价值，对种公羊分配种期和非配种期两个阶段，应给予不同的饲养水平。

一、配种期饲养管理

对常年放牧的种公羊，冬季一般每日补混合精料0.5kg，干草2～3kg，胡萝卜0.5kg，食盐5～10g，骨粉5～10g。春、夏季节以放牧为主，另补混合精料0.5kg，每日喂3～4次，饮水1～2次。

配种期包括：配种预备期（1～1.5个月）、配种期及配种复壮期（配种停止后1～1.5个月）。配种预备期应按配种期喂量的60%～70%给予，从每天补给混合精料0.3～0.5kg开始，逐渐增加到配种期的饲养水平。配种期除放牧外，每日另补混合精料1.2～1.4kg，苜蓿干草2kg，胡萝卜0.5～1.5kg，食盐15～20g，骨粉5～10g，血粉或鱼粉5g。随着配种任务的增加，还要另加鸡蛋3～4个，牛奶0.5～1kg。配种季节后期，配种任务逐渐减少，要将饲养水平逐渐降下来，以适当恢复体质为主要目的。

种公羊的日常管理应由专人负责，力争保持常年相对稳定。种公羊应单独组群放牧和补饲，避免公母混养。配种期的公羊更应远离母羊舍，并单独饲养，以减少发情母羊和公羊之间的相互干扰。对当年的公羊与成年公羊也要分开饲养，以免互相爬跨，影响发育。种公羊必须有适度的放牧和运动，以免因过肥而影响配种能力。

二、非配种期饲养管理

非配种期的饲养管理以恢复种用体况为重点，饲料供应应该逐步减少精料，并增加粗饲料，防止种公羊在非配种期过度肥胖。但是，在非配种期不能仅仅饲喂粗饲料，必须保留一定的混合精料。适宜的饲草有苜蓿草、三叶草、花生秧等，精料有玉米、麸皮、豆饼、黑豆等。每天补给混合精料0.4kg、干草2～2.5kg、青贮饲料2kg、块茎饲料0.5kg。在夏季，让公羊多采食青草，一般不需补饲。春、夏过渡时，先减干草，后减精料，长年补给鱼粉、贝壳粉和食盐。

种公羊应和母羊分群饲养，并要有适度的放牧或运动时间，防止过肥影响配种，但是，运动量也不宜过大，否则消耗能量过多不利于健康，一般以每天驱赶运动2h左右为宜。公羊运动时以快步驱赶和自由行走相交替，快步驱赶的运动量以羊体的皮肤发热而不致喘气为宜。

思考与练习

1. 简述羊编号的方法。
2. 简述绵羊药浴的方法。
3. 简述羊的驱虫方法。
4. 结合生产实践，探讨羔羊培育的方法。

情境九 肉用羊饲养管理

单元一 | 羔羊育肥

现代羊肉生产的主流是羔羊肉，尤其是肥羔肉，即出生后不满 1 岁、完全是乳齿的羊，其中 4 ~6 月龄屠宰的称为肥羔。近年来，许多国家充分利用国内条件，采用先进的生产技术建立了本国的肉羊繁育体系，肥羔生产发展迅速，羔羊肉产量不断上升。美国上市的羊肉中 94% 来自肥羔肉，养羊业收入的 2/3 来自羔羊生产，肥羔生产在世界各国羊肉生产中逐渐占据重要地位。

（一）肥羔生产的优点

肥羔生产在各国羊肉生产中均受到特别的重视，一方面是因为国际、国内羊肉市场的需求上升，另一方面是因为发展肥羔生产有许多优点。

（1）肥羔肉具有鲜嫩、多汁、精肉多、脂肪少、易于消化及膻味轻等优点。

（2）羔羊生长快，饲料转化率高，成本低，收益高。在国际市场上，羔羊肉价格一般比成年羊肉高 1/3 ~1 倍。

（3）羔羊为当年屠宰，加快了羊群周转，缩短了生产周期，提高了出栏率及出肉率，当年就能获得较大的经济效益。

（4）羔羊当年屠宰减轻了羊只越冬、度春的人力以及饲草和饲料的消耗，避免了羊只冬季掉膘等带来的损失。

（5）可以不养或少养羯羊，压缩了羯羊的饲养量，从而改变了羊群结构，大幅度地增加了母羊比例，有利于扩大再生产。

（6）当年羔羊所产的毛皮价格高，在生产肥羔的同时可生产优质毛皮。

（二）育肥期及育肥强度的确定

羔羊在生长期间，由于各部位的各种组织生长发育速度不同，体内主要组织的比例也有不同的变化。通常，早熟肉用品种羊在生长最初3个月内骨骼的发育最快，4～6月龄时肌肉组织发育最快，以后数月脂肪组织的增长加快，到1岁时肌肉和脂肪的增长速度几乎相等。

1. 肥羔生产

按照羔羊的生长发育规律，周岁以内尤其是4～6月龄以前的羔羊，生长速度很快，平均日增重一般可达200～300g。如果从羔羊2～4月龄开始采用强度育肥的方法，育肥期50～60d，则其育肥期内的平均日增重能达到或超过原有水平，羔羊长到4～6月龄时，体重可达成年羊体重的50%以上，出栏早，屠宰率高，胴体重大，肉质好，深受市场欢迎。

2. 羔羊肉生产

对于2～4月龄平均日增重达不到200g的羔羊，需待体重达25kg以上，至少是20kg以上，才能转入育肥，即进行羔羊肉生产。这种方式需要在羔羊断奶后，才能进行育肥，而且育肥期较长(90～120d)，一般分为前、后两期育肥，前期育肥强度不宜过大，后期(羔羊体重30kg以上)进行强度育肥，在羔羊生后10～12月龄就能达到上市体重和出栏要求。羔羊断奶后育肥是羊肉生产的主要方式，因为断奶后的羔羊除小部分选留到后备群外，大部分要进行出售处理。一般来讲，对体重小或体况差的羔羊进行适度育肥，对体重大或体况好的羔羊进行强度育肥。

(三)羔羊育肥期饲养管理

1. 肥羔生产的技术要点

(1)实施早期断奶　在发展集约化肉羊生产过程中，为了提高出栏率，缩短母羊的繁殖周期，让其尽可能多地生产肥育用羔羊，除较好地利用羊的繁殖控制技术以外，实施羔羊早期断奶是非常重要的。如小尾寒羊的传统断奶时间为3～4月龄，而国外的早期断奶一般在出生后45～50d，如新西兰羔羊4～6周龄断奶，经快速育肥，于4月龄出栏，可获得12～15kg的胴体。

羔羊早期断奶有四个方面的意义：一是可以使羔羊尽早处于人为调控的营养环境中，有利于最大限度地发挥羔羊早期生长快的潜能；二是可以缩短羔羊生产周期，即从传统的8～10个月缩短到3～4个月，从而提高羔羊的生产效益；三是有助于母羊实行高效高频繁殖；四是有利于母羊提前恢复生理功能和体况，从而大大降低母羊的饲养成本。

(2)科学饲养　为使羊群快速周转，应采用当年羔羊快速育肥技术。肥羔生产必须采取配合饲料饲养技术，要改变传统的、粗放的饲养方式，应根据羔羊的生长需要配制饲料，研制羔羊饲料添加剂，开发羔羊饲养产品。羔羊育肥，饲料是关键，好的饲料可加快羔羊生长，提高饲料报酬。日粮配制可参照肉羊肥羔生产技术规程，混合精料组成：玉米55%～75%、麦麸5%～15%、豆粕(饼)10%～25%、石粉0.5%～1.5%、食盐1.0%～1.5%、预混料0.5%～1%、含硒微量元素和维生素A、维生素D_3粉等按说明书添加。粗饲料组成：以玉米秸青贮、玉米秸和花生蔓或地瓜蔓等为主，有条件的地区可以补加苜蓿、野干草和青绿多汁饲料等。育肥期第一个月混合精料占60%，粗饲料占40%，以后精、粗比为1:1。

(3)经济杂交　利用早熟肉用品种进行经济杂交，是羔羊生产最基本和有效的方式。杂交能产生杂种优势，杂交羔羊在体重、生长速度、成活率和饲料转化率等方面都优于纯种羔羊。所产杂种羔羊具有早熟、胴体品质好的特点，为理想的肉用羔羊。近20多年来，国外肉羊生产中，多采用两个或多个品种间的经济杂交。

(4)适时屠宰　国外肥羔生产一般4～6月龄出栏。据研究，小尾寒羊在中等以上营养水平，最佳育肥是5～6月龄，平均日增重200g以上，胴体重达16～18kg。羔羊肉含蛋白质17%，含脂肪7%，肉质细嫩。

另外对于规模化羊场，还要推广同期发情技术，以便统一配种、统一产羔、统一断奶、统一育肥。肥羔生产要走集约化、专业化生产的路子。一些养羊业发达国家都建立了工厂化肥羔生产场(厂)，并有明显的地区间专业化分工。

2.羔羊肉生产

对进行羔羊肉生产的育肥羔羊，适合采用能量较高、保持一定蛋白质水平和矿物质含量的混合精料来进行育肥。育肥期可分预饲期(10～15d)、正式育肥期和出栏期三个阶段。①育肥前应做好饲草(料)的收集、贮备和加工调制，圈舍场地的维修、清扫、消毒和设备的配置等工作。预饲期应完成对羊只的健康检查、防疫、驱虫、去势、称重、健胃、分群、饲料过渡等项工作。②正式育肥期主要是按饲养标准配合育肥日粮进行投喂，定期称重，了解生长发育情况。合理安排饲喂、放牧、饮水、运动、消毒等生产环节。采用正确的饲喂方法，避免羊只拥挤和争食，尤其防止弱羊采食不到饲料，保证饮水充足，清洁卫生。③出栏阶段主要是根据品种和育肥强度，确定出栏体重和出栏时间，应视市场需要、价格、增重速度和饲养管理等综合因素确定。

单元二 | 成年羊育肥

成年羊育肥在年龄上可划分为1～1.5岁羊和2岁以上的成年羊(多数为老龄羊)，并按膘情好坏、年龄、性别、品种、体重、外貌等进行必要的挑选，然后进行育肥。其主要目的是在短期内增加羊的膘度，使羊迅速达到上市的良好育肥状态。

根据当地牧草资源状况、羊源种类与质量、肉羊生产者的技术水平、肉羊场的基础设施等生产条件，可选择使用舍饲育肥、混合育肥、放牧育肥等方式，因放牧育肥对草原破坏严重，以采取舍饲育肥和混合育肥的方式较多。

一、舍饲育肥

舍饲肥育，即在舍饲饲养条件下，根据肉羊生长发育规律，按饲养标准配制日粮(精料用量占整个日粮的45% ~60%),并充分利用农作物秸秆、干草及农副产品,集中2 ~3 个月供给羊只充足营养物质,完全在舍内喂、饮、运动的一种育肥方式。采取舍饲育肥,饲料的投入相对较高,但羊的增重快,胴体大,出栏早,经济效益高,便于按照市场的需要进行规模化、集约化、工厂化的肉羊生产。采用这种育肥方法,在育肥期间内羊增重较快,出栏育肥羊的活重较放牧育肥和混合育肥羊提高 10% ~20% 。在市场需要的情况下,可确保育肥羊在 30 ~60d 迅速达到上市标准。此法适合在放牧地少的地区或饲料资源丰富的农区使用。

(一)育肥准备

1. 制定肥育的进度和强度计划

肉羊的品种、来源、大小和体况不同,生长发育规律差别很大,应制定相应的肥育进度和强度计划,采取不同的肥育方案区别对待。对羔羊进行育肥时,一般细毛及其杂种羔羊在 8 ~8. 5 月龄结束,半细毛羊在 7 ~8 月龄结束,肉用羔羊在 6 ~7 月龄结束,专门用于肥羔生产的杂交羔羊在 5 ~6 月龄结束。成年羊育肥应根据羊的体况和脂肪沉积状况而定,一般育肥时间不超过 3 个月。

2. 选择合适的饲养标准配合日粮

根据羊的品种、个体大小及体况等,参照相应的羊育肥需要营养标准配制日粮,育肥全期应保证不轻易变更饲料。目前常用的混合饲料比单一精料育肥效果好,并且各种饲料的配合比例因育肥羊类型不同而异。一般舍饲育肥的日粮以混合精料含量为45%、粗料和其他饲料含量为55% 的配比较为合适。如果要求育肥强度更大,混合精料的含量最高可增加到 60%,以免因过量采食精料引起肠毒血症,或钙磷比例失调引起尿结石症等。育肥羊舍饲时的饲喂次数取决于日粮组成,白天应以精料和多汁料为主,夜晚则饲喂粗饲料。

3. 组织好肥育羊群

羊肉有羔羊肉和大羊肉之分,肥育羊也有羔羊和大羊之分,在这两类羊中,除了年龄不同之外,还有性别和品种的差别。为了使各类羊的肥育均能获得较好的效果和较高效益,在肥育前,应先将其按年龄和性别分群,如果品种性能差别较大,还应将不同品种的羊分开。

4. 储备充足的饲草饲料

饲草和饲料是羊育肥的基础。应按育肥生产方案储备充足的草料,以满足育肥需求,避免由于草料准备不足经常更换草料,影响育肥效果。舍饲育肥时,在整个育肥期每只羊每天要准备青干草 1kg 左右,或青贮料 2kg 左右,精料每天 0. 5 ~1. 0kg。

5. 加强管理

育肥羊在育肥之前,应根据情况做好断尾、去势、驱虫、药浴、防疫注射、修蹄及羊舍和设备的清洁消毒等一般管理工作,以确保羊只健康,育肥工作能够顺利进行。

(二)舍饲育肥技术要点

整个肥育期可分为预饲期(15d)、正式肥育期(30~50d)和出栏期三个阶段。预饲期的主要任务是让羊只适应新的环境,适应饲料和饲养方式的转变,并完成健康检查、注射疫苗、驱虫、分群等生产操作。预饲期应以粗料为主,适当搭配精料,并逐步将精饲料的比例提高到40%。正式肥育期时,精料的比例可提高到60%,其中玉米、大麦、燕麦等籽实类能量饲料可占80%左右。

1. 利用肉用品种或杂交品种

任何品种的绵、山羊都可以育肥作肉用,但不同品种类型产肉性能和育肥性能有很大差别。优良肉用绵、山羊品种共同特点是早熟、生长快、饲料报酬高、繁殖力强、胴体品质好、产肉量多。我国各地都有适合本地自然条件、抗逆性强、耐粗饲的优良地方品种,但这些品种往往存在生长速度慢、生产性能低下的缺点。因此,利用地方品种和引入良种杂交,既利用了杂种优势,也保存了当地品种的优良特性。这种育肥羊有良好的增重潜力,饲料报酬高。

2. 科学搭配日粮

育肥羊日粮中的粗饲料应占40%~60%,即使到育肥后期,也不应低于30%,或粗纤维含量不低于8%~10%。在上述饲料条件下,应设法改善粗料品质,日粮中的精料或粗料应多样化,增加适口性,提高羊对干物质的采食量。不同品种的羊,育肥期内对营养物质的需要量是有差异的。如果要想得到相同的日增重,非肉用品种所需要的营养物质高于肉用品种。不同生长阶段的羊,育肥期所需要的营养水平也不同,羔羊增重的主要部分为肌肉、内脏和骨骼,所以饲料中蛋白质的含量应该高些;成年羊在育肥期增重部分主要为脂肪,饲料中蛋白质含量可以低些,能量则应高些。由于增重成分不同,每单位增重所需的营养物质以羔羊最少,成年羊最高。

3. 创造适宜的环境

环境温度对育肥羊的营养需要和增重影响也较大。平均温度低于7℃时,羊体产热量增加,采食量也增加,但由于低温增加热能散失量,使饲料的增重效率随之降低。低温环境育肥肉羊只有相应增加营养水平,才能维持较高的日增重,若空气湿度高并有大风天气,更会加剧低温对羊的不利影响。气温高于32℃时,羊的呼吸和体温随气温而增高,采食量减少,温度过高时食欲下降甚至停食,严重时会中暑死亡。另外,保持安静环境和减少羊只活动,可以使营养物质的消耗减少,从而提高育肥效果。

4. 合理使用育肥添加剂

羊的育肥添加剂包括营养性添加剂和非营养性添加剂,其功能是补充或平衡饲料营养成分,提高饲料适口性和利用率,促进羊的生长发育,改善代谢功能,预防疾病,防止饲料在贮存期间质量下降,改进畜产品品质、提高生产性能等。正确使用饲料添加剂,可提高羊育肥的经济效益。

（1）非蛋白氮 非蛋白质含氮物质包括蛋白质分解的中间产物——氮、酰胺、氨基酸，还有尿素、缩二脲和一些胺盐等，其中最常用的是尿素。非蛋白质含氮物质可为瘤胃微生物提供合成蛋白质的氮源。由于这类添加剂含氮量高，如尿素含氮量为47%，若全部被瘤胃微生物利用，1kg 尿素相当于2.8kg 粗蛋白质的营养价值或7kg 豆饼蛋白质的营养价值。因此，用尿素等非蛋白质物质代替部分蛋白质饲料，既能促进羊只快速生长，又可降低饲料成本。

尿素的用量一般不超过日粮粗蛋白质的1/3，或不超过日粮干物质的1%，或按羊体重的0.02%~0.03%（每10kg 体重日喂尿素2~3g）喂给。尿素不能单独饲喂，也不能空腹喂给，通常与精料（玉米）拌匀后饲喂，每天分2~3 次投给，开始喂量要少，经5~7d 的过渡期再转入正常喂量。

（2）矿物质与微量元素 矿物质、微量元素是育肥羊不可缺少的营养物质，可以调节机体能量、蛋白质和脂肪的代谢，提高羊的采食量，促进营养物质的消化利用，刺激生长，调节体内酸碱平衡等。羊体内缺少某些矿物元素时将会出现代谢病、贫血、消化道疾病等，造成生长力下降。

矿物质、微量元素的添加量应按照羊的营养需要添加，可将微量元素制成预混料，均匀混于精料中饲喂。或将矿物质、微量元素制成盐砖，让羊自由舔食。还可以选用稀土、膨润土等添加剂，稀土是元素周期表中钇、钪等17 种元素的总称，可作为一种饲料添加剂用于育肥羊，具有良好的饲喂效果和较高的经济效益。一般作为饲料添加剂的稀土类型有硝酸盐稀土、氯化钙稀土、维生素C 稀土。膨润土是一种有层状结晶构造的含水铝硅酸盐矿物质，含有动物生长所必需的铁、磷、钾、铝、铜、锌、锰、钴、钼、钛和钒等20 余种元素，对有害毒物、肠道中的病菌有吸附作用，有利于机体的健康，可提高羊的生产性能。一般添加微量元素比不添加微量元素提高增重10%~20%。

（3）维生素添加剂 由于瘤胃微生物能够合成B 族维生素和维生素K、维生素C，所以不必另外添加。日粮中应提供足够的维生素A、维生素D 和维生素E，以满足育肥羊的需要。维生素添加按羊的营养需要，在饲料中维生素不足的情况下适量添加。添加过量，不但造成浪费，还可能造成中毒。如维生素A 过量可表现食欲不振，皮肤发痒，关节肿疼，骨质增生，体重下降。维生素D 过量，可引起血钙增高，骨质疏松。

（4）瘤胃素 瘤胃素又叫莫能菌素，是一种聚醚类离子载体类抗生素，其主要作用是控制和提高瘤胃发酵效率。在消化道内几乎不能被吸收，因此一般不存在在组织中残留和向可食性畜产品转移的问题。在进行高精料肥育时应用瘤胃素能增加丙酸的产生，减少饲料中蛋白质在瘤胃中的降解，从而增加过瘤胃蛋白质的总量，增加净能及氮的利用率，进而提高增重速率和饲料转化率。

瘤胃素添加量一般为每千克日粮干物质中添加25~30mg。要均匀地混合在饲料中，最初喂量可少些，以后逐渐加至规定量。用瘤胃素喂舍饲育肥羊，日增重可提高35%，饲料转化率可提高27%，效果十分显著。

(5)缓冲剂　肉羊快速育肥必须供给较多的精料，但精料过量会形成过多的酸性产物，导致瘤胃酸度过高，pH下降，使瘤胃微生物区系被抑制，降低饲料消化能力。为改善瘤胃发酵，增强食欲，防止酸中毒，提高饲料消化率，可在高精料日粮中适当添加缓冲剂。比较理想的缓冲剂是碳酸氢钠(小苏打)和氧化镁。碳酸氢钠的添加量一般占混合精料的1%～1.5%，氧化镁的添加量占精料的0.75%～1.0%。用时可采取逐渐增加喂量的方法，以免造成应激反应，使采食量下降。

(6)酶制剂　酶是活体细胞产生的具有特殊催化能力的蛋白质，是一种生物催化剂，对饲料养分消化起重要作用，可促进蛋白质、脂肪、淀粉和纤维素的水解，提高饲料利用率，促进动物生长。育肥羊常用酶制剂主要有纤维素酶、蛋白酶、脂肪酶、果胶酶、淀粉酶、植酸酶、尿素分解阻滞酶等。

(7)益生素　益生素是一种有取代或平衡胃肠道内微生态系统中一种或多种菌系作用的微生物制剂，如乳酸杆菌剂、双歧杆菌剂、枯草杆菌剂等，能激发自身菌种的增殖，改善动物肠道内微生物环境，抑制别种菌系的生产，能产生酶、合成B族维生素，提高机体免疫功能，促进食欲，减少胃肠道疾病的发病率，具有催肥作用。

二、混合育肥

混合育肥是放牧与补饲相结合的育肥方式，既能利用夏、秋牧草生长旺季进行放牧育肥，又可利用各种农副产品及少许精料进行补饲或后期催肥。这种方式比单纯依靠放牧育肥效果要好，适合各地的肉羊育肥生产条件。放牧兼补饲的育肥可采用两种途径：一种是在整个育肥期，自始至终每天均放牧并补饲一定数量的混合精料和其他饲料。要求前期以放牧为主，舍饲为辅，少量补料；后期以舍饲为主，多量补料，适当就近放牧采食。另一种是前期安排在牧草生长旺季全天放牧，后期进入秋末冬初转入舍饲催肥，可依据饲养标准配合营养丰富的育肥日粮，强度育肥30～40d，出栏上市。我国肉羊生产中，常对一些老残羊和瘦弱羊在秋末集中1～2个月舍饲育肥，充分利用粮食加工副产品或少许精料补饲催肥，费用少，经济效益高。混合育肥可使育肥羊在整个育肥期内的增重比单纯依靠放牧育肥提高50%左右，同时，屠宰后羊肉的味道也较好。

单元三 | 肉用羊生产性能评定

肉用羊具有体大、早熟、生长快、肉质好、繁殖力高等特点。在生产实践中，主要从产肉力和繁殖力两个方面对肉羊的生产性能做出评定。

一、评定肉羊产肉力的主要指标

通常评定绵、山羊产肉力时,主要有以下几个指标,即胴体重、屠宰率、净肉重、胴体净肉率、肉骨比、眼肌面积和 GR 值等。一般在胴体经静置 30 ~ 40min 后,依次测定。

1. 胴体重

胴体重指屠宰放血后剥去毛皮,除去头、内脏及前肢膝关节和后肢跗关节以下部分,整个躯体(包括肾脏及其周围脂肪)静置 30min 后的重量。

2. 屠宰率

屠宰率指胴体重加内脏脂肪(包括大网膜和肠系膜脂肪)和脂尾重,与羊屠宰前活重(宰前空腹 24h)之比。

屠宰率 =(胴体重 + 内脏脂肪和脂尾重)/屠宰前活重 ×100%

3. 净肉重

净肉重指用温胴体精细剔除骨头后余下的净肉重量。要求在剔肉后的骨头上附着的肉量及耗损的肉屑量不能超过 300g。

4. 胴体净肉率

净肉率一般指胴体净肉重占宰前活重的百分比。胴体净肉重占胴体重的百分比,称为胴体净肉率。

胴体净肉率 =(胴体重 - 骨重)/胴体重 ×100%

5. 肉骨比

肉骨比 = 胴体净肉重/胴体骨重

6. 眼肌面积

测倒数第一和第二肋骨间脊椎上的背最长肌(眼肌)的横切面积,其与产肉量呈正相关。测量时用硫酸绘图纸描绘出眼肌横切面的轮廓,再用求积仪计算面积。如无求积仪,可用下列公式估测:

眼肌面积(cm^2) = 眼肌高度(cm) × 眼肌宽度(cm) ×0.7

7. GR 值

GR 值又称为肋肉厚,指在第 12 与第 13 肋骨之间,距背脊中线 11cm 处的组织厚度,作为代表胴体脂肪含量的标志。

二、评定肉羊繁殖力的主要指标

在肉羊品种选育过程中,除了注重增重速度、饲料报酬、羊肉品质等肥育性能外,还特别重视对繁殖性能的选择。评定肉羊的繁殖力主要有以下指标。

1. 适繁母羊比率

适繁母羊比率主要反映羊群中适繁母羊的比例。适繁母羊多指 10 月龄(山羊)以上和 1.5 岁(绵羊)以上的母羊。

适繁母羊比率 = 本年度末适繁母羊数/本年度末羊群总数 × 100%

2. 空怀率

空怀率 = (适繁母羊数 - 受胎母羊数)/适繁母羊数 × 100%

3. 受胎率

受胎率 = 受胎母羊数/已配种母羊数 × 100%

4. 产羔率

产羔率 = 出生活羔羊数/分娩母羊数 × 100%

5. 成活率

成活率 = 断奶成活羔羊数/出生活羔羊数 × 100%

6. 繁殖率

繁殖率 = 出生活羔羊数/适繁母羊数 × 100%

7. 繁殖成活率

繁殖成活率 = 断奶成活羔羊数/适繁母羊数 × 100%

单元四 | 肉用羊个体品质鉴定

肉用羊的个体品质鉴定包括体型外貌、生长发育和生产性能的评定。

一、体型外貌鉴定

体型外貌鉴定主要按身体各部位的性状和重要性，规定一个满分标准，不够标准的适当扣分，最后将各项评分相加计算总分，再按外貌评分等级标准定出等级。下面以南江黄羊为例介绍其鉴定标准。南江黄羊的外貌评分标准如表 9 - 1 所示，南江黄羊的外貌评分等级标准如表 9 - 2 所示。

表 9 - 1　南江黄羊外貌鉴定评分标准

项目		评定标准	评分	
			公	母
外貌	毛色	全身被毛黄褐色，富有光泽，有明显或不明显的黑色背线	14	14
	外形	体躯近似圆桶形，公羊雄壮，母羊清秀	6	6
体躯	头部	头大小适中，额宽面平，鼻梁微拱，耳长大或微垂，眼大有神，有角或无角	12	12
	颈部	公羊粗短，母羊颈细长，与肩部结合良好	6	6
	前躯	胸部宽深，肋骨开张，鬐甲高平	6	6
	中躯	背腰平直，腹部发育良好，且较紧凑	6	6
	后躯	荐宽，尻丰满，倾斜适度，母羊乳房发育良好，呈梨形	12	12
	四肢	粗直端正，蹄质坚实	18	18

续表

项 目		评定标准	评分	
			公	母
发育状况	外生殖器	公羊双睾对称，母羊外阴正常，发育良好	6	4
	羊体发育	肌肉充实，膘情中上	6	6
	整体结构	体质坚实，各部位结构匀称、紧凑	8	10
	总计		100	100

表 9-2　南江黄羊体型外貌评分等级标准

性 别	特级（分）	一级（分）	二级（分）	三级（分）
公羊	≥95	≥85	≥80	≥75
母羊	≥95	≥85	≥70	≥60

二、生长发育评定

生长发育鉴定主要按测定项目的量化结果对照品种等级标准确定个体等级，最后完成对羊只的综合鉴定。生长发育评定分 2 月龄、6 月龄、12 月龄和成年四个阶段进行。

特级：2 月龄、6 月龄、12 月龄，公羊体重占成年公羊体重的 20%、40%、60% 以上，母羊体重占 30%、50%、70% 以上，同时，公、母羊体重均高于一级 15% 以上，公、母羊体尺分别占成年羊的 65%、75% 和 85%，并且公羊高于一级 8%，母羊高于 5% 以上者为特级。

一级：符合表 9-3 评分标准者。

表 9-3　一级羊最低评分标准

年 龄	体重/kg		体长/cm		体高/cm		胸围/cm	
	公	母	公	母	公	母	公	母
2 月龄	11	10	46	46	45	44	51	50
6 月龄	25	20	56	53	55	51	64	59
周岁	35	28	63	60	61	57	72	67
成年	62	42	77	68	72	65	90	79

二级：体重分别低于一级 8% ~10%，体尺分别低于一级 3% ~5% 者。

三级：体重分别低于一级 8% ~10%，体尺分别低于一级 3% ~5% 以上者。

三、生产性能评定

母羊繁殖成绩评定标准如表9-4所示。

表9-4　　繁殖性能评分标准

项　目	特级	一级	二级	三级
年产胎数	2.0	1.8	1.5	1.2以上
胎产羔数	2.5	2.0	1.5	1.2以上

对于公羊连续两个繁殖季节配种30只经产可繁母羊，以母羊产羔率达220%为特级，200%为一级，180%为二级，150%为三级。后备公、母羊的繁殖性能由系谱审查，参考同胞旁系资料评定。

思考与练习

1. 名词解释：肥羔
2. 简述肥羔生产的优点。
3. 肉羊产肉力的主要评定指标有哪些？

技能训练

肉用绵羊外貌鉴定

【目标要求】

初步掌握肉用绵羊鉴定技术和基本方法，为掌握选择优良种羊技术奠定基础。

【实训条件】

1. 动物

肉用周岁以上绵羊若干只。

2. 用具

测杖，绵羊、山羊鉴定记录表、鉴定标准等。

【实训内容与方法】

1. 鉴定时首先要看整体结构及外形有无严重缺陷；公羊是否单睾、隐睾；母羊乳房发育情况；上、下颌发育是否正常等。然后，再决定被鉴定个体有无鉴定的必要和价值。

2. 每个鉴定人员应配备一名记录员、两名抓羊及保定人员。

【实训作业】

1. 将鉴定结果记入鉴定表中。
2. 按照鉴定结果,参照被鉴定羊只品种等级标准,对所鉴定羊只定出等级。

情境十 乳用羊饲养管理

单元一 | 产奶羊饲养管理

母羊产羔后，体质较弱，消化能力较差，应给以易消化的优质干草，少补饲精料，避免因精料过多导致消化不良或乳房炎的发生。饲料应以优质嫩干草为主，然后根据母羊体况肥瘦、乳房膨胀程度、食欲表现、粪便形状和气味，灵活掌握精料和多汁饲料的喂量。一般产后15d内，按饲养标准喂给相应的日粮。日粮粗蛋白12%～16%，粗纤维16%～18%，干物质按体重的3%～4%饲喂。

母羊泌乳初期，首先应保证充足的优质青干草，任其自由采食，但精料和多汁饲料的喂量要由少到多，逐渐增加，不能增加过快，否则会影响母羊体质和生殖器官的恢复，还容易发生消化不良等胃肠疾病，轻者影响整个泌乳期的生产性能，重则影响母羊终生生产性能。对于膘情较好、乳房膨胀过大、消化不良者，应以饲喂优质青干草为主，不喂青绿多汁饲料，控制饮水，少给精料，以免加重消化障碍和乳房膨胀；对体况较瘦，消化能力弱，食欲不振和乳房膨胀不显著者，可适量补喂淀粉含量高的薯类饲料，加强舍外运动，以增强体质。

母羊产后21～120d进入泌乳盛期，其中40～70d为泌乳高峰期。此期母羊体内贮存的营养物质因大量产奶而消耗较大，造成体况消瘦，应尽量利用优越的饲养条件，为母羊高产创造条件。优质干草的饲喂量占体重的1.5%，精料按照每产1.5kg奶喂给0.5kg混合精料的比例饲喂。饲料应满足原料多样化、营养浓度高、适口性好、易消化的要求，并从各方面采取措施提高母羊的消化能力，如进行适当的运动、增加采食次数、改善喂饲方法、定时定量饲喂、少给勤添、保持清洁卫生等。为了提高产奶量，可采取提前添加精料进行催奶的方法。对于膘情较好、食欲旺盛的母羊，可及早进行催奶，当产奶量稳定后再将多喂的精料减掉，按标准饲喂。

母羊产后121~180d为泌乳稳定期。这一阶段应避免饲料、饲养方法以及工作日程的变动，尽可能使泌乳高峰维持较长的时间，以提高整个泌乳期的产奶量。

母羊产后181~210d为泌乳后期。随着产奶量的下降，应调整精料喂量，既要控制母羊的增重速度，又要延缓产奶量的下降速度。每天除逐渐减少精料外，应尽量供应优质青干草和青绿多汁饲料，这样既有利于胎儿的健康发育，又能为下一胎次泌乳贮备能量。

单元二 | 干奶羊饲养管理

母羊一个泌乳期的产奶量为体重的15~16倍，泌乳期的体重比产前下降27.3%。在妊娠后期，由于黄体酮作用，产奶量也逐渐减少。因此，为恢复母羊体况、保证胎儿正常生长发育，必须在产羔前的2个月人工停止挤奶。

一、母羊的干奶

(一)干奶方法

干奶方法分为自然干奶法和人工干奶法两种。

对于产奶量低、营养状况差的母羊，一般在泌乳7个月左右配种，妊娠1~2个月以后产奶量迅速下降，直至停止产奶，即自然干奶。对于产奶量高、营养状况好的母羊，应进行人工干奶。人工干奶分为逐渐干奶法和快速干奶法。

1. 逐渐干奶法

逐渐减少挤奶次数，变更挤奶时间，停止按摩乳房，适当减少精料喂量，控制饮水，加强运动，在7~14d的时间内完成干奶。

2. 快速干奶法

利用乳房内压增大，抑制乳汁分泌的生理现象实现干奶。即在预定干奶的日期，充分按摩乳房，将奶一次挤净，然后用2%碘酊浸泡乳头，向乳头孔中注入抗生素，并用火棉胶封闭，停止挤奶。7d左右乳房内乳汁被吸收干净，乳房收缩，干奶完成。

(二)干奶时间

正常情况下，母羊一般在妊娠90d开始干奶。干奶期长短应根据母羊营养状况、产奶量高低、体质强弱、年龄大小来确定，一般为45~75d，平均60d。

(三)干奶注意事项

注意圈舍、垫草的卫生，减少发生乳房感染。每天刷拭羊体，避免发生皮肤病。妊娠后期注意保胎工作，严禁踢打、惊吓羊只，谨防拥挤、滑倒和角斗，避免造成流产。羊只应坚持适量运动，腹部或乳房过大的羊只应停止驱赶，任其自由运动。

二、干奶期的饲养

母羊在干奶期内应保证增重20% ~30%，以避免羔羊初生重过小，影响下个泌乳期的产奶量和乳脂率。

饲喂时应按日产奶1.0 ~1.5kg的饲养标准进行。日粮应以优质干草和青贮饲料为主，适当搭配混合精料和多汁饲料。饲喂青贮时应严格控制喂量，避免影响胎儿发育，导致流产。每日补饲骨粉和食盐各15 ~20g，注意补充维生素E和矿物质元素硒，有助于胎衣排出和预防乳房炎发生。

单元三 | 奶山羊产奶性能评定

一、奶山羊的鉴定

母羊一般在第一、二、三胎泌乳结束后分别进行第一次鉴定，每年5 ~7月进行体貌鉴定。成年公羊每年鉴定1次，直到后裔测定工作结束为止。关中奶山羊在初生和3月龄时进行初选，3.5岁时进行终生鉴定。

二、关中奶山羊鉴定分级标准

《中华人民共和国农业标准关中奶山羊》(NY 23—1986)适用于关中奶山羊品种鉴定和等级鉴定。品种标准请参阅有关品种章节。

1. 外貌鉴定和生产性能等级评定

成年公、母羊，1.5岁产奶母羊达到体高、体重标准方可进行外貌鉴定和生产性能的等级评定。

2. 产奶量等级

按表10 -1标准进行评定。产奶量达到标准，乳脂率(乳脂量)或总干物质率有一项达到标准者，即可评为该等级。

表10 -1　关中奶山羊产奶量等级评定

等级	第一胎产奶量/kg	第二胎产奶量/kg	第三胎产奶量/kg
特级	500.0	600.0	700.0
一级	430.0	520.0	600.0
二级	360.0	430.0	500.0
三级	300.0	360.0	430.0

3. 种公羊后裔测定

对生长发育、外貌鉴定合格的公羊，进行后裔测定。根据被测公羊相对育种值，按表10-2评定公羊等级。

表10-2　　种公羊相对育种值等级标准

相对育种值/%	115及以上	110及以上	105及以上	100及以上
等级	特级	一级	二级	三级

后裔测定条件不具备时，可根据双亲等级评定公羊等级，评定标准如表10-3所示。

表10-3　　按照双亲评级标准

母＼父	特级	一级	二级	三级
特级	特级	特级	一级	二级
一级	特级	一级	二级	二级
二级	一级	二级	二级	二级
三级	二级	二级	二级	三级

如父母未鉴定，则应先鉴定父母；如父母资料缺一方，可按另一方表型值降低一级评定。

4. 外貌评分等级标准

外貌鉴定按百分制评定，评分如表10-4所示，按表10-5划分等级。

表10-4　　关中奶山羊公母羊外貌鉴定评级标准

项　目	满分标准	评　分	
		公	母
整体结构	体质结实，结构匀称，骨架大，肌肉薄，体尺体重符合品种要求，乳用型明显；毛短、白、有光泽；公羊雄性明显	25	25
体躯	母羊颈长，公羊颈粗壮；头、颈、肩结合良好；胸部宽深，肋骨张开，背宽、腰长、背腰平直，尻部长、宽、倾斜适度；母羊腹大不下垂，肷窝大；公羊腹部紧凑	30	30
头部	头长，额宽，鼻直，嘴齐眼大突出，耳长、直、薄	15	10
乳房及睾丸	乳房形状方圆，基部宽广，附着紧凑，向前延伸，向后突出，质地柔软，乳头匀称，大小适中，乳静脉粗大弯曲，排乳速度快；睾丸发育良好，左右对称，附睾明显，富于弹力	15	25
四 肢	四肢结实，肢势端正，关节结实，系部强，蹄形端正	10	10
总 计		100	100

表 10－5　　外貌评分等级标准

性别＼等级	特级	一级	二级	三级
母羊	80.0	75.0	70.0	65.0
公羊	85.0	80.0	75.0	70.0

允许母羊有少量散在黑毛（面积不超过 1cm^2）或颈部毛色为轻度麦栗色，但不能评为特级。凡有狭胸、凹背、乳房形状不良、后躯发育过差等缺陷之一且表现严重者评为等外。

5. 综合评定

凡公、母羊的外貌特征符合品种要求，体高、体重达到下限标准者，分别进行泌乳性能或双亲和外貌的等级评定。

产奶母羊根据泌乳性能和外貌的等级进行综合评定，种公羊根据后裔品质和外貌等级进行综合评定，评定标准如表 10－6 所示。未经后裔品质测定的种公羊，根据双亲和外貌等级按表 10－6 综合评定，但最高也不能评为特级。

表 10－6　　关中奶山羊综合等级评定

外貌等级	泌乳性能或后裔品质（双亲）等级			
	特级	一级	二级	三级
特级	特级	一级	二级	二级
一级	特级	一级	二级	三级
二级	一级	一级	二级	三级
三级	二级	二级	二级	三级

思考与练习

1. 简述产奶羊饲养管理技术措施。
2. 如何进行母羊干奶？干奶期的饲养措施有哪些？

技能训练

乳用山羊的品质鉴定

【目标要求】

初步掌握乳用山羊的品质鉴定技术，为在生产实践中选择优良乳山羊奠定基础。

【实训条件】

1. 动物

乳用山羊若干只。

2. 用具

卷尺、测杖、台秤、鉴定记录表、萨能乳山羊鉴定标准。

【实训内容与方法】

1. 鉴定人员认真学习萨能乳山羊的鉴定标准，熟悉鉴定的内容和方法。山羊外貌鉴定标准及评级标准如表 10－7、表 10－8 和表 10－9 所示。

表 10－7　母羊外貌鉴定标准

项目	满分标准	标准分
一般外貌	体质结实，结构匀称，轮廓明显，反应灵敏。外貌特征符合品种要求。头长、清秀、鼻直、鼻孔大，嘴齐、眼大有神，耳长、薄并前倾、灵活，颈部长，皮肤薄、柔软、有弹性，毛短、白色、有光泽	25
体躯	体躯长、宽、深，肋骨开张、间距宽，前胸突出且丰满，背腰宽而突出，肷窝大，腹大而不下垂，尻部长而不过斜，臀端宽大	30
泌乳系统	乳房容积大，基部宽广，附着紧凑，向前延伸，向后突出；两乳区均衡对称；乳房皮薄、毛稀、有弹性，挤奶后收缩明显，乳头间距宽，位置、大小适中；乳静脉粗大弯曲，乳井明显，排乳速度快	30
四肢	四肢结实，肢势端正，关节明显而不膨大，肌腱坚实。前肢端正，后肢飞节间距宽，利于容纳庞大的乳房；系部坚强有力，蹄形端正，蹄质坚实，蹄底圆平	15

表 10－8　公羊外貌鉴定标准

项目	满分标准	标准分
一般外貌	体质结实，结构匀称，雄性特征明显；外貌特征符合品种要求；头大，额宽，眼大突出，耳长直立，鼻直，嘴齐，颈粗壮；前躯略高，皮肤薄而有弹性，被毛短而有光泽	30
体躯	体躯长而宽，鬐甲高；胸围大，前胸宽广肋骨拱圆，肘部充实；背部宽平，腹部大小适中，尻长宽而不斜	35
雄性特征	体躯高大，轮廓清晰，目光炯炯，温顺而有悍威；睾丸大、左右对称，附睾明显，富于弹性；乳头明显，附着正常，无副乳头	20
四肢	四肢结实，肢势端正，关节明显，肌腱坚实；后肢开张，系部坚强有力，蹄形端正，蹄缝紧密，蹄质坚韧，蹄底平正	15

表 10－9 外貌评级标准

等级	特级	一级	二级	三级
成年公羊	85	80	75	70
成年母羊	80	75	70	65

2. 体型外貌评定

主要按体躯各部位的特征和重要性，规定一个满分标准，不够标准的适当扣分，最后将各项评分相加计算总分，并依据外貌评分等级标准定出等级，以区别优势。

3. 生长发育评定

通常用一定年龄时个体的体重、体尺作为评定标准。先定出选择的最低标准，不符合标准的则淘汰。生长发育评定一般要经过四个阶段，即初生、断奶（4～8 月龄）、周岁和成年，各阶段的体重、体尺标准因品种不同而异。萨能奶山羊不同年龄体高、体重最低限如表 10－10 所示。

表 10－10 萨能奶山羊不同年龄的体高、体重最低限

项目／年龄	公羊		母羊	
	体高/cm	体重/kg	体高/cm	体重/kg
初生	34	3.0	32	2.8
4 月龄	57	20	55	18
8 月龄	64	32	60	30
1 岁	70	42	65	36
2 岁	76	55	68	42
3 岁以上	80	75	70	50

4. 生产力评定

评定奶山羊生产力的主要指标为产奶量和乳脂率。一般第一个泌乳期为预选，到第三个泌乳期再进行复查。萨能奶山羊产奶量的评定标准如表 10－11 所示。

表 10－11 萨能奶山羊产奶量的评定标准

产奶量／等级	第一胎 300d		第二胎 300d		第三胎 300d	
	产奶量	乳脂量	产奶量	乳脂量	产奶量	乳脂量
特级	700	24	800	28	900	31
一级	600	21	700	24	800	28
二级	500	17	600	21	700	24
三级	400	14	500	17	600	21

综合评定时，产奶量作为主要项目应占较大比重，其他两项的比例可以根据具体条件定出标准，然后依照标准评出每只公羊的综合等级，按等级进行选留或淘汰。

公羊的选择主要依据体型外貌评分和生长发育评定，生产力评定可根据公羊母犊的成绩，结合系谱审定进行。最后对三项评定的结果进行综合分析，获得最终评选结果。

【实训作业】

1. 将鉴定结果记入鉴定表中。

2. 按照鉴定结果，参照等级标准，给羊定出等级。

情境十一 牛羊疾病防治

本学习情境以牛的疾病为主,羊疾病的有关知识参照牛的疾病学习。在羊的生产实践中,应以群体疫病预防为主,加强饲养管理,减少疾病的发生。在羊的疾病治疗时,应考虑其经济价值和生产需要参考牛病酌情进行,涉及药物用量应根据体重酌减。

单元一 | 代谢病防治

一、酸中毒

酸中毒是因采食过多的富含糖类的谷物饲料,导致瘤胃内产生大量乳酸而引起的一种急性代谢性疾病。其特征为消化障碍、瘤胃活动停滞、脱水、酸血症、运动失调,重者甚至瘫痪、衰弱、休克,常导致死亡。

(一)病因

1. 富含糖类的精料食入过多

如大麦、小麦、玉米、大米、燕麦、高粱或其糟粕,以及块茎根类饲料,如甜菜、马铃薯、甘薯、粉渣、酒糟等。

2. 精料突然超量

如果舍饲肉牛、肉羊按照由高粗饲料向高精饲料逐渐变换的方式逐渐增加精料,使反刍动物有一个适应的过程,则日粮中的精料比例即使达到85%以上,甚至不限量饲喂全精料日粮也未必发生酸中毒。如果突然饲喂高精饲料而草料不足时,则易发生酸中毒。

（二）发病机制

突然过食富含糖类的精料后，瘤胃微生物区系发生改变，pH 下降，乳酸大量形成。乳酸使瘤胃蠕动减弱，造成食物积滞，同时使瘤胃微生物群落遭到破坏。当 pH 下降至 4.5～5 时，瘤胃内渗透压升高，体液向瘤胃内转移并引起瘤胃积液，导致血液浓稠，机体脱水及少尿。由于瘤胃液酸度增高，微生物死亡，产生大量有毒的胺类物质，如组胺、酪胺、色胺等，导致末梢微循环障碍，使毛细血管通透性增高及小动脉扩张，引起蹄叶炎和中毒性瘤胃炎。瘤胃内生成的乳酸，除被缓冲系统中和外，绝大部分经胃壁吸收，小部分经肠道吸收。吸收入血的大量乳酸，超过了组织的利用能力，导致高乳酸血症，使得血液碱贮下降，血浆二氧化碳结合力极度降低，引起酸中毒，损害肝脏和神经系统。

（三）症状

多数呈现急性经过，通常在过食精料后 4～8h 突然发病，病畜精神高度沉郁，极度虚弱，侧卧而不能站立，有时出现腹泻，瞳孔散大，双目失明。体温低下时为 36.5～38℃，重度脱水。腹部显著膨大，瘤胃蠕动停止，内容物稀软或呈水样，瘤胃液 pH 低于 5.0，甚至降至 4.0 时循环衰竭，心跳达 110～130 次/min，终因中毒性休克而死亡。

1. 轻症

病畜表现精神萎靡，食欲减退，空嚼磨牙，流涎，反刍减少。粪便稀软或呈水样，有酸臭味。体温正常或偏低，脉搏增数，一般可达 80～100 次/min，结膜潮红。瘤胃中度充满，收缩无力，听诊蠕动音消失，触诊瘤胃内容物呈捏粉样质感，瘤胃液 pH 为 5.5～6.5。皮肤干燥，弹性降低，眼窝凹陷，尿量减少，机体轻度脱水。若治疗不及时，病情持续发展常继发或伴发蹄叶炎和瘤胃炎，而使病情恶化。

2. 重症

病畜精神沉郁，意识不清，反应迟钝，瞳孔轻度散大，对光反射迟钝。食欲减退或废绝，反刍停止，瘤胃胀满，冲击式触诊有击水音或震荡音，瘤胃液 pH 为 5.0～6.0。随病情发展，全身症状明显加重，体温正常或微热，多数病例脉搏和呼吸增数，心跳可达 100 次/min，后期出现神经症状，步态蹒跚，卧地不起，头颈侧弯或后仰呈角弓反张，嗜睡甚至昏迷而死。

（四）诊断

1. 临床诊断

根据脱水，瘤胃胀满，盗汗，卧地不起，多为躺卧，四肢伸直，心跳、呼吸加快，口流涎沫，具有蹄叶炎和神经症状等可初步诊断。

2. 饲料调查

有过食豆类、谷类或富含糖类饲料的病史。

3. 实验室诊断

瘤胃液 pH 下降至 4.5～5.0，血液 pH 降至 6.9 以下，血液乳酸升高等。

(五)防治

1. 预防

严格控制日粮搭配，注意精饲料与粗饲料的比例；在泌乳早期，加喂精料，要缓慢增加，一般适应期为7～10d；精料内添加缓冲剂和制酸剂，如碳酸氢钠、氢氧化镁或氧化镁等，使瘤胃内pH保持在5.5以上，也可在精料内添加抑制乳酸生成菌的抗生素如莫能菌素、硫肽菌素等；加强饲养管理，严格控制精料饲喂量，防止过食、偏食。

2. 治疗

治疗原则为加强护理，清除瘤胃内容物，纠正酸中毒，补充体液，恢复瘤胃蠕动。

(1)排除瘤胃内容物　急性病例可行瘤胃切开术，彻底清除瘤胃内容物，再接种健康动物瘤胃内容物5～20L。一般病例采取瘤胃冲洗法，即用胃管排出瘤胃内容物，再用石灰水(生石灰1kg，加水5kg充分搅拌，用其上清液)反复冲洗，直至瘤胃液无酸臭味、pH检查呈中性或弱碱性为止。也可用1%碳酸氢钠溶液或1%食盐水洗胃。当瘤胃内容物很多，导胃无效时，也可采用瘤胃切开术。

(2)纠正酸中毒　中和瘤胃内酸度可用石灰水、氢氧化镁或氧化镁、碳酸氢钠或碳酸盐缓冲合剂(碳酸钠150g，碳酸氢钠250g，氯化钠100g，氯化钾40g)250～750g，加常水5～10L，牛一次灌服。中和血液酸度以缓解机体酸中毒，可静脉注射5%碳酸氢钠溶液，牛用量为1000～1500mL，羊用量为10～20mL。

(3)补充体液防止脱水　可补充5%葡萄糖生理盐水或复方氯化钠溶液，牛用量为每次4000～8000mL，羊用量为250～500mL，静脉注射，补液中加入强心剂效果更好。

(4)对症治疗　如伴发蹄叶炎时，可注射抗组胺药物；为防止休克，宜选用肾上腺皮质激素类药物；恢复胃肠消化功能，可给予健胃药和前胃兴奋剂。

二、产后瘫痪

产后瘫痪是奶牛常见的产科病之一。其特征是精神沉郁、全身肌肉无力、昏迷、瘫痪卧地不起。该病多发于高产奶牛，尤其是3～5胎的高产奶牛。

(一)病因

奶牛产后瘫痪与其体内的代谢密切相关，血钙下降为其主要原因。导致血钙下降的原因主要有：日粮中磷不足及钙磷比例不当；维生素D不足或合成障碍；钙随初乳丢失量超过了由肠吸收和从骨中动员的补充钙量；肠道吸收钙的能力下降；甲状旁腺功能障碍，不能及时从骨骼中动员出充足的钙，使血钙不能得以补充。此外，母牛妊娠后腹围慢慢增大，分娩时胎儿很快产出，致使腹压突然下降，加之挤奶使乳房变空，此时血液大量流入腹腔和乳房，而其他组织器官处于相对的贫血状态，头部血量减少，出现大脑暂时性贫血、缺氧，致使中枢神经功能障碍引发本病。

(二)症状

本病多发于产后1~6d,最急者产后1~3h即发病。病牛发病初期有短暂的兴奋不安,对外界反应迟钝,继而精神沉郁,肌肉震颤,口流清涎,运步异常,走路不稳,左右摇晃,四肢无力,若摔倒在地则很难起立,卧倒后四肢屈于胸腹之下,头颈弯向胸侧,也有的病牛倒卧后头颈四肢伸直,不久后进入昏迷,意识和知觉丧失,耳、鼻、皮肤、四肢发凉,呼吸深缓,伴有痰鸣声,鼻镜湿润汗不成珠,有时无汗,有时磨牙和发出吭吭声,脉搏微弱,胃肠蠕动停止,体温可降至35~36℃。严重者后肢张开,呈麻痹状态,针刺不敏感,反射性极差,大小便失禁,头颈偏向一侧,大多患畜似犬卧姿势,低头、眼闭、耳耷,呈昏睡状。若治疗不及时,常可致死亡。

(三)诊断

根据产犊后不久发病,常在产后1~3d内瘫痪;体温低于正常,38℃以下;心跳加快,卧地后知觉消失、昏睡等特征,可做出初步诊断。应注意和母牛躺卧不起综合征、低镁血症(牧草搐搦、泌乳搐搦)、产后毒血症、热(日)射病、瘤胃酸中毒相区别。

(四)防治

1. 预防

(1)加强干奶期母牛的饲养管理,增强机体的抗病力,控制精饲料喂量,防止母牛过肥。

(2)加强运动,经常晒太阳,促进钙、维生素D的合成及吸收和利用。

(3)充分重视矿物质钙、磷的供应量及其比例。一般认为,饲料中钙、磷比以2∶1为宜。

(4)产前3周和产后3d内的日粮,每天每头牛添加氯化铵100g,可防止瘤胃酸中毒和促进钙吸收。

(5)对临产牛可在产前8d开始,肌肉注射维生素D_3制剂1000万IU,每日1次,直到分娩时止。

(6)对于年老、高产及有瘫痪病史的牛,产前7d静脉补钙、补磷有预防作用。其处方是:10%葡萄糖酸钙注射液1000mL、10%葡萄糖液注射液2000mL、5%磷酸二氢钠注射液500mL、氢化可的松1000mg、25%葡萄糖注射液1000mL、10%安钠咖注射液20mL,1次静脉注射。

(7)产后3d内不将乳全部挤净。

2. 治疗

治疗原则是提高血钙量和减少钙的流失,辅以其他疗法。治疗及时与否、药物用量大小、机体本身状况等,都直接影响到本病的病程长短和预后是否良好。一般卧地后半月不起者,预后不良。

(1)钙剂疗法　常用的是20%葡萄糖酸钙液500~1000mL,或5%氯化钙液500~700mL,一次静脉注射,每日2次或3次。多次使用钙剂而效果尚不显著者,可用5%磷酸二氢钠注射液500～1000mL,10%硫酸镁注射液150～200mL,一次静脉注射。与钙交替使用,能促进病畜痊愈。

(2)牛奶疗法 可用新鲜的、健康母牛的乳汁300～4000mL加青霉素来治疗,分别通过乳头管注入病牛的4个乳区内,使原处于空虚的乳房得以适当充盈,使乳腺内动、静脉的血液流动加快,调节已失调的血管,使收缩舒张作用逐渐趋于正常,从而使神经系统的作用得到恢复,可起到治疗作用。青霉素量按奶牛每100kg体重加青霉素G钾不超过400万～2400万IU为宜,以注入后能自然流出为标准,一般注入后4～5h病牛即明显好转。

(3)乳房充气法 将患牛乳房洗净,外露4个乳头,用酒精棉球擦净乳头,将消毒后的导乳管插入乳头内,外接乳房送风器,向乳房内慢慢打气。打气时先向下方接近地面的乳区内打气,然后再向上方的乳区内打气。为防止注入空气逸出,打满气的乳区将其乳头用绷带结紧。打入气体量以乳房皮肤紧张、乳区界线明显为准。若气体量不足,影响疗效,若气体量过多,易引起乳腺腺泡损伤。

(4)其他疗法 用钙、镁、磷治疗无效的病例,如病牛有食欲,赶之想起,后躯呈半蜷状姿势,可能是因低血钾肌肉无力所致,可用10%氯化钾40～100mL、10%葡萄糖1000mL混合缓慢静脉滴注。同时,后海穴注射氯化钾20mL、颈部注射30mL。

(5)对症治疗 加强护理,多铺垫草,勤翻畜体,注意保温;臌气者,穿刺瘤胃放气,直肠便秘者可灌肠;注意不要经口投药,咽喉麻痹易引起异物性肺炎。

三、酮病

酮病是因日粮中的糖类不足和脂肪代谢紊乱所引起的一种全身功能失调的代谢性疾病。临床特征是酮血、酮尿、酮乳,呼出酮味气体,出现低血糖、消化功能紊乱、产奶量下降,间有神经症状。

(一)病因

首要原因是饲料配合比例不当,含蛋白质和脂肪的精料过多,而糖类饲料不足,结果引起了酮体生成增加。而在饲喂低蛋白、低脂肪饲料的同时,糖类也缺乏,同样可诱发酮病(特称消耗性酮病)。其次,运动不足,前胃功能减退,大量泌乳,乳糖消耗,也容易促进本病的发生。再次,供给含丁酸多的饲料时,其所含丁酸经瘤胃壁或瓣胃壁吸收后引起发病。

(二)发病机制

健康的反刍动物,脂肪酸的氧化和合成同时进行,中间产物的积聚不显著,血液中酮体含量甚微,不会发病。高产奶牛大量泌乳,对营养需要量显著增高,需要从饲料中获得能量以满足自身需要。但是,母牛在分娩后食欲的恢复与产奶量的上升不能同步进行;另外,在干奶期供应能量水平过高、分娩前母牛过肥等因素都可影响产后母牛的饲料采食量。由于不能摄取足够的饲料,导致能量负平衡,引起肝内含糖量不足，血糖降低。

肝糖水平下降导致的低血糖引起糖代谢紊乱，进而引起体脂动员，其结果是血液游离脂肪酸（FFA）浓度上升、肝脏FFA增加。FFA在肝内代谢有3个转归，即合成甘油三酯、氧化供能和生成酮体；而奶牛的基本能量，主要是靠前胃中糖类发酵形成的挥发性脂肪酸（VFA）的糖原异生作用来提供。所以认为，糖类的缺乏所引起的低血糖是酮病发生的主要因素。由于血糖下降、大量脂肪酸进入肝脏，脂肪酸经氧化所产生的乙酰辅酶A因低血糖、草酰乙酸含量减少，故不能在肝中进入三羧酸循环被氧化，致使血中酮体过高而引起酮病。

（三）症状

1. 临床型酮病

本病常在产后几天至几周内出现，病牛以消化功能紊乱和精神症状为主。患畜食欲减退，不吃精料，只采食少量粗饲料，或喜食垫草和污物，反刍停止，最终拒食。粪便初期干燥，呈球状，外附黏液，有时排软粪，臭味较大。后多转为腹泻，迅速消瘦。精神沉郁，凝视，步态不稳，伴有轻瘫。有的病牛嗜睡，常处于半昏迷状态。但也有少数病牛狂躁和激动，无目的地吼叫，向前冲撞，空口虚嚼，眼球震颤，颈背部肌肉痉挛。呼出气体、乳汁、尿液有酮味（烂苹果味），加热后更明显。产奶量下降，乳脂含量升高，乳汁易形成气泡，类似初乳状。尿呈浅黄色，易形成泡沫。叩诊肝区浊音区扩大。

2. 亚临床型酮病

仅见酮体升高和低血糖，也有部分血糖在正常范围内，缺乏明显的临床症状；或公牛表现为进行性消瘦；母牛产奶量下降，发情迟缓等，尿酮检查为阳性或弱阳性。

（四）诊断

由于奶牛酮病临床症状很不典型，所以单纯根据临床症状很难做出确切诊断。要全面分析，综合判断。乳酮和尿酮有诊断意义，因此，在确诊时应对病畜做全面了解，同时对血酮、血糖、尿酮及乳酮做定量和定性测定，但奶牛患创伤性网胃炎、皱胃变位、消化不良等疾病时，常导致继发性酮病；产后瘫痪也可并发酮尿症。

因亚临床型酮病诊断较为困难，所以对产后10～30d的母牛应特别注意食欲的好坏和产奶量的变化。确诊需对血、乳和尿中酮体进行检测。综合判定主要考虑以下三点：一是多发于高产母牛；二是在产后10～30d内，40d后少见；三是日粮能量水平不足，进食量不足。

（五）防治

1. 预防

应加强饲养管理，供应平衡日粮，保证母牛在产犊时的健康；防止干奶牛过肥，应限制或降低油饼类等富含脂肪类饲料的进食量，增加优质干草等富含糖和维生素类饲料喂量；适当运动，对妊娠后期和产犊以后的母牛，应适当减少精料喂量，增加生糖物质；定期补糖、补钙。对年老、高产、食欲不振及有酮病病史的牛只，于产前1周开始补50%葡萄糖液和20%葡萄糖酸钙液各500mL，一次静脉注射，每日或隔日1次，共补2～4次。此外，加强临产和产后牛只的健康检查，建立酮体监测制度。产前10d开始测定尿酮和pH，隔1～2d测定1次；产后1d可测尿pH、乳酮，隔1～2d测定1次。凡阳性反应，除加强饲养外，应立即对症治疗。

2. 治疗

对酮病患牛，通过适当针对性治疗都能获得较好的治疗效果而痊愈。已治愈的病牛，如果饲养管理不当，有可能复发。也有极少数病牛，经药物治疗无效，最后被迫淘汰或死亡。对于继发性酮病，应尽早做出确切诊断并对原发病采取有效的治疗措施。

治疗原则为提高血糖浓度，减少脂肪动员，解除酸中毒，调整胃肠功能。常用治疗方法有以下几种。

(1)替代疗法　即葡萄糖疗法，静脉注射50%葡萄糖500～1000mL，对大多数病畜有效。但因一次注射其血糖浓度仅维持2h左右，所以应反复注射，如加5%氯化钙200～300mL可加速治愈。

(2)激素疗法　应用促肾上腺皮质激素ACTH 200～600IU，一次肌肉注射。肾上腺糖皮质激素类可的松1000mg肌肉注射，对本病效果较好，注射后40h内，患牛食欲恢复，2～3d后产奶量显著增加，血糖浓度增高，血酮浓度减少。

(3)其他疗法　对神经性酮病可用水合氯醛内服，首次剂量为30g，随后用7g，每日2次，连服数日。提高碱贮，解除酸中毒，可用25%～50%葡萄糖注射液500～1000mL，地塞米松磷酸钠40mL，5%碳酸氢钠注射液500～1000mL，辅酶A 500IU，混合一次静脉注射，必要时可重复或少量多次。为了促进皮质激素的分泌，可以按每千克体重使用维生素A 500IU，内服；维生素C 2～3g内服。为防止不饱和脂肪酸生成过氧化物，增加肝糖量，可用维生素E 1000～2000mg，一次肌肉注射，或7000mg口服，连服2～3d。为加强前胃消化功能，促进食欲，可灌服人工盐200～250g和酵母粉500g；维生素B 120mL，一次肌肉注射。也可用健胃散250g，一次性内服。

对患酮病的母羊，用10%葡萄糖500mL，维生素C 20mL，维生素B_1 10mL，地塞米松10mL，碳酸氢钠50mL，一次静脉注射，连用3d。

单元二 | 传染病预防

一、口蹄疫

口蹄疫俗称口疮热、蹄癀，是由口蹄疫病毒引起的一种急性、热性、高度接触性偶蹄动物传染病,人也可以感染。其特征是口腔黏膜和嘴、蹄、乳头与乳房的皮肤上形成水疱,甚至糜烂。口蹄疫在许多国家曾大肆流行,因此,世界各国均普遍重视。

(一)病原

口蹄疫病毒(FMDV)属于小核糖核酸病毒科口蹄疫病毒属,为 RNA 病毒。此病毒共分 A、O、C、南非Ⅰ、南非Ⅱ、南非Ⅲ、亚洲Ⅰ7 个主型。每个主型又有许多亚型,目前已发现有 65 个亚型。各主型之间无交互免疫性,同一主型各亚型之间有一定的交叉免疫性。病毒颗粒近似圆形,无囊膜,可在胎牛肾、胎猪肾、乳仓鼠肾原代细胞及其传代细胞中增殖。

口蹄疫病毒对环境的抵抗力很强。在自然情况下,被病毒污染的饲料、饮水、饲草、皮毛及土壤等,在数日乃至数周的时间内仍具有感染性。该病毒在低温和有蛋白质保护的条件下(如冷冻肉内)可以长期存活,甚至在吃剩的含该病毒的猪肉、牛肉饭菜中也能存活且具有致病性。本病毒对酸、碱、高温和阳光中的紫外线敏感。1% ~2% 的氢氧化钠水溶液、30% 的草木灰、1% ~2% 的甲醛、0.2% ~0.5% 的过氧乙酸、4% 的碳酸钠、1% 的络合碘制剂等可在短时间内杀死口蹄疫病毒,但食盐、酚、酒精、氯仿等对本病毒无效。

(二)流行病学

口蹄疫的天然感染对象主要是 70 多种偶蹄动物。家畜以牛、猪最易感,其次是绵羊、山羊和骆驼。大象、猫、家兔、家鼠和刺猬也偶有散发。患病动物和带毒动物是本病主要的传染源。患病动物主要通过呼吸道、破裂水疱、唾液、乳汁、粪尿和精液等途径排放病毒。

患病动物康复后,甚至人工接种弱毒疫苗后,部分动物可长期携带口蹄疫病毒。一般情况下,羊可带毒数月,牛可带毒数年,而且所带病毒可在个体间传播,致使群体带毒时间达 20 年以上。

口蹄疫病毒主要通过接触和气溶胶两种方式传播。健康易感动物可通过与患病动物接触,形成直接接触传染,也可通过与染毒场地、动物产品、饲料、工具及人员等接触,形成间接接触传染。病毒往往沿交通线蔓延或传播,也可跳跃式远距离传播。

本病传播迅速、流行猛烈、发病率高、死亡率低。一年四季均可发生,但主要在秋末至春初寒冷季节多发。该病常呈流行性或大流行性,自然条件下每隔 1 ~2 年或 3 ~5 年流行一次。一般纯种牛较本地或杂种牛更易感染。

(三)临床症状

本病潜伏期一般为 2 ~7d,平均 2 ~4d。病牛体温高达 40 ~41℃,精神不振,食欲减退,反刍停止,饮欲增强。病牛齿龈、舌面、唇内和颊部黏膜有明显的圆形水疱或烂斑。水疱破裂时病牛流出泡沫样口涎,并拉成线条状,采食和咀嚼困难。在口腔发生水疱的同时或稍后,病牛的蹄叉、蹄冠及蹄踵部出现水疱,继之破溃,排出水疱液，有时形成烂斑，破损较深，修复较慢，发生跛行。当病毒侵害乳房时，可见乳头皮肤上有水疱，水疱破溃后留有溃烂面。孕牛往往发生流产或早产。

有些病牛在水疱破溃过程中，因继发细菌感染而死于脓毒血症。也有部分病牛因病情突然恶化，表现为全身衰弱、呼吸和心跳加快、心律不齐等，最后因心肌炎而突然死亡。犊牛发生口蹄疫时，水疱症状不明显，主要表现出血性胃肠炎和心肌麻痹，病死率较高。牛患本病，一般良性经过，病死率很低，通常不超过1% ~3%。一旦病情转为恶性口蹄疫，则可发生心脏麻痹而死亡，病死率可达20% ~50%。

少数病例病毒侵害呼吸道而引起上呼吸道炎症，有的可能会引发肺炎。

(四)病理变化

除口腔和蹄部的病变外，还可在咽喉、气管、支气管、食道和瘤胃黏膜见到圆形的烂斑或溃疡，皱胃和小肠黏膜也有出血性炎症。发生恶性口蹄疫时，因心肌纤维的变性或坏死，可在心肌切面上见到灰白色或淡黄色条纹与正常心肌相伴而行，如同虎皮状花纹，被称为“虎斑心”。组织学检查可见上皮细胞肿胀变圆，核浓缩，白细胞浸润，细胞坏死，上皮细胞下有充血。

(五)诊断

根据流行病学、临床症状和剖检变化可做出初步诊断，但确诊尚需进行实验室诊断。目前，口蹄疫的检测技术主要有病毒分离技术、血清学检测技术和分子生物学技术等。此外，还应注意本病与下列相似疾病之间的区别。

(1)牛传染性水疱性口炎　流行范围小，发病率低，极少发生死亡。马属动物可发病。

(2)牛传染性溃疡性口炎　主要发生于幼牛。病变是在口腔黏膜、鼻镜、鼻孔的上皮细胞发生火山样溃疡，病变周围呈突起而粗糙的棕色斑。无水疱和全身症状。

(3)牛病毒性腹泻—黏膜病　地方性流行，羊、猪感染但不发病。牛见不到明显的水疱，烂斑小而浅表，不如口蹄疫严重，除口腔黏膜充血和出现烂斑外，还表现结膜炎、浆液性鼻炎、严重腹泻以及消化道特别是食道糜烂、溃疡。

(4)牛瘟　传播猛烈，病死率高；口腔黏膜烂斑边缘不整齐呈锯齿状，坏死上皮易撕下，且无蹄部和乳房病变；胃肠炎严重，有剧烈腹泻；皱胃和小肠黏膜有溃疡。一般只感染牛，而口蹄疫能同时感染牛、羊和猪。

(六)防治

目前还没有口蹄疫的有效治疗药物，为了控制本病的发生，主要采取如下措施。

(1)报告疫情。当发生口蹄疫或怀疑为口蹄疫时，应迅速上报有关单位，及时采取病料送有关单位鉴定与定型，并通知友邻单位，组织联防。

(2)按着“早、快、严、小”的原则，坚持采取“封锁、隔离、检疫、消毒和预防注射”等综合性防治措施。明确划定疫点、疫区、受威胁区及安全区的界限，及早做到封死疫点、封锁疫区,加强受威胁区和安全区的防范,严防疫情扩散。

(3)根据定型结果,用同型的口蹄疫疫苗高密度、高质量地开展紧急预防注射,使非疫区尽快形成牢固的免疫带。发生口蹄疫后的地区,每年进行春秋两次预防注射,连续注射3年。

(4)在交通要道设立兽医检疫消毒站,负责过往车辆、人畜、物资的检疫消毒工作,严禁疫区牲畜和畜产品外运。疫区和威胁区设立流动哨,严禁人畜往来。最后一头病畜死亡或痊愈后21d,彻底消毒后,经有关部门批准才可解除封锁。

(5)局部病变可用3%盐水、0.1%高锰酸钾液冲洗;也可涂以蜂蜜、碘甘油,或撒布青黛散或大黄粉。民间多用豆面粉或香豆(胡芦巴)草研末撒布口腔。蹄部溃烂可涂以稀碘酊。

(6)对症治疗。对于继发感染的病畜可配合应用抗生素。而对于心跳特快,节律不齐的病畜可用10%水杨酸钠100mL、40%乌洛托品60mL、5%氯化钙80mL、10%葡萄糖7mL。对有腹泻症状而无水疱型口蹄疫的幼畜,可用黄连10g、黄芩10g、黄柏10g、栀子10g、石榴皮10g、贯仲6g煎汁服,肌注1%硫酸黄连素10mL。病犊牛用10%磺胺嘧啶钠30mL、5%葡萄糖500mL、40%乌洛托品15mL混合静注。羊的对症治疗参照牛的治疗方法,药物用量按体重酌减。

二、布鲁氏菌病

布鲁氏菌病是由布鲁氏菌引起的一种人畜共患性传染病。临床特征是生殖系统受到严重侵害,母畜主要表现为流产、不孕、子宫内膜炎、胎膜炎;公畜则表现为睾丸炎、附睾炎;此外,还可表现为腱鞘炎和关节炎。人也可感染,表现为长期发热、多汗、关节痛、神经痛及肝、脾肿大等症状。本病分布广泛,严重损害人和动物的健康。

(一)病原

布鲁氏菌为革兰阴性短小杆菌或球杆菌,菌体无鞭毛,不形成芽孢,有毒力的菌株可带菲薄的荚膜。布鲁氏菌属分为6个种19个生物型。6个种分别为马耳他布鲁氏菌(羊布鲁氏菌)、流产布鲁氏菌(牛种布鲁氏菌)、猪布鲁氏菌、绵羊布鲁氏菌、沙林鼠布鲁氏菌以及犬布鲁氏菌。目前,我国已分离到15个生物型。因各个种及其生物型的毒力有所差异,故致病力也不相同。临床上以羊、牛、猪三种布鲁氏菌的意义最大,其中羊布鲁氏菌的致病力最强。

布鲁氏菌在自然环境中活力较强,在患病动物的分泌物、排泄物及病死动物的脏器中能生存数月。但对热敏感,一般在直射阳光作用下0.5~4h死亡,70℃条件下10min死亡;对常用化学消毒剂较敏感,用2%~3%克辽林、3%有效氯的漂白粉溶液、1%来苏儿、2%甲醛或5%生石灰乳等进行消毒均有效。本菌对四环素最敏感,其次是链霉素和土霉素,但对杆菌肽、多黏菌素B和M及林可霉素有很强的抵抗力。

(二)流行病学

本病流行于世界各地,牛、羊、猪最易感。目前已知有60多种驯养动物、野生动物是布鲁氏菌的宿主,其中羊布鲁氏菌对绵羊、山羊、牛、鹿和人的致病性较强,牛布鲁氏菌对牛、水牛、牦牛以及马和人的致病力较强,猪布鲁氏菌对猪、野兔、人等的致病力较强。

病畜和带菌动物是本病的主要传染源(包括人和野生动物)。特别是受感染的妊娠母畜,可从乳汁、粪便和尿液、流产胎儿、胎水和胎衣及阴道分泌物等排出病原菌,污染草场、畜舍、饮水、饲料及排水沟等。若公畜睾丸炎精囊中带菌,可随交配或人工授精感染母畜。

本病主要是经消化道感染,其次也可经过阴道、皮肤、结膜、自然配种和呼吸道等而侵入机体感染。吸血昆虫也可传播本病。

本病呈地方性流行,一年四季均可发生,无明显季节性,但以产仔季节为多。新疫区牛群可呈爆发式的流行;老疫区的牛群一般较少发生大批流行或流产,但关节炎、子宫内膜炎、胎衣不下、屡配不孕、睾丸炎等现象逐渐增多。

(三)临床症状

1. 牛

潜伏期长短不一,通常由病原菌毒力、感染剂量及感染时母牛的妊娠阶段而定,一般为14~120d。患牛多为隐性感染。妊娠母牛的流产多发生于妊娠后6~8个月,产出死胎或软弱胎儿。流产前阴道黏膜潮红肿胀,有粟粒大的红色结节,阴唇和乳房肿大,荐部和肋部下陷,乳汁呈初乳性质,不久即发生流产。流产后常伴有胎衣滞留和子宫内膜炎,阴道排出污灰色或棕红色恶臭分泌物,持续1~2周后消失,或因慢性子宫内膜炎而造成不孕。通常只发生1次流产,第2胎多为正常。有的病牛还可发生关节炎、淋巴结炎和滑液囊炎,患病公牛常发生睾丸炎和附睾炎,睾丸肿大,触之疼痛。

2. 羊

主要表现为流产,多发于妊娠后3~4个月。流产前症状一般不明显。部分病羊可在流产前2~3d表现精神沉郁,食欲减退,口渴,体温升高,喜卧,阴道流出黄色黏液性或带血的分泌物;有的还出现乳房、关节炎、滑膜炎及支气管炎。公羊感染后常见睾丸炎、附睾炎及多发性关节炎。

(四)病理变化

牛、羊的病变基本相同,主要是子宫内部的变化。子宫绒毛膜间隙中有灰色或黄色无气味的胶冻样渗出物,绒毛膜有坏死灶,表面覆有黄色坏死物。胎膜水肿肥厚,表面覆有纤维素絮状物和脓液。胎儿皮下呈浆液性或出血性浸润,全身浆膜和黏膜有出血斑点,脾和淋巴结肿大,胸腔积液并含有纤维素块,肺有支气管肺炎,胎儿皱胃内有淡黄色或白色黏液及纤维素样絮状物。公牛可发生化脓性、坏死性睾丸炎和附睾炎,睾丸显著肿大,被膜与外层的浆膜相粘连,切面具有坏死灶或化脓灶。慢性病例除实质萎缩外，还可见到淋巴细胞浸润，阴茎红肿，黏膜上出现小而硬的结节。

（五）诊断

依据流行病学、临床症状（如流产、胎盘滞留、关节炎或睾丸炎）可疑为本病。确诊可通过细菌学、生物学、血清学等实验室检测手段。

1. 细菌学检查

通常取流产胎儿、胎盘、阴道分泌物或乳汁等作为病料，直接镜检或同时接种于含 10% 马血清的马丁琼脂斜面，如病料有污染可以用选择性培养基。

2. 血清学试验

血清学试验既可做出迅速诊断，又可帮助分析患病动物机体的病情动态。布鲁氏菌病诊断常用的免疫学方法包括缓冲布鲁氏菌抗原凝集试验、补体结合试验、间接 ELISA 和布鲁氏菌皮肤变态反应等。由于布鲁氏菌进入动物机体后可不断刺激机体，先后产生凝集性抗体、调理素、补体结合抗体和沉淀抗体等，因此检查血清抗体对分析和诊断病情具有重要意义。凝集试验（包括试管凝集试验、虎红平板凝集试验、平板凝集试验、全乳环状试验）和补体结合试验二者可以结合应用，以互相补充。动物感染布鲁氏菌后 5 ~ 7d，血液中即可出现凝集素并在流产后 7 ~ 15d 达最高峰，经一定时期逐渐下降。血清中补体结合抗体的出现晚于凝集素，一般出现于感染后的 2 周左右，但持续时间长；通常凝集试验滴度降至疑似或阴性时，补体结合反应仍为阳性。

（六）防治

本病治疗效果不佳，因此对病畜一般不作治疗，直接屠宰淘汰。预防和消灭本病的有效措施是检疫、隔离、控制传染源、切断传播途径、培养健康畜群及免疫接种。

1. 未感染畜群

应通过严格的动物检疫制度阻止带菌动物引入，一经发现病畜，立即淘汰；并且坚持自繁自养制度，必须引种或扩群时，需隔离饲养 2 个月，同时进行布氏杆菌病的检测，全群两次检测阴性者，方可与原有畜群接触；不从疫区引进可能被病菌污染的饲草、饲料和动物产品；尽量减少动物群的移动，防止误入疫区。

2. 发病畜群

（1）定期检疫　每年至少 2 次，凡在疫区接种过菌苗的动物应在免疫后 12 ~ 36 个月时检疫。

（2）隔离和淘汰病畜。

（3）严格消毒制度　对病畜污染过的圈舍、运动场、饲槽等都要进行严格消毒；乳汁煮沸消毒；粪便发酵处理。

（4）培育健康幼畜　可由犊牛着手，并可与培养无结核病牛群结合进行。先将初生犊牛立刻隔离，用母牛初乳人工饲喂 5 ~ 10d，然后用健康牛乳或巴氏灭菌牛乳饲喂，第 5 和第 9 个月各进行 1 次抗体检测，全部阴性时即可认为健康犊牛。

(5)定期预防注射　菌苗接种是控制布鲁氏菌病的有效措施。目前活疫苗有牛布鲁氏菌 19 号、猪布鲁氏菌 S2 菌苗、羊布鲁氏菌 M5 菌苗、灭活苗有牛布鲁氏菌 45/20 和羊布鲁氏菌 53H38 菌苗。牛布鲁氏菌苗 19 号是一株减弱的布鲁氏菌菌株，对牛免疫效果好，犊牛生后 6 个月左右接种 1 次，免疫期可达数年之久。

三、结核病

结核病是由结核分枝杆菌引起的人畜共患的慢性传染病。病理特征是多种组织器官中形成结核性结节、肉芽肿、干酪样坏死和钙化结节等病变。临床特征表现为贫血、渐进性消瘦、咳嗽、体虚无力。该病曾广泛流行于世界各国，以奶牛业发达国家最为严重，同时也给养牛业造成了巨大的经济损失。

(一)病原

病原为分枝杆菌属的一群细菌。结核分枝杆菌分 3 个型，即牛型、人型和禽型，其中以牛型的致病力最强，常能引起各种家畜的全身性结核，且三者有交叉感染现象。结核杆菌是一种纤细、平直或稍弯曲的杆菌，常呈单独或平行排列，多为棍棒状，间有分枝。无芽孢、荚膜，不能运动，为严格需氧菌的革兰染色阳性菌。用可鉴别分枝杆菌的 Ziehl－Neelsen 二氏抗酸染色法染成红色。

由于结核分枝杆菌细胞壁中含丰富的蜡脂类，因此对外界环境的抵抗力较强。在干燥的痰内可存活 10 个月，粪便、土壤中可存活 6～7 个月，常水中可存活 5 个月，奶中可存活 90d，在阳光直射下 2h 仍可存活。对热的抵抗力不强，60～70℃经 10～15min，或在 100℃水中立即死亡。对 4% 氢氧化钠和 4% 硫酸有相对的耐受性，对低浓度的结晶紫和孔雀绿等染料也有抵抗力。5% 来苏儿 48h、5% 甲醛溶液 12h 可杀死本菌。对紫外线敏感。在 70% 的酒精、10% 漂白粉中很快死亡。碘化物消毒效果最佳，但对无机酸、有机酸、碱类和季铵盐具有抵抗力。

对一般抗生素和磺胺类药物均不敏感，但对链霉素、异烟肼、对氨基水杨酸和环丝氨酸等药物敏感。白芨、百部、黄芩等中草药对结核分枝杆菌有一定程度的抑制作用。

(二)流行病学

本病可侵害多种动物，据报道约有 50 种哺乳动物、25 种禽类可感染该病。动物中以奶牛最易感，次为黄牛、牦牛、水牛、猪和家禽，而羊较少发病。罕见于单蹄动物。野生动物猴、鹿较常见，狮、豹等也可发生。不同型分枝杆菌有不同的宿主范围。人型主要侵害人、猿、猴等，少见于牛、猪，最敏感的试验动物是豚鼠，家兔的感受性较差；牛型主要侵害牛，也可感染人、绵羊、山羊、猪及犬，最敏感的试验动物是兔，豚鼠次之；禽型主要侵害家禽和水禽，其中鸡和鸽最易感染，鹅和鸭次之，牛、猪和人也可感染，试验动物以家兔最敏感，豚鼠感受性较低。

本病主要通过呼吸道和消化道感染，也可通过交配感染。饲草、饲料被污染后通过消化道感染也是一个重要的途径。犊牛的感染主要是吮吸带菌乳而引起。

本病无明显的季节性和地区性，多为散发。饲养管理不良、使役过重、牛舍过于拥挤、通风不良、潮湿、阳光不足，是造成本病扩散的重要因素。

（三）临床症状

潜伏期长短不一，短者一般为十几天，长者可达数月或数年。通常为慢性经过，初期症状不明显，随病程逐渐延长，则症状逐渐显露。由于患病器官不同，症状也不一致。牛结核病常表现为肺结核、乳房结核、淋巴结核，有时可见肠结核、生殖器结核、脑结核、浆膜结核及全身性结核。

1. 肺结核

病初临床症状不明显，偶尔有轻度的体温升高、机体不适，易疲劳或轻度咳嗽，特别是在起立运动或驱赶至户外呼吸冷空气时易发生咳嗽。随着病情的发展，咳嗽逐渐加重、频繁，并有黏液性鼻汁流出，呼吸次数增加，严重时发生气喘。胸部听诊常有啰音和摩擦音，叩诊有浊音区。患病牛日渐消瘦、贫血。体表淋巴结肿大，有硬结而无热痛。当纵膈淋巴结肿大压迫食道时，病牛有慢性胀气症状。病势恶化时可见病牛体温升高（达40℃以上），呈弛张热或稽留热，呼吸更加困难，常因心力衰竭而死亡。

2. 肠结核

多见于犊牛，表现为消化不良，食欲不振，顽固性下痢，迅速消瘦。

3. 淋巴结核

可见于结核病的各个病型，淋巴结肿大，无热痛，常见于肩前、股前、腹股沟、颌下、咽及颈淋巴结等。

4. 生殖器官结核

可表现出性功能紊乱，发情频繁、性欲亢进，但屡配不孕，妊娠牛易流产。公畜精液品质下降，附睾及睾丸肿大，阴茎前部发生结节、糜烂等。

5. 乳房结核

乳房上淋巴结肿大，乳房有局限性或弥散性硬结，无热无痛。泌乳量逐渐下降，乳汁初期无明显变化，严重时乳汁常变得稀薄如水，甚至泌乳停止。由于肿块形成和乳腺萎缩，两侧乳房变得不对称，乳头变形、位置异常。

6. 脑与脑膜结核

病牛常表现神经症状，如癫痫样发作或运动障碍等。

（四）病理变化

结核病变随各种动物机体的反应性而不同，可分为增生性和渗出性结核两种，或者两种病灶同时混合存在。常见于肺、肺门淋巴结、纵膈淋巴结，肠系膜淋巴结的表面或切面常有很多突起的白色或黄色结节，切开后有干酪样的坏死，有的见有钙化，刀切时有砂砾感。有时肺内的坏死组织溶解和软化，排出后形成肺空洞。胸腔或腹腔浆膜可发生密集的结核结节，质地坚硬，粟粒大至豌豆大，呈灰白色的半透明或不透明状,即所谓"珍珠病"。胃肠黏膜可能有大小不等的结核结节或溃疡。乳房结核多发生于进行性病例,是由血行蔓延到乳房而发生。切开乳房可见大小不等的病灶,内含干酪样物质。

(五)诊断

根据不明原因的逐渐消瘦、咳嗽、肺部异常、慢性乳腺炎、顽固性下痢、体表淋巴结慢性肿胀等症状,可怀疑为本病并做出初步诊断。确诊最好用结核菌素变态反应试验,也是目前国际上通用并推荐的诊断方法。但由于动物个体不同、结核杆菌菌型不同等原因,结核菌素变态反应试验尚不能检出全部结核病动物,可能会出现非特异性反应,因此必须结合流行病学、临床症状、病理变化和微生物学等检查方法进行综合判断,才能作出可靠、准确的诊断。

(六)防治

该病的综合性防疫措施通常包括:加强引进动物的检疫,防止引进带菌动物;净化污染群,培育健康动物群;加强饲养管理和环境消毒,增强动物的抗病能力、消灭环境中存在的病原体等。

(1)引进动物时,应进行严格的隔离检疫,经结核菌素变态反应确认为阴性时方可解除隔离、混群饲养。

(2)每年对牛群进行反复多次的普检,淘汰变态反应阳性病牛,尤其是奶牛。通常牛群每隔 3 个月进行 1 次检疫,连续 3 次检疫均为阴性反应者为健康牛群。检出的阳性牛应及时淘汰,其所在的牛群应定期、经常地进行检疫和临床检查,必要时进行细菌学检查,以发现可能被感染的病牛。

(3)每年定期进行 2 ~4 次的环境彻底消毒,发现阳性病牛时应及时进行 1 次临时的大消毒。常用的消毒药为 20% 石灰水或 20% 漂白粉悬液。

(4)患结核病的动物应及时淘汰处理,不提倡治疗。可用卡介苗预防结核病,1 月龄犊牛胸垂皮下注射卡介苗 50 ~100mL,以后每年接种 1 次。但由于注射卡介苗以后可导致终生变态反应阳性,影响检疫和牲畜的交易,一般不主张用此方法进行预防。

四、副结核病

副结核病也称副结核性肠炎,是由副结核分枝杆菌所引起的牛的一种慢性传染病。其临床是以顽固性腹泻、渐进性消瘦、低蛋白血症和贫血为特征,病理变化以慢性增生性肠炎为特征。

我国早在 1953 年就发现了本病。1973 年以后,吉林农业大学、中国兽药监察所等对本病进行了专门研究,现已确定内蒙古、西北、西南、华北、北京、天津等地都有本病存在。

(一)病原

副结核分枝杆菌为分枝杆菌属、革兰染色阳性小杆菌,具有抗酸染色特点,细胞内寄生，对热和消毒药品的抵抗力较强。在蒸馏水中保持活力270d，尿中7d，粪便中246d，在厩肥和泥土中11个月仍有活力，在牛乳和甘油盐水中可保持10个月。在干燥状况下生存47d，-14℃冻结保存1年以上。10%～20%漂白粉液、5%甲醛、5%来苏儿、3%～5%石炭酸等10min将其致死；对4%的盐酸和4%氢氧化钠有一定的抵抗力。

（二）流行病学

副结核分枝杆菌主要引起奶牛发病，尤其是幼牛最易感染，此外，成年绵羊也可发生本病。本病的传播途径主要是采食了被污染的饲料、饮水，经消化道感染。一部分病例病菌还可随乳汁和尿排出体外，部分母畜还可通过子宫感染而传染给胎儿。

本病的传播比较缓慢，在感染初期不出现任何症状，经过6个月到数年的潜伏期后，由于不良因素的刺激，在机体抵抗力降低的情况下才发病。表面上似乎呈现散发，实际上是一种地方流行性疾病。本病虽也发生于公牛，但一般多发于2～6岁的高产奶牛，老牛很少发生。

（三）临床症状

潜伏期长短不一，可由数月至数年。感染初期一般见不到任何症状，多在分娩后数周内突然出现症状，找不到特定的病因。早期症状为间断性腹泻，以后变为经常性、顽固性稀便，排泄物稀薄、恶臭，带有气泡、黏液和血凝块。食欲起初正常，精神也很好，以后食欲有所减退，逐渐消瘦，眼窝下陷，经常躺卧，泌乳量逐渐减少，最后全停，皮肤粗糙，被毛粗乱，下颌及垂皮可见水肿，体温常无变化。腹泻有时可暂停，排泄物恢复正常，体重有所增加，然后再腹泻，喂给青绿多汁饲料可加剧腹泻症状。如腹泻不止，经3～4个月可因衰竭而死亡。染疫牛群年死亡率可达10%。

成年绵羊与牛的症状相似。

（四）病理变化

病畜消瘦，主要病变在消化道和肠系膜淋巴结，消化道损害常限于空肠、回肠和结肠的前段，特别是回肠，肠壁增厚。肠系膜淋巴管呈索状肿大，浆膜、肠系膜水肿，肠黏膜增厚3～20倍，并发生硬而弯曲的“似脑回样”皱褶，肠黏膜面覆有大量灰黄色或黄白色不易洗去的黏稠似面糊状的黏液，皱褶突起处常呈充血状。肠系膜淋巴结肿大变软，切面湿润，上有黄白色病灶，但未见结节、脓肿、干酪化病灶或钙化病灶等，这是与结核病不同之处。有的严重病例由第四胃到肛门，均可出现病变，但实质脏器未见异常病变。

（五）诊断

根据临床症状和病理变化（如长期持续腹泻，极度消瘦及剖检时肠管的脑回样和所属淋巴结肿大的特征变化），一般可初步诊断，但确诊需要做病原学和免疫学诊断。

（六）防治

病畜往往在感染后期才出现症状，因此用药治疗无意义。目前，对本病尚无有效的免疫菌苗可以用于牛、羊。预防本病在于加强饲养管理,特别对幼年牛更要注意给以足够的营养,以增强其抵抗力,不要从疫区引进牛、羊,如已引进则必须进行检查确认健康时方可混群。

对曾有过本病的假定健康畜群,在随时做好观察、定期进行临床检查的基础上,对所有牛、羊应每年隔3个月做一次变态反应检查,变态反应阴性方可调出,连续3次检查不出现阳性的牛、羊,可视为健康动物,对变态反应阳性和临床症状明显的病畜应隔离并分批扑杀。

被污染的圈舍、栏杆、饲槽、用具、绳索、运动场要用生石灰、来苏儿、氢氧化钠、漂白粉、苯酚等消毒液进行喷雾、浸泡或冲洗。粪便应堆积高温发酵后作肥料。

单元三 | 繁殖疾病防治

一、胎衣不下

胎衣不下是指母畜分娩后不能在正常时间内将胎膜完全排出。胎衣排出时间,牛需2~8h,长者可达12h;绵羊为0.5~4h;山羊为0.5~2h。

(一)病因

主要原因是母畜产后子宫收缩无力和妊娠期间胎盘发生炎症造成粘连,使胎衣无法产下。此外也与胎盘构造(绒毛膜型胎盘)及应激反应有关。

(二)症状与诊断

胎衣不下有全部不下和部分不下两种。

1. 胎衣全部不下

胎衣全部不下是指胎儿胎盘大部分与子宫黏膜连接,仅见小部分吊于阴门外。悬垂于阴门外的胎膜表面有大小不等的稍突起的朱红色的胎儿胎盘,如果1~2d胎衣仍不下时,就会腐败分解发出特殊的腐败臭味,并有红褐色的恶臭黏液和胎衣碎块从子宫排出,且牛卧下时排出量显著增多,子宫颈口不完全闭锁。可发生急性子宫内膜炎,有的甚至出现全身症状。初期仅见拱背、举尾及努责。当腐败产物被吸收后,可见体温升高、脉搏增数、反刍及食欲减退或停止、前胃弛缓、腹泻、泌乳减少或停止等。

2. 胎衣部分不下

胎衣部分不下是指胎儿胎盘大部分已排出,只残留一小部分或个别胎儿胎盘(指多胎)仍存留于子宫内。胎衣不下常伴发子宫炎和子宫颈延迟封闭,恶露排出时间的延长和有臭味,且其腐败分解产物可被机体吸收而引起全身性反应。

(三)防治

1. 预防

(1)加强饲养管理,增加母畜的运动,注意日粮中钙、磷、维生素A及维生素D

的补充,做好布鲁氏菌病、沙门氏菌病和结核病等的防治工作。

(2)分娩后让母畜舔干仔畜身上的黏液;尽可能灌服些羊水;让仔畜尽早吮吸乳汁或挤奶喂食,以促进子宫收缩。

(3)分娩时保持环境的卫生和安静,以防止和减少胎衣不下的发生。

2. 治疗

(1)药物疗法

①神经垂体素注射液或催产素注射液50万~100万IU,皮下或肌肉注射。或用马来酸麦角新碱注射液5~15mg,肌肉注射。

②己烯雌酚注射液,牛10~30mg,肌肉注射,每日或隔日一次。

③10%氯化钠溶液300~500mL静脉注射,或3000~5000mL子宫内灌注,具有良好的疗效。为预防胎衣腐败及子宫感染,可向子宫内注入抗生素(土霉素、氯霉素、四环素等均可)1~3g,隔日一次,连用1~3次。

④胃蛋白酶20g、稀盐酸15mL、水300mL,混合后子宫灌注,以促进胎衣的自溶分离。

(2)手术剥离　手术剥离是用手指将胎儿胎盘与母体胎盘分离的一种方法。剥离前先将病畜保定,灌肠排粪,裹尾,消毒阴门及其周围。剥离时,以既不残存胎儿胎盘又不损伤母体胎盘为原则。术后应向子宫送入适量抗菌防腐药。

牛的胎衣手术剥离宜在产后10~36h进行。过早剥离因母子胎盘结合紧密,不仅造成母畜疼痛而强烈努责,而且易于损伤子宫,造成较多出血;过迟剥离因胎衣分解,胎儿胎盘的绒毛断离在母体胎盘小窦中,不仅造成残留,而且易于继发子宫内膜炎。剥离时,术者一只手握住阴门外的胎衣并稍牵拉,另一只手伸入子宫内,沿子宫壁或胎膜找到子叶基部,向胎盘滑动,以无名指、小指和掌心夹住胎儿胎盘周围的绒毛膜成束状,并以拇指辅助固定子叶;然后以食指及中指先剥离子宫体部胎盘,待剥离半周以上后,食、中两指缠绕该胎盘周围的绒毛膜,以扭转的形式将绒毛从小窦中拔出。若母子胎盘结合不牢或胎盘很小时,可不经剥离,以扭转的方式使其脱离。子宫角尖端的胎盘,手难以达到,可握住胎衣,随患畜努责的节律轻轻牵拉,借子宫角的反射性收缩而上升后,再行剥离,剥离胎衣必须彻底,不可遗留胎衣残片在子宫内。

为了防止子宫感染或胎衣腐败而引起子宫炎及败血症,在手术剥离之后,应放置或灌注抗菌防腐药,如四环素、金霉素,也可用土霉索、雷佛奴尔等;或用下列合剂:①磺胺噻唑10g,磺胺增效剂1g,呋喃西林1g,混合后装入胶囊放入子宫。②尿素1g,磺胺增效剂1g,磺胺噻唑10g,呋喃西林1g,混合后装入胶囊放入子宫。

二、子宫内膜炎

子宫内膜炎是指子宫黏膜的炎症,是一种常见的母畜生殖器官疾病,也是导致母畜不育的重要原因之一。

(一)病因

流产、分娩、配种、助产、剥离胎衣、子宫脱出等过程中消毒不严、动作粗暴以及产道损伤后细菌侵入等引起;阴道内存在的某些条件性病原菌,在机体抗病力降低时,也可发生本病。此外,卫生不良、应激及某些特异性病原微生物,如结核杆菌、布氏杆菌、沙门氏菌等均可引发此病。

(二)症状

1. 隐性子宫内膜炎

无明显症状,性周期、发情和排卵均正常,但屡配不孕,或配种受孕后发生流产,发情时从阴道中流出较多的混浊或混有很小脓片的黏液。

2. 急性子宫内膜炎

多于产后 5 ~ 8d 发病。病畜体温略有升高,食欲减退,精神沉郁、反刍无力、逐渐消瘦等,全身症状轻微,主要表现为泌乳量下降、拱背努责,从阴道内排出大量炎性分泌物,分泌的性质从浆液性、黏液性、化脓性至坏死性,颜色由污红色至棕黄色等,腥臭,含絮状物或胎衣碎片。阴道检查可见宫颈外口充血、肿胀;直肠检查可见子宫角变粗下沉。若有渗出液积聚时,压之有波动感,本病往往并发卵巢囊肿。

3. 慢性脓性子宫内膜炎

经常从阴门排出少量稀薄、污白色或混有脓液的分泌物,特别是在发情时排出较多,阴道和子宫颈黏膜充血,性周期紊乱或不发情;直肠检查可发现子宫壁增厚,宫缩反应微弱或消失。

(三)防治

1. 预防

加强饲养管理,做好传染病的防治工作。

(1)在人工授精及阴道检查时,注意消毒、操作宜轻。

(2)在临产前和产后,对产房、母畜的阴门及其周围进行消毒,以保持清洁卫生。

(3)对正常分娩或难产时的助产,以及胎衣不下的治疗,要及时、正确,以防损伤和感染。

2. 防治

常用方法如下。

(1)子宫冲洗　选用 0.1% 复方碘溶液、0.1% ~ 0.3% 高锰酸钾溶液、0.1% ~ 0.2% 雷佛奴尔溶液、1% ~ 2% 碳酸氢钠溶液,每日或隔日冲洗子宫,至冲洗液变清为止。隐性子宫内膜炎时,可用糖 - 碳酸氢钠 - 盐溶液(葡萄糖 90g,碳酸氢钠 32g,氯化钠 18g,蒸馏水 1000mL)500mL 冲洗子宫。但对纤维蛋白性子宫内膜炎,应禁止冲洗子宫,以防炎症扩散。为了消除子宫内渗出物,可用药物促使子宫收缩,并向子宫腔内投入土霉素胶囊。

(2)子宫灌注抗生素　可采用下列药物中的一种:土霉素粉 2g;四环素粉 2g;

金霉素 1g,青霉素 80 万 ~ 100 万 IU;青霉素 100 万 IU 和链霉素 0.5 ~ 1g,溶于蒸馏水 100 ~ 200mL,一次注入子宫。每日或隔日一次,直至排出的分泌物量变少而洁净清亮为止。对于隐性子宫内膜炎,在配种前 2h,向子宫内注入用青霉素 160 万 IU、链霉素 100 万 IU、生理盐水 50mL 或青霉素、红霉素、垂体后叶素的混悬液 50mL;在配种后 2h,再灌注一次青霉素 320 万 IU、链霉素 200 万 IU、生理盐水 50mL,可提高受胎率。

为临床应用方便,子宫冲洗和子宫灌注抗生素可同步进行,也可用土霉素或庆大霉素 80 万 IU 或丁胺卡那霉素 3g,生理盐水 500 ~ 1000mL。

(3)应用子宫收缩剂　为增强子宫收缩力,促进渗出物的排出,可给予己烯雌酚、垂体后叶素、氨甲酰胆碱、麦角制剂等。

三、卵巢囊肿

卵巢囊肿是指在卵巢上形成囊性肿物,数量为 1 个到数个,其直径为 1cm 至几厘米,卵巢囊肿包括卵泡囊肿和黄体囊肿两种。

卵泡囊肿为卵泡上皮细胞变性、卵泡壁增生变厚、卵细胞死亡,致使卵泡发育中断,而卵泡液未被吸收或增生所形成。呈单个或多个存在于一侧或两侧卵巢上,壁较薄。黄体囊肿是由于未排卵的卵泡壁上皮黄体化而形成,或排卵后黄体化不足,黄体的中心出现充满液体的腔体而形成(囊肿黄体)。一般为单个,存在于一侧卵巢上,壁较厚。

奶牛的卵巢囊肿多发生于第 4 ~ 5 胎产奶量最高期间,而且以卵泡囊肿居多,黄体化囊肿只占 25% 左右。肉牛发病率较低。

(一)病因

引起卵巢囊肿的原因目前尚不完全清楚。但下列因素可能诱发卵巢囊肿:饲料中缺乏维生素 A 或富含雌激素;饲喂精料过多且缺乏运动,尤以泌乳盛期高产牛多发;激素制剂应用不当、剂量过多,可诱发囊肿;子宫内膜炎、胎衣不下及其卵巢疾病引起卵巢炎,使排卵受到影响;卵泡发育过程中气候等环境因素突变,牛发生应激反应引起排卵障碍。此外,本病的发生也与遗传有关。

(二)症状

牛卵巢囊肿常发生于产后 60d 以内,以 15 ~ 40d 为多见,也有在产后 120d 发生的情况。卵泡囊肿多在牛的 4 ~ 6 胎发生,患牛表现无规律的频繁发情或持续发情,发情周期变短,发情期延长,发展到严重阶段,持续表现强烈的发情行为而成为慕雄狂,性欲亢进,喜爬跨或被爬跨;严重时,性情粗野好斗,经常发出犹如公牛般的吼叫,对外界刺激敏感;外阴部充血、肿胀;触诊呈面团感;阴道经常流出大量透明黏稠分泌物,但无牵缕状。

直肠检查时,发现单侧或双侧卵巢体积增大,有 1 个或数个囊壁紧张而有波动的囊泡,直径通常在 2 ~ 5cm,表面光滑,无排卵突起或痕迹,囊泡壁薄厚不均,触压无痛感,有弹性,坚韧,不易破裂。子宫肥厚,松弛下垂,收缩迟缓。如伴发子宫积液,触之则有波动感。

黄体囊肿时主要表现为母牛不发情。牛黄体囊肿多为1个,大小与卵泡囊肿相似,但壁厚而软,存在时间长,多超过一个发情周期,母牛仍不发情,可确诊。

(三)诊断

通过了解母畜繁殖史,配合临床检查,如果发现有慕雄狂的病史、发情周期短或不规则及乏情,即可怀疑此病。

直肠检查发现卵巢体积增大,有1个或数个从表面突起、囊壁紧张而有波动;表面光滑,触压有弹性、坚韧、不易破裂的囊泡时即可确诊。

(四)防治

1. 预防

改善饲养管理条件,喂给全价并富含维生素A及维生素E的饲料,防止精料过多。适当运动,减少或避免应激反应发生,合理使役,防止过劳和运动不足。对正常发情的母畜,要适时配种或授精,对其他生殖器官疾病,应及早合理地治疗。

2. 治疗

病畜越早治疗预后效果越好。单侧囊肿一般都能治愈,两侧囊肿,尤其是发病时间长、囊肿数目多时,治疗效果不佳。

(1)激素疗法 肌肉注射绒毛膜促性腺激素(HCG)1万~2万IU。一般在用药后1~3d,外表症状逐渐消失,9d后进行直肠检查,可见卵巢上的囊肿卵泡破裂或被吸收,且无黄体生长。只要有效即应观察一个时期,不可急于用药,以防产生持久黄体。若用药无效,可二次用药,剂量酌情加大,同时配合应用地塞米松10~20mg,肌肉或静脉注射,效果比较理想。对于黄体囊肿,除应用上述激素外,用前列腺素或其类似物(氯前列烯醇等)治疗也可取得较好疗效。

(2)碘化钾疗法 碘化钾粉末3~9g或1%水溶液,内服或拌入料中饲喂,每日一次,7d为一疗程,间隔5d,连用2~3个疗程。

(3)挤破囊肿 直肠检查时,依据情况可捏破囊肿,也可达到治愈目的。具体方法是中指及食指夹住卵巢系膜并固定卵巢,拇指逐渐向食指方向挤压,挤破后持续压迫5min以达到止血的目的。

(4)中药疗法 以行气活血、破血去瘀为主。可用肉桂20g、桂枝25g、莪术30g、三棱30g、藿香30g、香附子40g、益智仁25g、甘草15g、二皮各30g,研末服用。

四、持久黄体

持久黄体也称永久黄体或黄体滞留,是指家畜在分娩后或性周期排卵后,妊娠黄体或发情周期黄体超过正常时限而仍继续保持功能。

从组织构造和对机体的生理作用而言,性周期黄体、妊娠黄体无区别,均可以分泌黄体酮,抑制卵泡发育,使发情周期停止循环,引起不育。此病多数继发于某些子宫疾病，原发性的持久黄体比较少见。

(一)病因

饲养管理不当，日粮配合不平衡，特别是矿物质、维生素 A、维生素 E 缺乏，运动不足、冬季厩舍寒冷且饲料不足以及矿物质代谢障碍等，都会引起卵巢功能减退；高产奶牛由于消耗过大，以致卵巢营养不足；子宫疾病，如子宫炎、子宫积脓及积水、胎儿死亡未被排出、产后子宫复旧不全、部分胎衣滞留及子宫肿瘤等，都会使黄体不能按时消退，而成为持久黄体。

(二)症状

母牛发情周期停止，长期不发情，直肠检查时可触到一侧或两侧卵巢增大，黄体质地比卵巢实质稍硬。如果超过了应发情的时间而不发情，需间隔 5 ~ 7 d 进行一次直肠检查。经 2 ~ 3 次检查，黄体的位置、大小、形状及硬度均无变化，即可确诊为持久黄体。但是，为了与妊娠黄体加以区别，必须仔细检查奶牛子宫。

(三)诊断

依据母牛性周期停滞、长期不发情等症状，结合直肠检查进行确诊。

(四)防治

1. 预防

加强产后母牛的饲养，尽快消除能量负平衡。对产后母牛要加强护理，饲料品质要好，并供应充足的优质青干草，以促进食欲，提高机体采食量。严禁为追求产奶量而过度增加精料。加强对产后母牛健康检查，发现疾病应及时治疗。

2. 治疗

应消除病因，促使黄体自行消退，根据具体情况改进饲养管理。如伴有子宫疾病，应及时治疗。常用的方法有以下几种。

(1)药物治疗　可用前列腺素 $F_{2\alpha}$ 30mg，一次肌肉注射；甲基前列腺素 $F_{2\alpha}$ 5 ~ 6mg，一次肌肉注射；也可应用氟前列烯醇或氯前列烯醇 0.5 ~ 1mg，肌肉注射，注射 1 次后，一般在一周内即可奏效，如无效，可间隔 7 ~ 10d 重复一次。目前，国内常用的前列腺素类似物为 15 - 甲基前列腺素 $F_{2\alpha}$，一次肌肉注射 2 ~ 5mg。此外，还要用垂体促性腺激素、孕马血清促性腺激素、雌二醇、催产素等。

(2)卵巢按摩法　用手隔直肠按摩卵巢，使其充血，每日一次，每次 5min，连续 2 ~ 3 次。

(3)氦氖激光照射交巢穴　距离 50 ~ 60cm，每日一次，每次照射 8min，7 日为 1 个疗程，对治疗持久黄体有较好疗效。

(4)黄体穿刺或挤破法　手伸入直肠内，握住卵巢，使卵巢固定于大拇指与其余四指之间，轻轻挤破黄体。

(5)子宫治疗　如伴发子宫炎，应肌肉注射雌二醇 4 ~ 10mg，促使子宫颈开张，再用庆大霉素 80 万 IU 或土霉素 2g 或金霉素 1 ~ 1.5g，溶于蒸馏水 500mL，一次注入子宫，每日或隔日一次，直至阴道分泌物清亮为止。

单元四 | 其他常发疾病防治

一、乳房炎

乳房炎是乳腺发生的各种不同性质的炎症，是奶牛泌乳期多发的一种乳房疾病。其特点主要是乳汁发生理化性质（颜色改变、乳汁中有凝块）及细菌学变化。

（一）病因

病原微生物感染是引起本病的主要原因。主要的病原菌有链球菌、葡萄球菌、化脓棒状杆菌、大肠杆菌等。其中，以链球菌最常见，是引起乳房炎最普遍的病原菌之一，占乳房炎的绝大多数。此外，其他细菌、病毒、真菌、物理性刺激和化学因素，都可引起乳房炎。而遭受感染的重要因素，主要是管理不当，如挤奶方法不当、褥草污染、挤奶不卫生、病健牛不分别挤奶等，均可成为感染条件。另外，患子宫内膜炎、生殖器官疾病、产后败血症、布氏杆菌病、结核、胃肠道急性炎症的病牛，也可伴发乳房炎。

（二）症状

1. 临床型乳房炎

有明显临床症状，主要表现为乳房患区红肿、热痛，泌乳减少或停止；乳汁发生显著变化，表现乳汁稀薄，含絮状物、乳凝块、纤维凝块、脓汁或血液；严重者伴有精神沉郁、食欲不振、反刍停止及体温升高等全身变化。按炎症性质可分为浆液性、卡他性、纤维素性、化脓性及出血性乳房炎 5 种。

（1）浆液性乳房炎　呈急性经过，患区坚实较硬，乳汁初期无变化，但侵害实质时，乳汁稀薄水样，含絮状物。

（2）卡他性乳房炎　如果是乳头管及乳池卡他，先挤出的奶含有絮片，后挤出的奶不见异常；如果是腺泡卡他，则表现为患区红、肿、热、痛，乳汁水样，含絮片，可能出现全身症状。

（3）纤维素性乳房炎　由于乳房内发生纤维素性渗出，挤不出乳汁或只能挤出少量乳清或带有纤维素的脓性渗出物，为重剧炎症，有明显的全身症状。触诊热痛有硬块。

（4）化脓性乳房炎　乳房中有脓性渗出物流入乳池和输乳管腔中，乳汁呈黏脓样，混有脓液和絮状物。

（5）出血性乳房炎　通常为急性经过，挤奶时剧痛，乳汁呈水样、淡红或红色，并混有絮状物及血凝块，全身症状明显。

2. 亚临床型乳房炎

不出现临床症状，仔细检查时，可在乳腺中触摸到硬结节，乳汁中含有絮状凝乳。

3. 隐性型乳房炎

无临床症状，乳汁也无肉眼可见异常。但是，通过实验室对乳汁检验，可发现被检乳中的病原菌及白细胞数增加（每毫升乳中细胞数超过 50 万即为阳性乳）。

（三）诊断

临床型乳房炎临床症状明显，容易发现和诊断。隐性乳房炎则需用化学方法和细菌学方法进行实验室诊断。

（四）防治

1. 预防

乳房炎的危害很大，一方面给乳牛饲养业造成巨大的损失，另一方面也可危害人的健康。因此，预防乳房炎的发生和蔓延是一件非常重要的工作。

(1) 加强饲养管理，保持畜舍及用具卫生，定期消毒，刷拭牛体。

(2) 严格执行操作规程，使用正确挤奶方法，注意挤奶卫生。

(3) 母牛产前及时合理停乳，产后加强护理，防止产道分泌物污染乳头。

(4) 加强干奶期治疗。干奶期治疗是防治隐性型及临床型乳房炎的有效措施。具体方法是用青霉素 100 万 IU、链霉素 1g、2% ~3% 硬脂酸铝 2g 和医用花生油 4 ~8mL，制成油剂混悬液，分别从乳头管口注入 4 个乳区。一般注入 1 ~2 次，有良好的预防和治疗效果。

(5) 防止乳房发生外伤，及时处理伤口。

2. 治疗

对乳房炎的治疗，应根据炎症类型、性质及病情等，分别采取相应的治疗措施。

(1) 改善饲养管理，加强护理　为了减少对发病乳房的刺激，提高机体的抵抗力，牛舍要保持清洁、干燥，注意乳房卫生。为减轻乳腺的内压，应限制泌乳过程，及时排出乳房内容物。停喂或少喂多汁饲料与精料，限量饮水，增加挤奶次数，每隔 2 ~3h 挤奶 1 次，夜间 5 ~6h 挤 1 次。每次挤奶前按摩乳房 15 ~20min。根据炎症类型不同，分别采取不同的按摩手法：浆液性炎症宜自下而上按摩，卡他性炎症和化脓性炎症宜自上而下按摩，纤维素性炎、乳房脓肿、乳房蜂窝织炎及出血性炎应禁用按摩（包括其他急性炎症的进行期）。

(2) 局部治疗

①急性乳房炎的初期可进行冷敷，2d 后可改为温热疗法，每次 30min，每日 2 ~3 次；也可将仙人掌去刺，捣碎成泥，将病乳区洗净擦干，按摩并挤净腐败乳汁，再将药泥涂敷于患处，每日 2 次。

②乳房冲洗。挤净乳汁后，对每个患病乳区，经乳头管注入青霉素 50 万 IU 和链霉素 200mg 的混合液 150 ~200mL，每天 1 ~2 次。注入后用手捏住乳头基部，向上轻轻按摩，使药液向上扩散。如果注入青霉素无效时，可用 0.1% 雷夫诺尔溶液或 0.1% 呋喃西林溶液和 1% 硝胺溶液 100 ~300mL 注入乳房内，2 ~3h 后，再慢慢

挤出,每日注射 1~2 次,对于纤维素性乳房炎效果较好。

③乳房内封闭。青霉素 200 万 IU,用 0.5% 盐酸普鲁卡因生理盐水 200mL 稀释,然后挤净乳汁,用乳导管注入乳叶内,每个乳叶内注入 30~50mL,每日注射 1~2 次。也可采用乳房部封闭,即在乳房前叶或后叶基部之上,紧贴腹壁刺入 8~10cm,每个乳叶注入普鲁卡因青霉素溶液 100~200mL。

(3)全身治疗 根据病情,在局部治疗的同时,积极配合全身治疗。可肌肉注射青霉素 200 万~240 万 IU,每天 2~3 次。必要时加链霉素,或应用庆大霉素和红霉素、磺胺类药物及其他抗生素类药物静脉注射。此外,也可用 10% 水杨酸钠注射液 50~200mL、40% 乌洛托品注射液 40~60mL、10% 氯化钙注射液 50~150mL,混合一次静脉注射,每日 1 次。

二、腐蹄病

腐蹄病是牛、羊、猪均能发生的一种传染病,其特征是局部组织发炎、坏死并具有腐败恶臭及剧烈疼痛,又称蹄糜烂或慢性坏死性蹄皮炎。

(一)病因

圈舍和运动场潮湿、不洁是本病的主要原因。此外,蹄过长、芜蹄、蹄叶炎、管理不当、未定期进行修蹄、无完善的护蹄措施、蹄间外伤等均可诱发本病。指(趾)间皮炎的发生也会使趾间抵抗力下降,继而被各种腐败菌感染而致病。

(二)症状

病初表现为轻度跛行,随病情发展,跛行严重。进行蹄部检查时,初期见蹄间隙、蹄匣和蹄冠红肿、发热,有疼痛反应,以后溃烂,挤压时有恶臭的脓性液体流出,更为严重的可见蹄部深层组织坏死,蹄匣脱落。

(三)诊断

根据临床症状,如病畜跛行、蹄间皮肤红肿、热痛,严重时组织坏死,有恶臭液体流出或蹄匣脱落等,结合病因调查,一般可确诊。

鉴别诊断:

(1)蹄底溃疡(局限性蹄皮炎) 跛行严重、持续时间长。典型症状是底球结合部的角质呈红色、黄色,角质软,疼痛,角质因溃疡而缺损,真皮暴露,或长出菜花样的肉芽组织。

(2)蹄底刺伤 由锐利物体直接刺伤蹄真皮组织所致。突然发生疼痛,跛行明显,检查蹄底可能发现异物存在。蹄部肿胀,蹄抖动,减负体重。

(3)蹄底挫伤 由运动场地面不平,砖头、石块等钝性物体对蹄底挤压,致使真皮损伤所致。修蹄时,蹄角质有黄色、红色、褐色的血斑,经 1~3 次修蹄,血斑痕迹即可消除。

(4)白线病 主要是因白线处软角质裂开或糜烂,蹄壁角质与蹄底角质分离,泥沙、粪土、石子嵌入,致使真皮发生化脓过程。病牛患蹄减负体重,蹄壁温度增高，疼痛明显，白线色变深，宽度增大，内嵌异物，当伴发继发感染时，体温升高，食欲减退。

（四）治疗

1. 预防

首先，应加强管理，经常保持圈舍、运动场干燥及清洁卫生，粪便及时处理，运动场内的石块、异物及时清除，保护牛蹄卫生，减少蹄部外伤的发生；其次，应坚持蹄浴，用4%硫酸铜溶液浴蹄，5～7d进行1～2次蹄部喷洒。

2. 治疗

（1）局部处理　先将患蹄修理平整，找出角质部糜烂的黑斑，由糜烂的角质部向内逐渐轻轻搔刮，直到见有黑色腐臭的脓汁流出为止。用4%硫酸铜溶液彻底洗净创口，创内涂10%磷酊，填入松馏油棉球，或放入高锰酸钾粉、硫酸铜粉，装蹄绷带。

（2）全身疗法　如体温升高，食欲减退，或伴有关节炎症时，可用磺胺、抗生素治疗。青霉素500万IU，一次肌肉注射；10%磺胺噻唑钠150～200mL，10%葡萄糖注射液500mL，一次静脉注射，每日1次，连续注射7d；碳酸氢钠500mL，一次静脉注射，连续注射3～5d。金霉素或四环素，剂量为每千克体重0.01g，静脉注射，也有效果。关节发炎者，可应用酒精鱼石脂绷带包裹。

（3）加强护理　对病牛应加强护理，单独饲喂，促使其尽早痊愈。

三、皱胃变位

皱胃变位是指皱胃的正常位置发生改变。按其变位的方向可分为左方变位和右方变位两种类型。左方变位是指皱胃通过瘤胃下方移到左侧腹腔，置于瘤胃和左腹壁之间。右方变位指皱胃从正常的位置以顺时针方向扭转到瓣胃的后上方，而置于肝脏与腹壁之间。一般把左方变位称为皱胃变位，而把右方变位称为皱胃扭转。在兽医临床上，绝大多数病例是左方变位，且成年高产奶牛的发病率高，发病高峰在分娩后6周内。犊牛与公牛较少发病。

（一）病因

皱胃变位的基本原因是皱胃弛缓和机械因素。

1. 皱胃弛缓

由于皱胃功能障碍，导致皱胃扩张和充气，容易因受压而游走变位。造成皱胃弛缓的原因可包括一些营养代谢性疾病或感染性疾病，如酮病、低钙血症、生产瘫痪、牛妊娠毒血症、子宫炎、乳房炎、胎衣不下、消化不良，以及喂饲劣质饲料或运动不足等。此外，上述疾病可使病畜食欲减退，导致瘤胃体积减小，也会促进皱胃变位的发生。

2. 皱胃机械性转移

多发于妊娠后期，由于子宫逐渐增大而沉重，将瘤胃从腹腔底抬高，而致皱胃向左方移位。分娩时,由于胎儿被产出,瘤胃恢复下沉,致使皱胃被压到瘤胃与左腹壁之间。此外,爬跨、翻滚、跳跃、剧烈运动等情况,也可能诱发本病。

(二)症状

1. 左方变位

皱胃左方变位病牛初期呈现前胃弛缓症状,久治不愈。病情时好时坏,食欲减退,厌食精料,多数病牛只对粗饲料仍保留一些食欲,泌乳量下降 1/3 ~ 1/2。病牛多无明显的全身症状,通常排粪较正常,或轻度的腹泻与便秘交替出现,排粪量减少,呈糊状,深绿色。随病程发展,左腹膨大,左侧肋弓突起,瘤胃蠕动音减弱或消失。在左腹听诊,能听到与瘤胃蠕动时间不一致的皱胃蠕动音。在左腹部后 3 个肋骨与肩关节水平线上下呈椭圆形区域内叩诊,同时结合听诊,可听到高亢的鼓音或典型的钢管音。在左侧肋弓下进行冲击式触诊可听到振水音(液体振荡音)。于钢管音、振水音最明显处穿刺,可穿出酸臭气体及淡黄色混有草屑的液体,用广泛 pH 试纸测试,pH 在 1 ~ 4 即可确诊;在最后肋骨后缘可明显地触到一个向后隆起有弹性的大囊,此为典型症状,于此囊后方肷部向深部触诊可触到坚实的瘤胃。直肠检查时,可发现瘤胃背囊明显右移。但皱胃左方变位这种典型症状时有时无,有部分病例症状表现时间较短,间隔时间较长。有的病牛可出现继发性酮病,呼气和乳汁带有酮气味。

2. 右方变位

病牛皱胃右方变位与左方变位症状很相似,且可相互变化,只是局部症状出现在右侧。病情急剧,食欲减退或废绝,腹痛,背腰下沉,磨牙、呻吟,后肢踢腹;泌乳量急剧下降,体温一般正常或偏低,心率加快,出现碱中毒症状。瘤胃蠕动音消失,粪便呈黑色、糊状,有恶臭味。可见右腹膨大或肋弓突起,冲击式触诊可听到液体振荡音。在听诊右腹同时叩打最后两个肋骨,可听到典型的钢管音。直肠检查时,在右腹部可触摸到臌胀而紧张的皱胃。从臌胀部位穿刺皱胃,穿刺液早期为淡黄色,pH 为 1 ~ 4,后期为褐色,pH 低于 6。

(三)诊断

1. 皱胃左方变位

(1)常见于高产母牛,多数发生在分娩之后,少数发生在产前。

(2)个别病牛有腹痛和拒食,多数病牛仍保留一些食欲,粪便稀薄或腹泻。也有个别病牛呼气和乳汁带有酮气味。

(3)左侧最后 3 个肋骨弓间突起膨大。

(4)左侧第 11 肋间中部听诊,能听到与瘤胃蠕动不一致的皱胃音,叩诊含气皱胃呈钢管音。

(5)皱胃穿刺检查,胃液呈酸性反应,pH 为 1 ~ 4。而直肠检查可发现瘤胃背囊明显右移,有时能摸到皱胃。但体温、呼吸、脉搏基本正常。

2. 皱胃右方变位

(1)急性病例,突发腹痛,腰背下沉,后肢踢腹,粪便黑色,有恶臭味。

(2)由于幽门阻塞,引起皱胃臌气和积液,右腹肋弓后方明显膨胀。做冲击性触诊和振摇,可听到一种液体振荡音,局部听诊,并用手指叩打听诊器周围,可听到高调的“乒乓”音。穿刺液多为淡红色至咖啡色,pH 为 3 ~6.5。

(3)直检时在右侧腹部能触摸到膨胀而紧张的皱胃。

(4)体温多在 39 ~39.5℃、呼吸 20 ~50 次/min、心跳 90 ~120 次/min,病牛失水,眼球下陷。

(5)轻度扭转时,病程达 1 ~14d,病程较短者,可在 24 ~48h 死亡。

(四)防治

1. 皱胃左方变位

(1)预防　合理配制日粮,日粮中的谷物饲料、青贮饲料和优质干草的比例应适当,对发生乳房炎、子宫炎、酮病等疾病的病畜应及时治疗;在奶牛的育种方面,应注意选育既后躯宽大,又腹部较紧凑的奶牛。

(2)治疗　治疗方法主要有滚转复位法和手术疗法两种。滚转复位法仅限于病程短,病情轻的病例,且成功率不高;手术疗法适用于病后的任何时期,疗效确实,是根治疗法。

①手术疗法:在左腹部腰椎横突下方 25 ~35cm,距第 13 肋骨 6 ~8cm 处,作一长 15 ~20cm 垂直切口;打开腹腔,暴露皱胃,导出皱胃内的气体和液体;牵拉皱胃寻找大网膜,将大网膜引至切口处。然后,通过以下两种方法将皱胃推移复位并固定于其正常位置:

整复固定方法一:用 10 号双股缝合线,在皱胃大弯的大网膜附着部作 2 ~3 个纽扣缝合,术者掌心握缝线一端,紧贴左腹壁内侧伸向右腹底部皱胃正常位置处,同时指示助手根据相应的体表位置,做好局部常规处理后,在皮肤上切一小口,然后用止血钳刺入腹腔,钳夹术者掌心的缝线,将其引出腹壁外。同法引出另外的纽扣缝合线。然后,术者用拳头抵住皱胃,沿左腹壁推送到瘤胃下方右侧腹底,进行整复。皱胃被复位后,由助手拉紧纽扣缝合线,取灭菌小纱布卷,放于皮肤小切口内,将缝线打结于纱布卷上,或用小弯针将其中一根线在皮下结缔组织及肌肉上缝合一针,将两根缝线打结,再缝合皮肤小切口。

整复固定方法二:用长约 2m 的肠线,在皱臂大弯的大网膜附着部作一褥式缝合并打结,剪去余端,带有缝针的另一端留在切口外备用,将皱胃沿左腹壁推进到瘤胃下方右侧腹底。皱胃被复位后,术者掌心捏着备用的带肠线的缝针,紧贴左腹壁内侧伸向右腹底部,并按助手在腹壁外指示正常的皱胃体表位置处,将缝针由内向外穿透腹壁,由助手将缝针拔出,慢慢拉紧缝线;将缝针从原针孔刺入皮下,距针孔处 1.5 ~2.0cm 处穿出皮肤,引出缝线,将其与入针处的线端在皮肤外加圃枕打结固定。

常规闭合腹壁切口,装结系绷带。

②滚转复位法:先将病牛饥饿 1 ~2d 并限制饮水,使瘤胃容积缩小。使牛右侧

横卧 1min，将四蹄缚住，然后转成仰卧 1min，随后以背部为轴心，先向左滚转 45°，回到正中，再向右滚转 45°，再回到正中(左右摆幅 90°)。如此来回向左右两侧摆动若干次，每次回到正中位置时静止 2 ~ 3min。也可以采取左右来回摆动 3 ~ 5min 后，突然停止，保持在右侧横卧状态下。用叩诊和听诊相结合的方法判断皱胃是否已经复位。若已经复位，则停止滚转，若仍未复位，应再继续滚转，直至复位为止。然后让病牛缓慢转成正常卧地姿势，静卧 20min 后，再使其站立。

在治疗过程中，最好配合口服缓泻剂与制酵剂，应用促反刍药物和拟胆碱药物，静脉注射钙剂和口服氯化钾，以促进胃肠蠕动，加速胃肠排空，消除皱胃弛缓。若存在并发症，如酮病、乳房炎，子宫炎等，应同时进行治疗。

滚转法治疗后，使牛尽可能采食优质干草，以促进胃肠蠕动，增加瘤胃容积，从而防止左方变位的复发。

2. 皱胃右方变位

(1)预防　皱胃右方变位的预防与皱胃左方变位的预防措施相似。

(2)治疗　皱胃右方变位一般采用手术疗法，而滚转复位法无效。在右腹部第 3 腰椎横突下方 10 ~ 15cm 处，作垂直切口，导出皱胃内的气体和液体；纠正皱胃位置，并使十二指肠和幽门通畅，然后将皱胃在正常位置加以缝合固定，防止复发。治疗中应根据病牛脱水程度，进行补液和强心。同时治疗低钙血症、酮病等并发症。

四、瘤胃积食

瘤胃积食又称急性瘤胃扩张，是由于胃内积滞过多的粗纤维饲料或容易膨胀的饲料，引起瘤胃容积增大、胃壁扩张、胃运动机能障碍，形成脱水和毒血症的一种严重疾病。临床上以瘤胃体积增大且触诊较坚硬，呻吟、拒食为特征。

(一)病因

1. 原发性瘤胃积食

(1)饲养管理不当，牛过度饥饿，一次采食过多粗纤维饲料，同时饮水不足。

(2)过食精料，如小麦、玉米、黄豆、麸皮、棉子饼、酒糟、豆渣等。

(3)长期饲喂过量劣质粗硬饲料，在瘤胃内浸泡磨碎缓慢，瘤胃运动机能紊乱，内容物积聚而发病。

(4)因误食大量塑料薄膜而造成积食，或饱食后立即使役及使役后立即饲喂等，易引起本病的发生。

(5)各种应激因素的影响，如过度紧张、运动不足、过于肥胖或妊娠后期等引起本病的发生。

2. 继发性瘤胃积食

主要继发于前胃弛缓、创伤性网胃腹膜炎、瓣胃阻塞、皱胃阻塞，胎衣不下、药呛肺等疾病过程中。

（二）发病机制

过量饲料积聚于瘤胃，压迫瘤胃黏膜感受器，反射性的使植物性神经机能发生紊乱，瘤胃蠕动减弱或消失，胃壁扩张，内容物发酵、腐败，产生大量气体和有毒物质，刺激瘤胃壁神经感受器，引起腹痛不安。随着病情发展，瘤胃内微生物区系失调，纤毛虫活性降低，腐败产物增多，一方面引起瘤胃炎，另一方面有毒物质被吸收，引起自体中毒。

（三）症状

患牛常在饱食后数小时或1～2d内发病。食欲废绝，鼻镜干燥，反刍迟缓或停止，先是不断嗳气，而后停止，通常有轻微腹痛，背腰拱起，顾腹踢腹，摇尾呻吟。左下腹部轻度膨大，眼结膜充血、发绀；触诊瘤胃敏感，内容物坚硬，留有压痕；叩诊呈浊音，呼吸迫促，排粪迟滞，干燥色暗，有时排少量恶臭的粪便，偶尔可见继发肠臌胀。严重的病牛脱水明显，红细胞压积增高，步样不稳，四肢颤抖，心律不齐，全身衰竭，卧地不起，陷于昏迷状态。内容物检查，pH一般由中性逐渐趋向弱酸性。后期纤毛虫数量显著减少。瘤胃内容物呈粥状、恶臭时，表明已继发中毒性瘤胃炎。

（四）诊断

从临床症状的典型变化，结合问诊调查，经分析基本可确诊。

（1）过食饲料，特别是不易消化的粗纤维饲料、易膨胀的食物或精料。

（2）食欲废绝，反刍停止，瘤胃蠕动音减弱或消失，触诊时瘤胃内容物坚实或有波动感。

（3）体温正常，呼吸、心跳加快，有酸中毒导致的蹄叶炎、病畜卧地不起的现象。

（五）防治

1. 预防

加强饲养管理，防止饥饿过食，避免骤然更换饲料，粗饲料应加工软化后再喂，注意饮水和适当运动。不要劳役过度，避免外界各种不良因素的影响和刺激。

2. 治疗

原则为加强护理，增强瘤胃蠕动机能，排出瘤胃内容物，制止发酵，对抗组织胺和酸中毒，对症治疗。

（1）采食大量易膨胀饲料的病例，需要适当限制饮水。其他病例均需给予充足的清洁饮水。

（2）增强瘤胃蠕动机能，促进反刍，加速瘤胃内容物排出。

①洗胃疗法：用清水反复洗胃，如瘤胃内容物腐败发酵，可先插入胃管，用0.1%高锰酸钾或1%碳酸氢钠进行洗胃。

②瘤胃按摩：为排出瘤胃内容物，可用拳、手掌、木棒与木板（二人抬），布带（二人拉）按摩瘤胃，每次20～30min，每日3～4次，对非过食精料的病例可结合灌服酵母粉250～500g，滑石粉200g（加适量温水），并进行适当牵遛运动（过食精料

的病例禁用)。

③缓泻制酵法:即硫酸镁500g,鱼石脂20g,温水4000~5000mL,一次内服。再用瘤胃兴奋药,即苦味酊60mL,稀盐酸30mL,酒精100mL,常水500mL,牛一次内服,每日1次,连用数日;病牛食欲废绝时,可静注25%葡萄糖500~1000mL,每日1次。为改善瘤胃的内环境,提高纤毛虫的活力,可内服碳酸氢钠30g/次。但需注意的是对过食精料的病例不宜用盐类泻剂,尽量用油类泻剂。

④手术治疗:经上述措施无效时,可实行瘤胃切开术,取出瘤胃积滞的内容物,填满优质的草、用1%温食盐水冲洗,并接种健康牛瘤胃液。

(3)对症治疗 对病程长伴有脱水和酸中毒的病例,需强心补液,补碳酸氢钠以解除酸中毒。如高度脱水时,静脉注射5%葡萄糖生理盐水4000mL,5%碳酸氢钠1000mL。

五、瓣胃阻塞

瓣胃阻塞,中兽医学中又称为百叶干,是由于前胃功能障碍,瓣胃收缩力降低,其内容物滞留,水分被吸收而干涸,以至形成阻塞的一种疾病。

(一)病因

1. 原发性瓣胃阻塞

主要是疲劳过度,饮水不足;长期大量饲喂难以消化、富含粗纤维、混杂沙土和加工过于细碎的饲料;放牧转为舍饲或突然变换饲料,饲料中缺乏蛋白质、维生素以及微量元素。

2. 继发性瓣胃阻塞

常继发于前胃弛缓、皱胃疾病、某些寄生虫病和急性热性病。

(二)症状

患牛精神沉郁,鼻镜干燥、龟裂,食欲、饮欲、反刍减少,最后废绝,前胃蠕动音减弱或消失,触诊和叩诊瓣胃区疼痛,嗳气减少,并出现慢性臌气。排粪减少,粪干、硬、色暗,呈算盘珠或栗子状,表现附有黏液,后期排粪停止。当瓣胃小叶发生坏死或发生败血症时,出现体温升高,脉搏、呼吸加快,全身症状加重。病至后期,出现脱水和自体中毒现象,结膜发绀,眼球凹陷,皮肤弹力降低,常卧地,头颈伸直或弯向肩胛部,昏睡。

(三)诊断

1. 症状诊断

鼻镜干燥、龟裂,瓣胃蠕动音微弱或消失,粪便干硬、呈算盘珠状,落地有弹性,色暗,后期不排粪;瓣胃区触诊硬且敏感。

2. 瓣胃穿刺诊断

用长15~18cm穿刺针头,于右侧第9肋间与肩关节水平线相交点进行穿刺,如为本病,进针时可感到阻力较大,内容物坚硬,并伴有沙沙音。

（四）防治

1. 预防

加强饲养管理，适当减少坚硬的粗纤维饲料，增加青绿饲料和多汁饲料；避免长期饲喂混有泥沙的糠麸、糟粕饲料；保证足够饮水，给予适当运动。对前胃弛缓等病应及早治疗，以防止发生本病。

2. 治疗

本病的治疗非常困难，对有价值的病畜应及早采用手术治疗，但是，瓣胃不宜直接手术，可经瘤胃或皱胃切开术完成。

此外，可参考前胃弛缓治疗。原则为软化瓣胃内容物，增强瓣胃收缩力和恢复前胃运动机能为主。轻症和初期可给予泻剂，如硫酸镁 300～500g，加水配成 10% 溶液；或给予液体石蜡 1000～2000mL，一次灌服，同时静脉注射 10% 氯化钠液 500mL，有脱水时应予以补液。病情较重者，可采用瓣胃内直接注入药液的方法，效果较好。注射部位为右侧 9～11 肋间与肩端水平线交点，可选择 9～10 肋间和 10～11 肋间两处。局部剪毛、消毒，以 16～18 号针头与皮肤成直角刺入，深度可达 10cm 以上。先向瓣胃内注射少量生理盐水，并立即回抽，如有含草渣的黄色液体，证明针头已进入瓣胃内，然后将 10%～20% 硫酸镁液 1000～2000mL 分点注入。

思考与练习

1. 简述酸中毒的发病原因。
2. 请写出一个奶牛产后瘫痪的治疗方案。
3. 简述奶牛酮病的临床症状及防治措施。
4. 试述口蹄疫的主要临床特征有哪些。
5. 试述良性口蹄疫与恶性口蹄疫的差别有哪些。
6. 试述布鲁氏菌病的临床特征和病理学特征有哪些。
7. 试述结核病与副结核病的特征有何不同。
8. 试述胎衣不下发生的原因有哪些，应如何进行治疗。
9. 试述子宫内膜炎的发病原因及其预防措施。
10. 试述卵巢囊肿与持久黄体在临床表现上有何不同。
11. 试述牛发生乳房炎时应如何进行治疗。
12. 试述皱胃变位的诊断要点有哪些。
13. 试述瘤胃积食有什么临床症状。
14. 试述瓣胃阻塞应采取的治疗措施。

参考文献

[1]杨和平.牛羊生产.北京:中国农业出版社,2001
[2]覃国森.养牛与牛病防治.北京:中国农业出版社,2006
[3]程凌.养羊与羊病防治.北京:中国农业出版社,2006
[4]王根林.养牛学.第2版.北京:中国农业出版社,2006
[5]邱怀.牛生产学.北京:中国农业出版社,1995
[6]王福兆.乳牛学.第3版.北京:科学技术文献出版社,2004
[7]赵有璋.羊生产学.北京:中国农业出版社,1995
[8]冀一伦.实用养牛科学.第2版.北京:中国农业出版社,2004
[9]李建国,安永福.奶牛标准化生产技术.北京:中国农业大学出版社,2003
[10]李建国,曹玉凤.肉牛标准化生产技术.北京:中国农业大学出版社,2003
[11]王加启.现代奶牛养殖科学.北京:中国农业出版社,2006
[12]陈晓华.动物生产技术与动物医学.哈尔滨:黑龙江科学技术出版社,2003
[13]张忠诚.家畜繁殖学.第4版.北京:中国农业出版社,2004
[14]杨久仙,宁金友.动物营养与饲料加工.北京:中国农业出版社,2006
[15]蔡宝祥.家畜传染病学.北京:中国农业出版社,2001
[16]张元凯.临床兽医学.北京:中国农业出版社,2001
[17]李国江.动物普通病.北京:中国农业出版社,2001
[18]王建军,曹光荣.羊病学.北京:中国农业出版社,2002
[19]肖定汉.奶牛疾病学.北京:中国农业大学出版社,2002
[20]赵有璋.现代中国养羊.北京:金盾出版社,2005
[21]吕效吾.养羊学.北京:中国农业出版社,1992
[22]杨利国.动物繁育新技术.北京:中国农业出版社,2009
[23]陈梦林,韦永梅,周玉英.肉牛肉羊圈养育肥技术.南宁:广西科学技术出版社,2008

参考文献

[illegible]